気候文明史

世界を変えた8万年の攻防

田家 康

nbb
日経ビジネス人文庫

文庫版のためのまえがき

気候変動の子供たち――。

英国のサイエンスライターであるジョン・グリビンは、人類とは氷河時代の自然環境が悪化した時代を創意工夫で勝ち抜いたエリートであるとした。そして、著書のタイトルを『氷河時代の子供たち』（邦題は『地球生命三十五億年物語』、一九九三年刊）と名づけている。グリビンが着目したのは七万年前頃から本格化し一万一七〇〇年前頃に終わった最終氷期の時代であるが、時間軸をより長く取って考えてみたい。

直立二足歩行を行う人類がアフリカ大陸で誕生したのは、七〇〇万年前頃とされる。ホモ属がユーラシア大陸に進出したのは一八〇万年前頃、解剖学的にわれわれと同じ現生人類がアラビア半島に渡ったのは八万年前から七万年前にかけてだ。五〇〇万年以上にわたって、人類はアフリカ大陸で生きていた。このアフリカ大陸は、われわれ人類にとって母なる自然の揺り籠といえるものではなかった。アフリカの大地が万年雪や万年氷でおおわれることはなかったものの、人類が住んでいた地は、森林が減り草原が広がるといった単調な環境変化ではなかったのだ。温暖で降水量が多い時期と、気温が下がり台地が干上がる時期を何度も繰り返すという、激しい気候変動の中で生存しなければならなかった。現生人類がアラビア半島に渡り、ユーラシア大陸を経て世界各地に拡散していった時代は、最終氷期に突入する時期と重なった。太陽を回る地球軌道が変化し日射量が減少することで、世界の平地のいたるところに万年雪・万年氷が積もる氷床が広がった。われわれの祖先は、アフリカの大地で育んだ知能を顕在化し、創意工夫をして厳しい自然環境を乗り切っている。

一万一七〇〇年前頃に最終氷期が終わり温暖な気候に転じてからも、気候変動は人類に襲い掛かった。アフリカのサハラは砂漠化し、牧畜民は行き場を失った。メソポタミアをはじめとする四大文明は突然の干ばつによって大国はあっけなく倒れた。アジアの内陸部で干ばつが起きると、食糧を求めて遊牧民が移動し農耕民の脅威となった。天候不順はペストの大流行を招き、古代と中世の二度に渡って大きな人口減少を引き起こした。温暖な時代での安定した農業生産力を元に繁栄したかと思うと、それをあざ笑うように冷涼な気候や干ばつが必ず襲来してきた。とはいえ、困難な時代を超えると、人類は発展のステージを一歩一歩登って行った。農業の開始、文明の勃興、世界宗教、近代的知性、これらは気候変動が大きなきっかけとなっているといえるだろう。

その意味で、われわれ人類を「気候変動の子供たち」と名づけて過言でない。もちろん、すべての生物が自然環境の変化の中で、突然変異と自然選択というダーウィン的な進化を遂げている。しかし、生存に適した地域に移動するか、さもなければ新しい環境への適応力を次の世代に委ねるかしか生き延びる方策はなかった。人類だけが知能を駆使し、自らの世代のうちに新しい環境に対して高度に適応しようと模索してきたのだ。

本書は気候変動の視点から人類史を語ったものだ。二〇一〇年に単行本として出版し、幸い多くの読者の皆さんから支持を受け五回もの増刷となった。二〇一二年に、中国で東方出版から、また台湾で臉譜出版から翻訳出版されている。そこで今回、より多くの方々の手元に届くよう文庫化した。近年の科学研究の成果には目を見張るものがある。この文庫では、単行本出版以降の学術研究を含め、興味深いエピソードを数多く加えた改訂版とした。主な項目としては以下のものがある。

単行本の第一部第一章をプロローグとして新たな構成とした。人類進化について気候変動の観点から語るとの趣向である。アフリカでの人類進化について、一九八〇年代からフランス人の人類学者イブ・コパンによる「イースト・サイド・ストーリー」という仮説が席巻した。大地溝帯の地殻変動によりその西側で熱帯雨林が残ったのに対して東側は草原化したとし、熱帯雨林にゴリラやチンパンジーといった類人猿が残り、そして草原で直立二足歩行を行う人類が誕生したというものだ。しかし、近年の発掘調査ではこの仮説は辻褄が合わなくなり、人類進化の契機をどうとらえるかという点は振り出しに戻った。本書では二〇一〇年前後から提唱されている「律動的気候変動仮説」を紹介する。人類の進化、とりわけ脳容量の増大のきっかけが、アフリカ大陸東部での激しい気候変動に由来すると考えるものだ。

第一部では、最終氷期の時代と完新世前期を扱っている。一万二九〇〇年前頃に起きた急激な寒冷化をヤンガードリアス・イベントといい、そのきっかけは北アメリカ大陸にあった雪解け水を湛える広大なアガシ湖の崩壊によるとされる。とはいえ、その崩壊過程には依然として謎が残っており、最新研究に触れた。併せて、ヤンガードリアス・イベントがアジア西部の肥沃な三日月地帯での農業開始のきっかけになったという仮説についても、近年の議論を紹介する。

第二部では、古代文明の勃興と滅亡に焦点を当てている。サハラが砂漠化していく過程と遺跡分布の推移をみると、エジプト文明の担い手がどこからやってきたかが明らかになる。四二〇〇年前に始まる世界的な気候変動では、アッカド帝国やエジプト古王国の滅亡と三内丸山遺跡の衰退が同時期に起きていることは興味深い。三二〇〇年前頃から三〇〇〇年頃にかけて、アジア西部では製鉄技術で大国となったヒッタイトが滅亡し、アジア東部では殷から周への王朝交代が起きた。地理的にまったく異なるヒッタイトと殷の滅亡は偶然の一致なのだろうか。

第三部では、グリーンランドに入植したヴァイキングの繁栄と断絶について、遺跡から得られた骨の炭素同位体および窒素同位体により、彼らの食物の変容と生活の窮乏を加えた。また、小氷期の巨大火山噴火として一六〇〇年のペルー・ワイナプチ火山と一八一五年のインドネシア・タンボラ火山が及ぼした地球規模の気候異変を詳述した。

人類の気候変動との戦いは、八万年前を過ぎた頃に誕生の地であるアフリカ大陸からユーラシア大陸へと進出して以降に本格化したものだ。そして今、気候変動に対する人類の戦いは新たなステージに入っているのかもしれない。気候変動に関する政府間パネル（IPCC）の示す温暖化予測によれば、今世紀末の地球全体の気温は現在よりも二度から四度高くなる可能性があるという。二〇一八年のノーベル経済学賞はイェール大学教授のウィリアム・ノードハウスに与えられたが、受賞理由として地球温暖化を勘案した経済モデルが挙げられている。そのノードハウスは、著書『気候カジノ』（二〇一五年刊）の中で、現在よりも二度を超える気温上昇について強く警鐘を鳴らしている。この水準とは、一二万年ほど前のエーミアン間氷期という高温期を超えるほどの気温上昇を意味するからだという。われわれ原生人類が誰も経験したことのない高温期の到来だと語る。

エーミアン間氷期は一万五〇〇〇年ほどの期間ながら、極めて温暖な時代であった。ヨーロッパ北西部でカバ、サイ、シマウマが棲息し、グリーンランドの万年雪・万年氷は海岸周辺の低地では融解していた。このため、海面水位も現在より三メートルから六メートル高かったことがわかっている。三〇万年前頃に現生人類がアフリカの大地に登場して以来、エーミアン間氷期は気温がもっとも高い時代であった。

攻略ゲームでは、最後に登場する難敵を「ラスボス」というらしい。最終氷期が本格化する八万年前以降、現生人類はアフリカ大陸からユーラシア大陸を経て世界各地に拡散し、気候変動と戦ってきた。そして、IPCCの気温予測では、二十一世紀末には今までとはまったく異なる強敵を相手にしなければならなくなる可能性が示されている。その難敵がわれわれの内部から生まれたというストーリーは、古来の伝承や中世の寓話、あるいはハリウッドで制作されるSFドラマを想起させるものがある。こうした未来を占う上でも、本書により過去の気候変動との戦いをもう一度振り返ることは有益だと考える。

二〇一九年三月

田家　康

はじめに

気候の変動は人類の歴史を変えるのか。大気中の二酸化炭素濃度の上昇による人為的地球温暖化が進み、二十一世紀の自然環境を変え、人類の生存に重大な影響を及ぼすのではないかと懸念されている。しかし、人類と気候変動との闘いは二十世紀後半から突然始まったわけではない。人類の進歩そのものが、揺れ動く気候の中で得られたものであった。

本書では、気候変動と人類の歴史の関係について、八万年前から現在に至るまでを時間軸に沿って述べていきたい。先駆的な研究成果を踏まえるとともに、古気候学の研究はこの三〇年間で飛躍的に進歩していることから、二十一世紀に入ってから確認された新しい知見も紹介する。

日本列島は北半球の中緯度に位置しており、北極地域と熱帯地方それぞれの気候の影響を受ける。このため気候変動を語る上で、自然環境の変化とそれに対する人々の対応には興味深いものがある。従来、欧米の書では詳しく述べられなかった日本列島の気候変動と歴史の関係にもそれなりの紙面を割いた。

二十世紀前半、気候と人類史の関係について大胆な仮説を提唱したのが、米国人の地理学者エルズワース・ハンチントン（一八七六－一九四七）である。彼は中央アジアへの探検隊に参加した経験から、一九〇七年に『アジアの鼓動』を書き、その中で気候の変化が遊牧民の移動をもたらしたのではないかと唱えた。その後、イェール大学の地理学教授となり、一九一四年に主著である『気候と文明』を発表している。

「もし気候の変化が歴史時代に発生したとすれば、必ずや人類に影響を与えたに相違ない。……歴史的事件と気候の変化との間における密接な関係は想像以上に重大なのであって、往昔の幾多の大民族の興亡は、その気候的条件の良否に正比例しているようである」[1]

ハンチントンは、自身の仮説が今後の考古学的な証拠や世界各地の調査データにより確認されるだろうと予言した。

しかし、ハンチントンは、中緯度の先進国と赤道に近い国々の文明の差を考察し、白人と有色人種の能力の違いを論じ、ヨーロッパで最も高度な文明はイングランドとドイツであると断言してしまった。このため、第二次世界大戦が終わるとハンチントンは人種差別者だと名指しされ、彼の仮説も非科学的との批判を受けることになる。

ハンチントンの主張の中には、人類は自然環境の中で脆弱な存在であり、人類の限界を知ることが気候変動に対処する上での第一歩であるといった今日的な発想もあった。とはいえ、気候と歴史の関係を辻褄が合うようにあまりに単純化して提示したため、地質学的な根拠が薄いと一蹴され、環境決定論とよばれて学界で否定され続けてしまう。

　こうした時代背景の中で、戦後、気候と歴史の関係を深めていったのが、英国人の気候学者ヒューバート・ラム（一九一三－一九九七）である。ラムは第二次大戦中、英国気象局に勤めた際に毒ガスの研究を命じられたのだが、クウェーカー教徒であることから、その仕事を忌避し、気候学――とりわけ過去の気候の分析の世界に入っていった。

　ラムは、古い文献を丹念に読みこんで各時代の気候を推理していった。第二次大戦後に放射性炭素による年代測定法が開発されたことから、地層などの分析が格段に進歩したことも彼の研究を助けた。『気候：現在、過去、未来』（一九七二年）を出版し、集大成として著した『気候、歴史、近代社会』（一九八二年）で氷河時代以降の気候と歴史の関係を細かく論じている。

　ラムが生きた時代は、科学万能主義が隆盛を極めていた。しかし、彼は「科学技術が進歩した現在、自然環境の変化がわたしたちの生活に重大な影響を与えているなどと考えたくないようだ。だが、祖先は飢饉や疫病に悩まされたことから、全く反対の見方であった……」と語っていた[2]。

　一九九〇年代以降、海底の堆積物や泥炭地の地層に加えて、南極やグリーンランドの氷床、山岳地帯の氷河などを用いた古気候の分析が格段に進歩した。それぞれの時代に焦点を当てた気候の再現と歴史的な考察について、日本でも国際日本文化研究センター教授の安田喜憲氏、筑波大学名誉教授の吉野正敏氏、東京大学名誉教授の鈴木秀夫氏が非常に価値の高い解説書を出版している。

また、文化人類学者のブライアン・フェイガンも、気候と歴史に関する書を四冊発表している（エルニーニョ現象を中心にした『洪水、飢饉、皇帝たち』は邦訳なし）。気候の専門家ではなく文化人類学者のフェイガンとしては、通史的なラムの書を大いに参考にした。そして、ラムの著作の中のトピックを絞りこみ、一冊ごとに各時代の温暖化あるいは寒冷化に焦点を当てていった。古い文献と近年の研究レポートを調べ上げ、フィールドワークの経験と卓抜した想像力により、当時の人々の生活を目でみてきたように叙述している。

一方、ヒューバート・ラムの大著を受け継ぐものとして、英国人のサイエンスライターであるウィリアム・バローズが二〇〇五年に『先史時代の気候変動：カオスの支配の終わり』を出版している。バローズは、別書の中で気候と文明の関係といった分野はヒューバート・ラムが確立したものであり、「現在でも、気候変動に関するあらゆる著作が言及すべき事柄に関して理想的な指針を与えてくれる」と最大限の賛辞を送っている[3]。

社会や歴史の移り変わりを考えるとき、釈然としない思いを抱くのはわたしだけだろうか。なぜ民族が移動したのか、傑出した人物の個人的能力だけで大国は形成されたのか。

どうしてある特定な時期に全世界で一斉に歴史の変化が起きているのか。

わたしは、気象予報士の資格を取り、地球全体の気象システムに触れ、古気候学の理解を深める中で、文明や歴史を動かしてきたキーワードの一つとして気候変動があることに気がついた。それまで隔靴掻痒であった歴史の変化の契機について、気候という要因を考えるだけでみえてくるものがいかに大きいことか。さらにいえば、気候変動への適応をめぐる人類の闘いは過去の話ばかりでない。冒頭で触れたように、人為的な要因によるとされる地球温暖化が未来社会にも重大な影響を及ぼすといわれている。ラムの著作の表題が示すように、気候変動と文明のありようは、過去、現在、未来を一貫するテーマであろう。

本書は、長い時間の中でどう気候が変動し歴史が塗り替えられていったかについて、ハンチントンの問題意識やラムの視点に立って概観していくものである。揺れ動く気候の中で人類がいかに闘ってきたか。最後の氷期が終わった後の間氷期に気候が寒冷化する時代が五回から六回あった。果たして温暖化と寒冷化の移り変わりがどのように歴史を動かしたのか。

『気候文明史』と大そうな表題をつけたが、本書はもとより専門書でも研究論文でもない。お読みになった方々が、世界史や日本史の書物を読むとき、映画・テレビ等で歴史ドラマに触れるとき、あるいは国内、海外の遺跡を訪れるとき、この時代の気候はこうであったかと思い出していただければ望外の幸せである。

なお、本書の出版にあたって、執筆を強く勧めて頂いた日本放送協会の渡辺保之氏、執筆にあたって技術的な面を中心にアドバイスをくださった慶應義塾高校教諭の松本直記氏に感謝したい。お二人は気象予報士としての友人でもある。また、出版のきっかけを作って頂いた日本経済新聞社科学技術部編集委員の吉川和輝氏、不慣れな私を温かく励ましてくださった日本経済新聞出版社の堀口祐介氏にも大変お世話になった。お二方にも感謝の意を表したい。

二〇一〇年一月

田家　康

氷期と年代について

1．本書において、地名および人名は一般的に用いられている表記によった。

2．年代については、主に放射性炭素年代を年輪年代等により調整した炭素同位体調整年代を用いている。

気候文明史年表

年代	地質年代	古気候区分	気候・火山活動のイベント	世界史	日本史
700万年前	中新世		世界各地の大陸で草原が拡大	アフリカで直立二足歩行をする人類の誕生	
250万年前	鮮新世		パナマ陸峡の水没 海面水温の偏差拡大 エルニーニョ現象	ホモ属の登場 アシュール型石器 ユーラシア大陸への進出	
30万～13万年前		リス氷期	アフリカで乾燥化、森林減少	現生人類の登場	
13万～11万5000年前		エーミアン間氷期	現在よりも二度程度高温 海面水位は現在よりも高い	ドイツ北部ではカバや水牛が棲息 落葉樹林にシマウマ、ロバ、サイが棲息	下末吉海進
11万5000年～7万4000年前頃		最終氷期	トバ火山噴火	衣服をまとう 現生人類の「出アフリカ」	日本列島に現生人類到来 岩宿遺跡
7万～3万年前頃			北アメリカ大陸、ヨーロッパ大陸に巨大氷床	現生人類の世界各地への拡散 ヴィーナス像	

年代						
2万1000年前〜1万9000年前			最終氷期最寒冷期	ダンスガード・オシュガー・サイクル ハインリッヒ・イベント	ヨーロッパ南部の洞窟壁画	千島海峡が陸地になり、日本海が内湾化
1万8000年前〜1万4000年前頃			オールデストドリアス（寒冷） ベーリング期（温暖）			縄文時代創世期
1万4000年前〜1万2900年前頃			オールダードリアス（寒冷） アレレード期（温暖）		氷床の後退 ヨーロッパで森林拡大	間宮海峡が水没し、日本海にリマン海流が流入
1万2900年前〜1万1600年前頃			ヤンガードリアス期（寒冷）	ヤンガードリアス・イベント	アガシ湖の崩壊 中東での農業開始 ヤギ・ヒツジの家畜化	亜寒帯針葉樹が広がる
1万1600年前〜8000年前頃	完新世前期	後氷期	プレボレアル期 ボレアル期	プレボレアル振動 8200年前イベント	ブリテン島が大陸から分離 黒海の氾濫	対馬海峡からの暖流が本格化
8000年前〜5500年前	完新世中期	アトランティック期		気候最適期 北半球日射量の減少の開始	サハラの草原の拡大と縮小	落葉広葉樹の分布拡大 照葉樹も北上

年代	地質年代	古気候区分		気候・火山活動のイベント	世界史	日本史
5500年前〜4000年前	完新世後期	サブボレアル期		ピオラ振動 地球規模の気候の変化	アルプス氷河のアイスマン 四大文明の勃興と混乱 ウマの家畜化	縄文海進 縄文時代早期・前期 三内丸山遺跡
4000年前〜3000年前				サントリーニ島火山の噴火 世界各地で干ばつ	ミノア文明の崩壊 ヒッタイトと殷の滅亡	縄文時代後期 縄文文化は西日本中心へ
3000年前〜2500年前				太陽活動の低下（放射性炭素が大量に生成）	民族の大移動（ゲルマン系、北方遊牧民） 主要な宗教の誕生	弥生時代の到来 水田耕作の渡来
2500年前〜紀元200年		サブアトランティック期	ローマ温暖期	花粉・氷床・氷河後退などが温暖化傾向を示す	ローマ帝国のヨーロッパへの領土拡大 後漢の勢力拡大 シルクロード繁栄	弥生文化の形成
紀元200年〜600年			中世初期の暗黒時代	太陽活動の低下 536年の謎の火山噴火	ローマ帝国の崩壊 中国で後漢が滅亡し、分裂王朝時代	倭国大乱 大陸から渡来人 仏教公伝
700年〜1250年頃			中世温暖期	太陽活動の活発化 世界各地の火山噴火の小休止	世界的な人口増加 ヨーロッパ全土で森林伐採 ゴチック建築の流行 ヴァイキングのグリーンランド入植	大和朝廷の東北への勢力拡大 奥州藤原氏の繁栄 西日本で猛暑

1300年〜19世紀末			19世紀末〜現代
小氷期			現暖期
ウォルフ極小期 シュペーラー極小期	マウンダー極小期 ワイナプチナ火山の噴火 アルプス氷河前進	ドルトン極小期 ラキ山・浅間山の噴火 タンボラ火山噴火	1960年代中心の寒冷傾向 1980年代以降、温室効果ガスによる地球温暖化
「大飢饉」 黒死病 英仏の百年戦争 農民反乱 ヴァイキングのグリーンランド入植地の断絶	魔女狩り テムズ川の凍結 ヨーロッパで人口減少 近代的知性の誕生 ヨーロッパでジャガイモ栽培普及	フランス革命 ナポレオンのロシア遠征 アイルランドのジャガイモ飢饉	1930年代アメリカのダストボウル 1960年代以降、気候変動に伴う移民紛争 1992年、気候変動枠組条約
土一揆 戦国時代	寛永の飢饉 元禄の飢饉	天明の飢饉 天保の飢饉	三八豪雪

目次

第3章 「長い夏」の到来

第2部 古代編：気候変動が文明を生んだ

第1章 「長い夏」の終わりと古代文明の勃興

第2章 寒冷な時代の到来

エピローグ　気候変動との闘いは続く

プロローグ

人類の進化と気候変動

1 進化の画期と地球規模での気候の変容

人類の誕生

人類を他の類人猿と区別する生物学的な特徴は直立二足歩行にある。直立二足歩行を行ったと考えられる最も古い人類の化石は、七〇〇万～六〇〇万年前のサヘラントロプスやオロリンで初期ホモ属とされる。とはいえ、もし彼らがわれわれの眼前に現れたとしても、われわれは直ぐにはヒトとは認識できないだろう。彼らは全身が体毛でおおわれ、脳の容量は四〇〇ccとチンパンジーと変わらなかった。初期ホモ属の登場から現在のホモ・サピエンスになるまで、四つの大きな画期となる進化があった。

①初期ヒト属の誕生（七〇〇万～五〇〇万年前）：直立二足歩行、サヘラントロプス、オロリン、ガダッパ

②アウストラロ属、パラントロプス属（三五〇万～二五〇万年前）：東アフリカから拡散、オルドワン型石器（二五〇万年前頃に単純な砕石加工）

③ホモ属の登場（二五〇万年前）：脳容量が拡大。最古はホモ・ハビリス。二〇〇万～一八〇万年前に多種のホモ属が登場し、一八〇万年前頃から精巧なアシュール型石器を製造。一部は、アフリカを出てアジアに進出（ジャワ原人、北京原人など）

④現生人類（ホモ・サピエンス）の登場（三〇万年前頃）

興味深いことに、これらの人類進化の画期は、地球環境の変容と歩調を合わせている。八〇〇万年前、世界各地の大陸で熱帯地域を中心にC４型植物が広がった。植物の光合成にはC３型とC４型のふたつがある。C３型植物とはコムギ、イネや樹木など地球上の至るところで繁殖しているタイプだ。一方、C４型植物はクランツ構造という二酸化炭素を濃縮する仕組みを持っており、より効率的な光合成ができる。このタイプの代表的なものはトウモロコシ、サトウキビ、ソルガムといった草に分類される植物だ。

炭素は分子量によって^{12}C、^{13}C、^{14}Cの三つ同位体がある。^{14}Cは放射性炭素で半減期をもってβ崩壊していくが、^{12}Cと^{13}Cは安定炭素として大気中に存在する。C３型植物が^{12}Cを優先的に吸収するのに対し、光合成が効率的なC４型植物はC３型植物に比べて^{13}Cの吸収量が多い。このため、草食動物の化石のエナメル質の中の^{12}Cと^{13}Cの比率を調べると、動物が摂取した植物がC３型植物かC４型植物かを推定できる。

分析結果によれば、アフリカ大陸と南米大陸では八〇〇万年前頃、北米大陸とアジア大陸では七〇〇万年前頃からC４型植物が増加したことがわかる。これらの地域のかなりの面積で、森林が草原に変わったのだ。その理由として、二五〇〇万年前以降に大気中の二酸化炭素濃度が顕著に減少したためだと考えられている[1]。

四〇〇〇万年前前後に地球の地形が変わった。それまで南北アメリカ大陸は分離され、太平洋と大西洋の間に海流が流れていたが、隆起によりパナマ地峡が生まれたことで二つの海洋は遮断された。このことにより、太平洋・大西洋の海流の流れが大きく変わった。カリブ海の水温の高い海水はメキシコ湾流となって大西洋北部へと流れるようになる。北大西洋海流の形成である（北大西洋海流については第1部第3章（2）に詳述）。これにより、ヨーロッパや北米大陸の高緯度で海水の蒸発が増化し降雪量が増えた。両大陸での万年雪・万年氷の面積が増加すると、日射を反射し地球全体を寒冷化させる要因になる[2]。

次に、インドネシアのハルマハラ海域が狭く、浅くなり、広大な太平洋の熱帯域で熱せられた海水がインド洋に流れ込まなくなる。インド洋の海面水温は下がり、このことでアフリカは乾燥化傾向となった。さらに、ヒマラヤ山脈が普通の高原から高い山脈へと隆起したことで、ジェット気流などの大気の流れも変化した[3]。

二五〇〇万年前以降になると太平洋や大西洋の海氷が低緯度まで漂着するようになり、北半球で顕著に寒冷化が起きたことがわかる。およそ四万一〇〇〇年周期で氷期が訪れるようになったのもこの時代だ。

そして、二〇〇〇万年前頃から太平洋で南北の海面水温の差が大きくなり、熱帯海域における東部と西部の海面水温の差も二度程度から四度以上へと拡大した。太平洋熱帯海域での東西の海面水温差とは、エルニーニョ現象に深く関係する。おそらく太平洋にエルニーニョ現象が発生し、ひいてはインド洋でも東西で海面水温差が変動するダイポールモード現象が発生したのはこのときだろう。

「律動的気候変動仮説」

人類進化の四つの画期において、もっとも重要な時期はホモ属以後に、脳容量が増大した一八〇万年前頃とされる。このときまでの人類の脳容量は四〇〇ccから五〇〇ccと初期人類とほとんど変わらない大きさであったのに対し、一八〇万年前以降に八〇〇ccから一〇〇〇ccの水準へと一気に増大した。その次に脳容量が大きくなる時期は八〇万年ほど前で、一四〇〇ｃｃ程度となり現在に至っている。

それでは、なぜ一八〇万年前頃に脳容量が大きくなったのか。ユニバーシティ・ロンドン・カレッジ地質学教授のマーク・マスリンらは、「律動的気候変動仮説」を提唱している。ホモ属が生息していた東アフリカの高原の湖面水位をみると、二二〇万年前から一五〇万年前にかけて一八〇万年前をピークとして激しく変動していた。これはエルニーニョ現象やインド洋ダイポールモード現象がもたらす気候変動により、東アフリカに流入するモンスーンの強弱に変化が起きたためと考えられる。

モンスーンとは大陸と海洋での気温差に由来する季節風であり、巨大な海陸風といえるものだ。大陸の気温が一定の場合、海洋上の気温が下がると海からの湿った空気を持ったモンスーンが強くなり、大陸の降水量は増加する。反対に海洋上の気温が上昇すると海からのモンスーンが弱まり、大陸の降水量は減少する。

ホモ属は湖面水位が上がって孤立すると小さなグループに隔離され、反対に湖面水位が干上がると他のグループと交雑の機会を得たであろう。自然選択と遺伝的浮動により、このときにホモ属の種類は五種から六種と増加している。こうした経緯を経て、環境の激変に対応できるように、人類は身体面・行動面の柔軟性を獲得する進化を遂げたためではないか。マスリンらはこのように考えている。雑食性や腐肉（骨髄）あさりを柔軟性の事例として挙げ、脳容量が大きくなったのもこの進化のひとつと見ている。となると、『旧約聖書』で人類に知恵の実を与えたのはヘビであったが、本当の知恵の実はエルニーニョ現象であったのかもしれない[4]。

石核から表面全体を小さく砕いて精密に作るアシュール型石器のもっとも古いものは一七六万年前に遡る。東京大学の諏訪元名誉教授は、ホモ・エレクトスの出現時期とほぼ一致しており、「初めて〝デザイン〟された道具、予め想定された形の石器を製作していた」と感動を込めて述べている[5]。

現生人類の登場

われわれの直接的な先祖といえる原生人類すなわちホモ・サピエンスのもっとも古い人骨として確実なものは、エチオピア南部のキビシュ遺跡から発掘された頭骨化石だ。二本足歩行だけでなく上肢や下肢のバランスといった解剖学的な面で、われわれと同じ身体的特徴を持っている。放射性炭素年代での測定は四万から五万年前までという限界があるため、アルゴン・アルゴン法（40Ar／39Ar）での年代測定により、一九万五〇〇〇年前（±五〇〇〇年）という結果が出ている。[6]

一方で、ミトコンドリアDNAによる分析では、原生人類はもっと古い時代からアフリカ大陸に登場していただろうとの推測がある。世界各地の人々の持つ遺伝子のタイプを調べる際、母系系統樹ではミトコンドリアDNA、男系系統樹ではY染色体が分析する手法がある。ミトコンドリアDNAのタイプの中でもっとも多様性に富むものはL0とよばれ、今日ではアフリカ南部のカラハリ砂漠に住む狩猟採集民のコイサン族に引き継がれている。L1のミトコンドリアDNAを持つ二〇〇〇年前の人骨やコイサン族のものと西アフリカのディンカ族のものとの違いを比較すると、L0とL1が枝分かれしたのは、三五万年前から二六万年前という結果が出た。三〇万年前には現生人類がアフリカ大陸に登場していたことになる。[7]

考古学の発掘調査では、一九三二年に南アフリカで見つかったフロリスバッド人骨はおよそ二六万年前のもので、長年ホモ・ハイデルベルゲンシスかホモ・サピエンスか議論になっていた。そして、二〇〇四年にモロッコのジュベル・イルード遺跡で見つかった頭骨化石はおよそ三一万五〇〇〇年前のものだとされている。[8]

原生人類は三〇万年前頃からアフリカ各地で拡散したものの、それぞれの地で小さなグループを形成し、孤立して生存していたと考えられている。アフリカ南部でL0のグループ、アフリカ東部でL1のグループとされている。孤立して生息した理由のひとつに、気候変動があったに違いない。一八万年前頃を過ぎると、地球は最終氷期のひとつ前のリス氷期とよばれる寒冷な時代に入っていった。アフリカ大陸周辺では北西側でカナリア海流、南西側でベンゲラ海流、東側でアガラス海流が流れている。先に触れたが、モンスーンは大陸と海洋の気温差に由来する。エルニーニョ現象による海面水温の高低は、アフリカ東部に吹くモンスーンの強弱に影響を及ぼすものだが、氷期に入り大陸の気温が下がると、今度は大陸要因で大陸と海洋の気温差が縮まり海洋からのモンスーンが弱くなる。このため海洋の水蒸気を含んだ風が内陸まで流れ込まなくなり、大陸は寒冷化だけでなく乾燥化もしていく。アフリカのほとんどの地域は乾燥化し、サハラ砂漠は拡大し、森林が草原へと変わった[9][10]。

リス氷期において、東アフリカの現生人類はエチオピア高原にあるオアシスのような湖の周辺のまばらな森の限定的な地域に逃げ込んだ。彼らにとって、草原はけっして住みやすい場所ではなかった。高温乾燥という気候は耐え難く、草原に闊歩する肉食動物から襲われる危険も多かったからだ。本来、人類にとって快適な自然環境とは、鬱蒼と樹木が繁る熱帯雨林ではなく、木々の密度が薄い疎林（woodland）といった場所であった。こうした環境は、標高の高い山岳森林にしか見つけることはできなくなった。

かくして、現生人類はエチオピア高原の点在するオアシスのような地域で、隔離されて生き延びることになる。この時、人口は一万人から二万人規模にまで激減し、まさに絶滅寸前の事態に陥った。この時代の人口減少は、ケニアに住む人々の核ＤＮＡの分析に現れている。環境変化の厳しさは、現生人類だけではなかったかもしれない。アフリカ大陸で発掘されている人骨で確認できる限り、ホモ・エレクトゥス、ホモ・ヘルメイといった種は、リス氷期に姿を消している。その他の地域でみても、次の温暖期であるエーミアン間氷期以後に発掘された種は、現生人類以外ではネアンデルタール人、デニソワ人、ジャワ島でのホモ・エレクトゥス（四万年前頃まで）、そしてインドネシアの小島にいたホモ・フローレシエンシス（一万二〇〇〇年前頃まで）だけだ。[11]

2　現生人類の「出アフリカ」

現生人類以前のユーラシア大陸への進出

人類がアフリカ大陸からユーラシア大陸に渡る動きは、原生人類以前にも三回あった。最初が一八〇万年前から一五〇万年前のもので、スペインのグラナダ州にあるオルセなどの遺跡からオルドワン型石器が出土し、黒海沿岸のジョージア（グルジア）からホモ・エレクトゥスに属するドマニシ人の化石が発掘されている。二回目が一四〇万年前頃で初期のアシューリアン型土器を製造したグループで、中国やインドネシアまで拡散した。そして三回目が八〇万年前以降に行われ、精巧なアシューリアン型石器を製造するグループはレヴァントからアナトリアを経て広がった。ホモ・ハイデルベルゲンシスがユーラシア大陸に渡ったのは五〇万年前頃で、彼らの子孫がネアンデルタール人やデニソワ人となる。アフリカからユーラシア大陸に渡った経路は三つが考えられている。スペイン南部に移ったグループはジブラルタル海峡を何らかの方法で渡った可能性が高い。残りの二つはスエズ地方からレヴァントを通る北ルート、もうひとつが紅海入口のバブ・エル・マンデブ海峡（アラビア語で「悲しみの門」）を渡る南ルートだ。

彼らは、どのような理由で住み慣れたアフリカの大地からユーラシア大陸に渡ったのであろうか。いくつかの仮説が提唱されている。ひとつは人口増加圧力によるというものだ。人類は協同して狩猟を行うことで効率的に食糧を得ることが出来るようになったが、そのことでかえって人口密度の低い地域が求められるようになったとする。それまで人類が足を踏み入れていなかったユーラシア大陸は、彼らにとってニッチであった。また、気候変動も一因とされている。数万年ごとの氷期の到来は居住環境を激変させ、新たな生息地を探す動機になっただろう。風変わりな仮説として、伝染病を避けるためというものがある。今日でもアフリカ大陸には伝染病をもたらす多くの病原体が存在する。人類だけでなく、チンパンジーの死因の五五％が伝染病による疾患に由来する。アフリカ大陸から脱出することは、病原体を避ける効果があったとみるものだ[12]。

現生人類の挑戦

現世人類の「出アフリカ」は少なくとも二度試みられた。一二万年前頃のエーミアン間氷期の温暖な時代にシナイ半島に渡り、レヴァントのカフゼーやスフールに移住している。しかし、その後に気候の寒冷化によりレヴァント一帯が砂漠化し、八万年前頃にはこの地で死に絶えた。

二度目に進出した人々がアフリカ以外に住む人種の共通の祖先である。南ルートのバブ・エル・マンデブ海峡を渡ったとされる。その時期は、八万五〇〇〇年前頃、七万五〇〇〇年前頃、六万五〇〇〇年前頃のいずれかだろう。現在、この海峡は距離一八キロメートル、水深のもっとも深いところで一三七メートルであるが、この三つの時期に地球の気候はそれぞれ、ダンスガード・オシュガー・サイクル20と19の前後、ハインリッヒ・イベント6と一時的に寒冷化し、海面水位が八〇メートル以上低下した[13]（ダンスガード・オシュガー・サイクル、ハインリッヒ・イベントについては、第1部第1章（2）に詳述）。

重要な点は、バブ・エル・マンデブ海峡を渡ったグループが極めて少数であったことだ。アフリカ以外に住む現代人の母系系統樹をみると、ミトコンドリアDNAのタイプはL3から分岐したMとNの二種類しかない。また、男系系統樹ではCTというひとつのグループにたどりつき、遺伝子時計の視点では七万年前頃であったとの推定がある。このことから、アフリカ以外の人類の共通の祖先は当初二〇〇〇人に満たなかったとの説も提唱されている。この規模の人々しかバブ・エル・マンデブ海峡を渡たれなかったということは、海面水位が下がった時期がごくわずかな期間でしかなかったのだろう[14][15]。

移住した人々にとって、当初ユーラシア大陸は桃源郷のようであったに違いない。内陸部でも海岸でも豊富な食糧を容易に採集することができた。ところが、この二度目の「出アフリカ」の前後に、インドネシアで巨大火山が噴火したのである。この噴火による急速な寒冷化と長期にわたる寒冷な気候は、世界中に拡散しはじめていた人類に深刻な環境変化をもたらした。

3 トバ火山の超巨大噴火

「火山の冬」が引き起こした寒冷化

インドネシア、スマトラ島の北部に、トバ湖とよばれるカルデラ湖がある（図0－1）。このカルデラ湖は七万四〇〇〇年前頃の火山噴火により形成されたもので、噴火の規模は過去二〇〇万年で最大級のものであった。トバ火山のカルデラの大きさは南北一〇〇キロメートル、東西六〇キロメートルに及び、阿蘇カルデラの南北二五キロメートル、東西一八キロメートルと比較すると、約一二倍に相当する（写0－1）。

噴火により排出した火山灰などのテフラも三〇〇〇立方キロメートルと膨大な量であっ

図0-1　トバ湖の位置

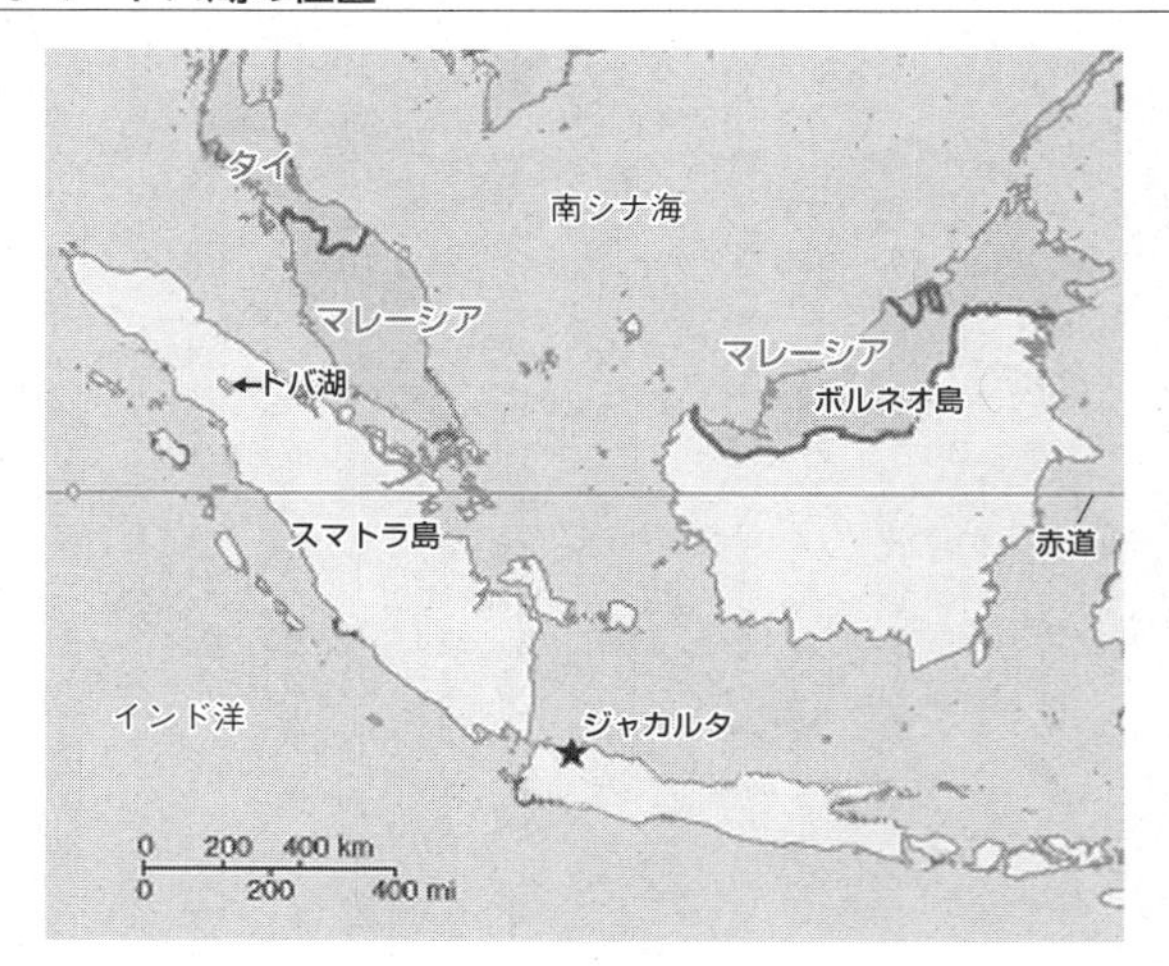

写0-1　トバ湖の衛星写真

出典：NASA

た。この超巨大火山噴火が気候に、そして人類に及ぼした影響はどうであったか。一九九一年のピナトゥボ火山の噴火の三〇〇倍の規模であったとのシナリオでは、長期に渡って「火山の冬」が続いたとされる。三・五ギガトンの硫黄が大気中で酸化し、硫酸エアロゾルとして成層圏に漂い、太陽光が地表に届くのを遮ったというものだ。トバ・カタストロフ理論では、地球全体の気温を最大で一五度低下させ、噴火後の五年間は五度の低下が続いたため、人類は危機に瀕し、人口が一万人程度まで減少したというストーリーを展開する。そして、人口減少の痕跡がわれわれの遺伝子にもボトルネック現象として残っているとする。噴出物は赤道付近を流れる偏東風に乗って西に運ばれ、インド亜大陸に進出していた人々に甚大な被害を与えただろう。実際、現在のインド地方の母系遺伝子のもっとも古いタイプはM2であり、時期は七万三〇〇〇年前とされている[16][17][18]。

一方で寒冷化の影響が過大であるとの反論もある。グリーンランド中央部の万年氷から掘削した氷床コアに残るトバ火山の噴火量をみると、硫酸エアロゾルが噴火規模の割には少なく、硫黄の排出量でいえば一九九一年のピナトゥボ火山の三倍から四倍程度でしかないという。また、多くの硫酸エアロゾルが成層圏に分布すると、それらは集合して大きな塊になるために太陽光の反射率が下がり、さらに地表に落下しやすくなるといった見方もある。マックス・プランク研究所でのコンピュータ・シミュレーションでは、気温の低下は四年から六年程度の間に最大で二・五度、その間の降水量の減少も二年程度で収まったのではないかとの計算結果である。[19]

バブ・エル・マンデブ海峡の海面水位が低下した時代が七万五〇〇〇年前頃にあったように、ダンスガード・オシュガー・サイクルによる寒冷化傾向とトバ火山の噴火は重なっており、寒冷化のどれだけが周期的な変動によるものか、そして「火山の冬」の影響がどれだけのものか判然としない。

4 衣服をまとって寒冷な気候に挑む

衣服をまとったのはいつの時代か

トバ火山の噴火について、もう一つ興味深い仮説がある。人類に寄生するシラミはアタマジラミ、コロモジラミ、ケジラミと三種類があり、それぞれ髪の毛、衣服、陰部の毛に寄生し棲息する。このうちケジラミは別の種であり、アタマジラミとコロモジラミはヒトジラミとして同種のもので、アタマジラミがコロモジラミの原種である。DNA分析によって、コロモジラミはアタマジラミから七万四〇〇〇年前頃に分化して生まれたことがわかった。これは衣服の着用が始まったのはこの時代からであることを暗示しており、トバ火山噴火による急激な寒冷化をきっかけに、人類は衣服を着るようになったという仮説が提唱されている。[20]

トバ火山の噴火を経て地球は最終氷期を迎え、比較的温暖な時期（亜間氷期）と寒い時期（亜氷期）を繰り返しながら極寒の時代に突入していった。氷期とは単に寒冷な天候が長く続いた時代ではなく、気候が激しく変動する時代であった。

類人猿と異なり、人類の全身の体毛が薄くなったのは、直立二足歩行と深い関係があるとされる。薄い体毛の現生人類がもし衣服をまとわないならば、その生活圏は赤道を中心とした地域に限られていたであろう。実際、アラビア半島に到着した後、当初の移住はインド亜大陸を経て、タイ、マレーシアからインドネシアへと向かっている[21]。

現生人類の世界各地への拡散

激変する気候に対して、人類が他の動物の持つことのない服という対応策を獲得したことは、生存戦略として極めて重要であった。衣服の着用により、本格的な氷期のただ中にあって、生存可能な地域を広げることができた。最終氷期の寒冷な時代の中で、東南アジアのホモ・エレクトゥスは絶滅し、ヨーロッパのネアンデルタール人も寒冷地に適した体形であったにもかかわらず生き延びることができなかった。人類の種の中で唯一、厳しい自然環境の中でも人口を増加させ、生息域を広げていったのが現生人類たるホモ・サピエンスだったのである。勝者がすべてを得る。現生人類は一万年前までに南極大陸を除く地球上のすべての大陸を席巻した。

図0-2　人類の移民

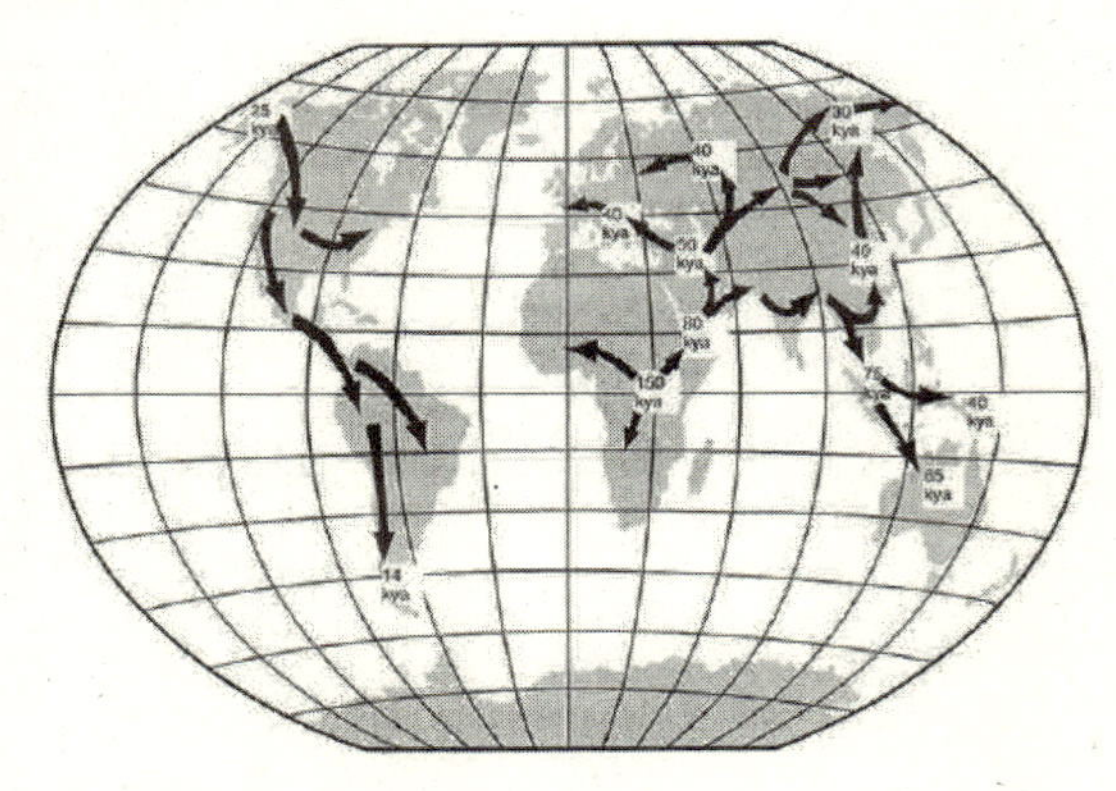

出典：William J.Burroughs「Climate Change in Prehistory」(2005)

彼らは、寒冷な土地に広がる平野で草食性の大型哺乳動物を求め、ヨーロッパ北部の氷雪に覆われた地域の近くまで進出し、あるいは中央アジアやシベリアまで移住した。さらに、シベリア草原を抜けてアムール川に到達した人々の一部は、ベーリング陸橋を徒歩でアラスカまで渡っていった。

ミトコンドリアDNAの分析から、ヨーロッパ人の祖先は、五万六〇〇〇年前頃に西アジアからトルコ、ブルガリアを経由し、ドナウ川まで移住した人々であると考えられる。反対にアジアへ向かう進路としては、四つのルートがあった。まず、東南アジアから海岸沿いに北上する経路。次に西アジアからカイバル峠を経てチベット南縁を通って長江から中国南部に至るもの。そして、カイバル峠から北に分かれ、チベット北縁のタリム盆地を経て中国北部に向かうもの。最後が、南西アジアを北上し、ウスチ・カラコルムからバイカル湖を経てアムール川に至る道筋だ。また、東南アジアにいた人類の一部は、六万年前頃に海面水位が低下した時期にニューギニアを徒歩で渡り、オーストラリア大陸まで移住した[22]（図0－2）。

では、氷期の厳しい自然環境の中で、人々はどのような生活を送ってきたのだろうか。彼らの住む大地の姿はどうであったのか。そして、彼らは何を食糧として生き残ってきたのだろうか。

第1部

黎明編

気候変動が人類を育てた

第1章 寒冷な気候の中で

フランス南西部のボルドーの東一二〇キロメートルにあるモンテニャック村に、有名なラスコー洞窟壁画がある。今からおよそ八〇年前の一九四〇年九月、マルセル、ジャック、ジョルジュ、シモンの四人の少年が飼い犬とともに鍾乳洞に探検に出かけた際に偶然発見したもので、一万七〇〇〇年前頃の旧石器時代末期、マドレーヌ文化と分類される時代の洞窟壁画である。「洞窟壁画のシスティナ礼拝堂」とたたえられることもある。

洞窟壁画の発見の歴史は、スペイン北部カンタブリア州郊外のアルタミラ洞窟に始まる。このときも領主の五歳の娘が最初にみつけている。洞窟壁画はフランス中部からイベリア半島にかけて数多く残っており、最も古い壁画はフランス南部アルデシュ県にあるショーベ洞窟のもので、三万二〇〇〇年前頃にさかのぼる。極彩色の美しい作品は、ヨーロッパ西部に限ったことではない。ウラル地方のカポヴィア洞窟には七頭のマンモス、二匹のサ

図1-1　氷期の激しい気候変動

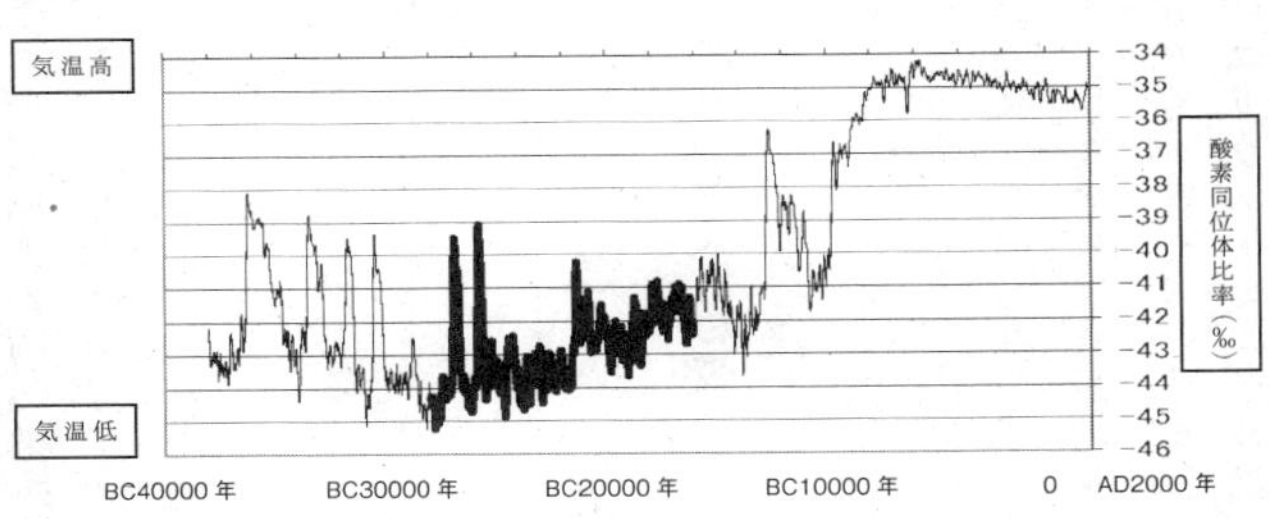

出典：Greenland Ice Core Chronology 2005（GICC05）

イ、そして多数のウマが描かれている。

これらの壁画は、氷河時代を生きたクロマニョン人によって描かれたものである。氷河時代という言葉を聞いて、どのような印象を持つだろうか。二十世紀半ばまでの数え方では、四回ほど「氷河期」とよばれる氷に閉ざされた冷たい気候の時代があった。冷凍庫の中のような、凍える世界が何万年にもわたって続いた。そして人類は氷の平原の中で獣の皮で作った衣服をまとい、槍を手にマンモスを狩猟していた、といったイメージが強い。果たして彼らの生活はどうであったか。

第1章は、

- 最終氷期の気候はどのようなものであったか
- 最終氷期の中で、人類は生き残るためにどのような努力をしてきたのか
- 最終氷期の日本列島はどのような地形であったか。そして、気候や植生は現在とどう異なったか

といった点から話を進める。さらに、マンモスをはじめ

とする大型哺乳動物の絶滅の理由にも触れてみたい。果たして自然環境の変化によるものか、それとも人類が狩猟したためであろうか。

（なお、「氷河期」「氷期」という用語について、氷河期とは、地質年代でみて、地球のどこかに氷床といって広大な万年雪・万年氷がある時代を指す。今日、南極とグリーンランドで一年中積雪があることから、われわれが住む時代は数千万年続いている氷河期に入る。そして氷河期の中で、寒冷な時代を氷期、寒さが緩む時代を間氷期とよぶ。）

1　最終氷期の気候と人類の生活

最終氷期の大地の姿

ラスコー洞窟にほど近いファン・ド・ゴームにある洞窟壁画には、およそ二〇〇点の動物が描かれている。描かれた動物の数を多い順番に並べると、オーロックス、マンモス、ウマ、トナカイと、大型草食動物ばかりで、アカシカ、バイソンといった森に棲息する動物の姿はほとんどみかけられない。

オーロックスは家畜化される前のウシの原種にあたり、ラスコー洞窟などのヨーロッパ南部の壁画や、サハラ砂漠中央部のタッシリ・ナジェール遺跡の壁画にも姿が描かれている。ユリウス・カエサルはウルスとよび、「どこにもみかけない獣であり、家畜ウシよりはるかに大きく、乱暴もので、人や動物を手当たり次第に襲う」と記述している。オーロックスは中世に入ってヨーロッパの森林が開墾される中で個体数が減少していき、わずかに貴族の禁猟区で棲息していたものの、一六二七年、ポーランドのヤクトロフスカで年老いた雌が息を引き取ったと記録されたのを最後に絶滅した[1]。

遺跡に残された動物の骨から、当時のクロマニョン人の主食がトナカイであったことがわかる。ヴュルム氷期と名づけられた最終氷期の時代に、氷河はヨーロッパ北部まで進出していた。そして、氷河の南側には草原が広がっていた。

ヴュルム氷期は、四万年前以降、寒さが厳しくなっていった。中でも二万三〇〇〇年前から一万九〇〇〇年前にかけては、最終氷期最寒冷期（LGM：Last Glacial Maximum）とよばれている。最終氷期最寒冷期には、陸上に氷や雪の形で大量の水が蓄えられ、海水の総量が減り海面水位が低下したことで当時のヨーロッパの海岸線ではデンマークとスカンジナビア半島の間にある北海は海面上に浮上し、ブリテン島も大陸と陸続きであった（図1－2）。

植物の分布も現代とは全く異なっていた。現在のドイツ南西部には、黒い森（シュバルツバルト）といわれる植林されたモミなどが密集した森林地帯が広がっている。かつては原生林が広がっており、ユリウス・カエサルの『ガリア戦記』ではゲルマン人は「森に住む人」として紹介され、またリヒャルト・ワーグナーの楽劇『ニーベルングの指輪』でも

図1-2　ヨーロッパ大陸の変化　上：現在、下：最終氷期

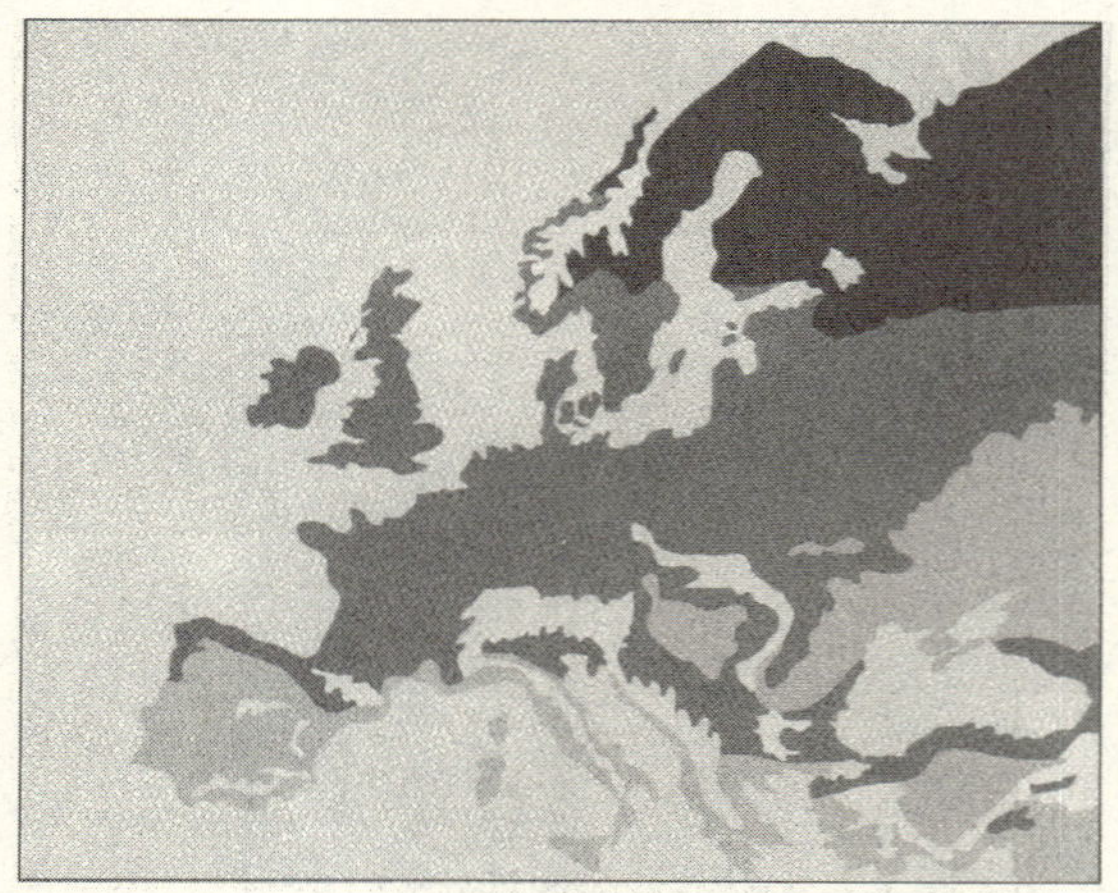

□氷床・氷河　■亜寒帯針葉樹(タイガ)　■地中海性雑木林
□ツンドラおよび山岳地帯　■落葉広葉樹および針葉樹　■ステップ草原

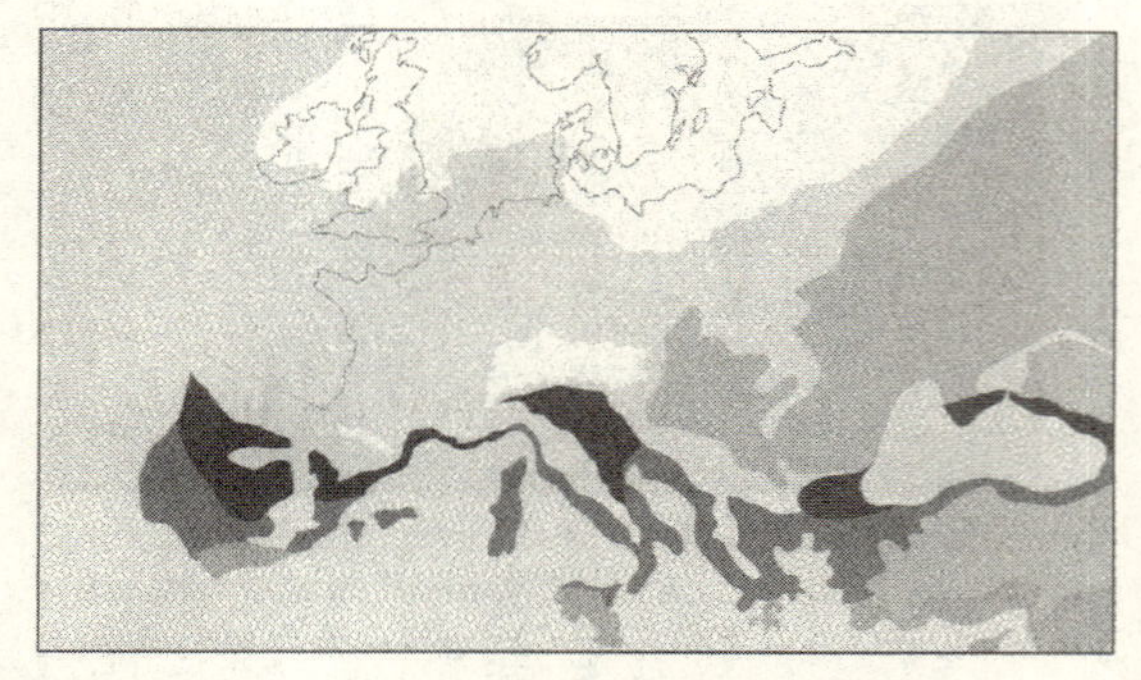

出典：W.F. Ruddiman「Earth's Climate Past and Future」(2008)

ゲルマン人の住む世界は森林の中にある。このことから、ヨーロッパ中部一帯には太古から深い森が広がっていたと思いがちだ。

しかし、最終氷期最寒冷期には、ドイツ北部まで氷の平原が南下し、その南側の地域もほとんどが永久凍土の残るツンドラやステップという自然環境であった。ツンドラとはロシア語で「木のない平原」という意味で、ステップとは年間降水量が二五〇ミリメートルから七五〇ミリメートルと少ないため、丈の短い草原としかならない半乾燥地域のことをいう。森林地帯は、イベリア半島や地中海沿岸のわずかな地域に限られていたのである。

北米大陸の巨大氷床と人類の移住

北米大陸では自然環境はさらに厳しく、現在のカナダから米国北部にかけては、三つの巨大な氷床に覆われていた。氷床とは大陸氷河とも訳され、氷河（Glacier）が山岳地帯に残る万年雪や万年氷を指すのに対して、氷床（Ice Sheet）は平地に積もった万年雪・万年氷を意味する。現在残っている氷床はグリーンランドと南極大陸だけだが、最終氷期の時代には世界各地に広大な氷床があった。ヨーロッパ大陸では、北部にスカンジナビア氷床と内陸の山岳地帯に小さいながらもアルプス氷床が、そして北米大陸では、ローレンタイド氷床、コルディレラ氷床、北大西洋にグリーンランド氷床と数多くの氷床があった。南半球でもパタゴニア氷床をはじめとし、現在のチリやニュージーランド南島が氷床でおおわれていた。[2][3]

中でも、北米大陸東岸から中央部にかけてのローレンタイド氷床は、最も大きく、その厚さは一六〇〇メートルから三〇〇〇メートル近くあり、南端は現在のニューヨークにまで達していた。マンハッタン島にあるセントラルパークに残る巨石は、ローレンタイド氷床の流れに乗って北方から運ばれた迷子石であり、北米大陸東岸では北緯四〇度まで氷床が南下していた証拠とされる。

最終氷期での海面低下により、ユーラシア大陸とアラスカはベーリンジアとよばれる陸地でつながり、この自然が作った陸橋を渡ってシベリアにいた人類は、二万年前から一万五〇〇〇年前の間に北米大陸に渡っている。彼らは、二万年ほど前までにシベリアからアラスカ南部までは比較的容易に到達したが、コルディレラ氷床とローレンタイド氷床の二つの巨大な氷床に阻まれ、簡単には暖かい南部に移住することはできなかった。

人類のアメリカ大陸への到達について、現在、一般に流布されている学説は、アリゾナ大学のC・ヴァンス・ヘインズが提唱したものだ。彼の説によれば、最初に現在のカナダ以南に現れた人類はクローヴィス人とよばれるグループであり、一万五〇〇〇年前にローレンタイド氷床とコルディレラ氷床の間の短期間わずかに開かれた無氷回廊を通って南下したとする。しかし、近年はバージニア州カクタス・ヒルやチリ南部のモンテ・ベルデでクローヴィス人よりも前の年代にさかのぼる遺跡がみつかっており、激しい論争が展開されている。

また、スタンフォード大学のジョセフ・グリーンバーグは、アメリカ先住民の言葉の違いに視点を当て、アラスカからの南下は一万一〇〇〇年前頃、九〇〇〇年前頃、四〇〇〇年前頃と時代を隔てて三回行われたとした。このグリーンバーグ仮説では、アメリカ大陸への移住者には、中南米まで移住した部族(アメリンド)、カナダから北米大陸西部に定住した部族(ナディネ)、北極圏からグリーンランドに進出した部族(エスキモー・アリュート)、の三つのグループがあるとしている。

さらに遺伝子の分析による研究も進められており、南米の先住民の方が遺伝子変異の多様性が大きいことから、最終氷期のただ中に南下に成功した部族であるといった新説も登場している。この仮説では、アラスカから南下した経路も二つの氷床の隙間である無氷回廊ルートではなく、北米大陸西海岸沿いの環太平洋ルートであるという[4]。

最終氷期の気温と降水量

最終氷期最寒冷期において、地球全体の平均気温は現在より五度低く、特に大きな氷床のあった北半球の高緯度地域では、年平均気温が現在と比較して一二度から一四度も低下していたと推定されている。ヨーロッパ大陸の気温も一年のほとんどが二度から三度、あるいは氷点下といった状態であり、年間降水量も東欧から中欧にかけて現在六〇〇ミリメートルであるのに対し、六〇ミリメートルから一二〇ミリメートルと少なかった。寒いだけでなく雨量が少なく、乾燥もしていた[5]。

アジアも同様で、シベリア南部の冬季の平均気温は現在と比べて一二度も低く、中央アジアにかけても六度低下しており、乾燥していたため中国内陸部には草原が広がり、サイ、ウマ、ガゼルといった草食性の大型哺乳動物が繁殖していた[6]。

一方、熱帯地域において、最終氷期の寒冷化の影響は少なかった。現在と比較して海水温の低下は一度から二度以内であり、熱帯の低地での気温の低下幅は二・五度から三度、高地でも六度低い程度であった[7]。

厳しい自然環境の中での人々の生活

では、ヨーロッパの寒く乾燥した気候の中で人類はどのような暮らしを営んでいたのだろうか。ラスコー洞窟の近くのガルガス洞窟にある壁画には、動物の姿と並んで二一七個の手形の跡が残されている。壁画に押された手形のうち、三八％が親指を除く四つの指の第一関節から先が失われており、すべての指を持つ手形はわずかに一〇個、それもすべて子供のものであった。何か宗教的な儀式により、意図的に指を切り落としたのではないかとの見方もあるが、恐らくは凍傷に対する外科的手術がその理由であろう[8]。

最終氷期のただ中に極寒の地域で人類が生き延びるためには、後期旧石器時代革命とよばれる五万年前から四万年前を起源とする知性の発達が重要な役割を果たした。五万年前の南アフリカの遺跡にある図形や装飾品が示すように、人類はこの頃からはっきりと創意工夫の跡を残すようになる。

チェコの南東部にあるドルニ・ベストニース遺跡は、二万七〇〇〇年前頃の後期旧石器時代のものとされている。この遺跡からはセラミックス製のヴィーナス像とともに、焼けた粘土にトナカイの毛皮や三六の繊維の跡が見つかっている。この痕跡から、最古の織物はこの時代までさかのぼるとみられている[9]。

パリの人類博物館に在籍していたアンリ・V・バロワによる旧石器時代の人骨七六体の調査結果が『初期人類の社会生活』（1961年刊）に掲載されている。二一歳以上は三十五体の半分に満たず、三〇歳以上の二〇体はすべて男性であった。三〇歳以上の女性の人骨が一つもみつかっていないのは、妊娠と育児のために女性の寿命が短かったためと考えられる[10]。

乾燥した平原が広がるヨーロッパにあって、人々は植物採取では十分な食糧が確保できず、トナカイ、ウマ、オオヘラジカといった大型草食動物を狩猟して生活を送っていた。わずか三家族一五人が生きていくためにも、年間一五〇〇頭のトナカイを捕まえる必要があった。獲物が季節によって移動するため、自然の移り変わりや動物の動向を把握し、狩猟の罠を仕掛けるといった工夫も行われた。しかし、大型草食動物ばかりに頼ってはいなかったようだ。骨に含まれる炭素同位体と窒素同位体の比率を調べると、どのような食物からタンパク質を摂取していたかがわかる。ネアンデルタール人の骨のタンパク質のほとんどすべては大型草食動物に由来するものだった。対してヨーロッパのクロマニョン人の場合、ネアンデルタール人と同じく大型草食動物を狩猟したものの、川魚、イカやタコ、そして鳥のタンパク質も相応の比率で摂取していた。[11][12]

フランスやスペインの洞窟壁画は山間部の渓谷沿いにあり、これは、寒さをしのぎつつ大型哺乳動物を狩猟するための生活拠点として洞窟を選んだ集団によるものだ。一方、比較的気候が安定しており海産物という別の食糧が採取できたことから、海岸線に定住する人々も相当数いたと考えられる。しかしながら、最終氷期以後に海面水位が上昇し、当時の海岸線にあったであろう遺跡は、現在ほとんどが海の底に沈んでおり、考古学的な証拠は残っていない。

ヨーロッパよりも低緯度側での人類の生活に目を移すと、パレスチナ北部ガリラヤ湖南西岸にあるオハロII遺跡がある。二万三〇〇〇年前頃のもので、長い年月の間、水面下に沈んでいたため有機物の保存状態が良好であった。二〇〇〇平方メートルほどの遺跡の中に六つの小屋、一つの墓、石造りの設備などがみつかっている。遺跡から発掘される食糧の種類も多種多様であった。種類にして一〇〇以上、数にして一万以上の種子や果物が出土しており、主なものにドングリ、アーモンド、ブドウ、オリーブなどがある。大麦や小麦もみつかっているが、いずれも野生種のものだ。これらの種子や果物の貯蔵もすでに行われていた[13]。

動物の骨ではガゼル、シカ、キツネ、野ウサギのものが残っており、数千もの魚の骨も発見されている。この遺跡に住んでいた人々は雑食であり、動物食の割合は五〇%から七〇%と推測されている。オハロII遺跡だけでなく、北緯四〇度よりも南側では、食べ物の二〇%から五〇%を木の実、果物、葉、根、卵で占めていたとの調査結果がある[14]。

2　激しい気候変動

激変する気温：ダンスガード・オシュガー・サイクルとハインリッヒ・イベント

古気候についてのこの五〇年間の研究成果により、氷期とは単に寒いだけでなく、気候が激変していた時代であることがわかってきた。代表的な研究として、グリーンランドの万年氷の堆積物（氷床コア）と北大西洋海底の堆積物（海底コア）の二つの分析がある。

グリーンランドの氷床コア分析は、デンマーク人のウィリ・ダンスガードとスイス人のハンス・オシュガーを中心に一九六六年から開始された研究の成果である。グリーンランドや南極の氷を掘って過去の氷を採取し、氷に含まれている酸素が分析の標本になる。水の成分である酸素には分子数16の一般的な酸素（^{16}O）だけでなく、ごくわずかながら質量数17、18といった重い酸素があり、これらは酸素同位体とよばれる。分子数の違う酸素は蒸発する際の水蒸気圧が違うため、気温が高いほど陸地に降った雪に含まれる酸素同位体（^{17}O、^{18}O）の比率が高くなる関係がある。この関係から過去の気温を推定していくことができる。

ダンスガードらはグリーンランド中央部の万年氷を三二〇〇メートル以上掘り、氷の柱である氷床コアを細かく刻みながら採取し、表面に近い部分（新しい時代）から底の方（古い時代）にかけて、およそ一一万年前から現在までの気温を分析した。その結果、最終氷期の気候は激変し不安定であったことをつきとめた。

一〇万年単位の大きな氷期の循環の中に小さな気候変動サイクルがあり、その中で一時的に気温が小幅上昇した時期は亜間氷期（interstadial）、反対に気温が低下した時期は亜氷期（stadial）と区分される。二人はさらに細かく分析し、氷期の間にあっても二四回程度の周期的に急に気温が上昇した時期があることを発見し、一九八五年、気温の変動には二二〇〇年から一五〇〇年のサイクルがあると発表した。典型的には、二〇年から三〇年の間に急に暖かくなり、その後に数一〇〇〇年かけて気温が低下していくパターンで、このサイクルをダンスガード・オシュガー・サイクルという[15]。

ダンスガード・オシュガー・サイクルの周期は、グリーンランド中央部の氷床コアだけでなく、米国西岸沖サンタバーバラ海盆の堆積物やフランス南西部の洞窟、エルサレムに近いユダヤ山脈の石筍（鍾乳石）からも確認されており、地球規模の変動サイクルと考えられる。ただし、その発生原因については今日でも明確な理論はない。太陽の活動がおよそ一四七〇年の周期変動と一致するとの仮説がある一方、海流との関係に注目する見方もあり、未知の研究課題として残っている[16]。

一方、北大西洋の海底コアによる分析はドイツ人のヘルムート・ハインリッヒによるもので、一九八八年に最終氷期の七万年の間に六回ほど急速に寒くなった時代があったと発表した。この急速に寒冷化した時期にあたる海底堆積物の層から、北米大陸にあったローレンタイド氷床が削った〇・一八ミリメートルから三ミリメートルの岩屑が発見されており、大陸にあった氷床が崩れ、巨大な氷山となって大西洋に漂流したと推測される。およそ一万年周期で起きる急速な寒冷化は、ハインリッヒ・イベントとよばれている[17]。

ハインリッヒ・イベントが周期的に起きるメカニズムは、次のように考えられている。北米大陸の北東部で冷たい氷床が積み重なり厚さが増していくと、氷床の表面は冷たいままであるのに対し、氷床底辺の地殻との接点では地熱による熱の供給を受ける。積もった氷床の底と地殻の境界で、上層の氷の層により地熱が閉じ込められ、境界部分の温度だけが上昇していく。やがて地殻付近の氷が融解し水の層ができると、氷床は突然滑り台を滑り降りるようにハドソン湾に落下する。北大西洋に氷床が滑り落ちると海水温度は低下し、北大西洋海流の流れを弱め、ひいては地球全体に寒冷化をもたらす。

図1-3　最終氷期の気候変動

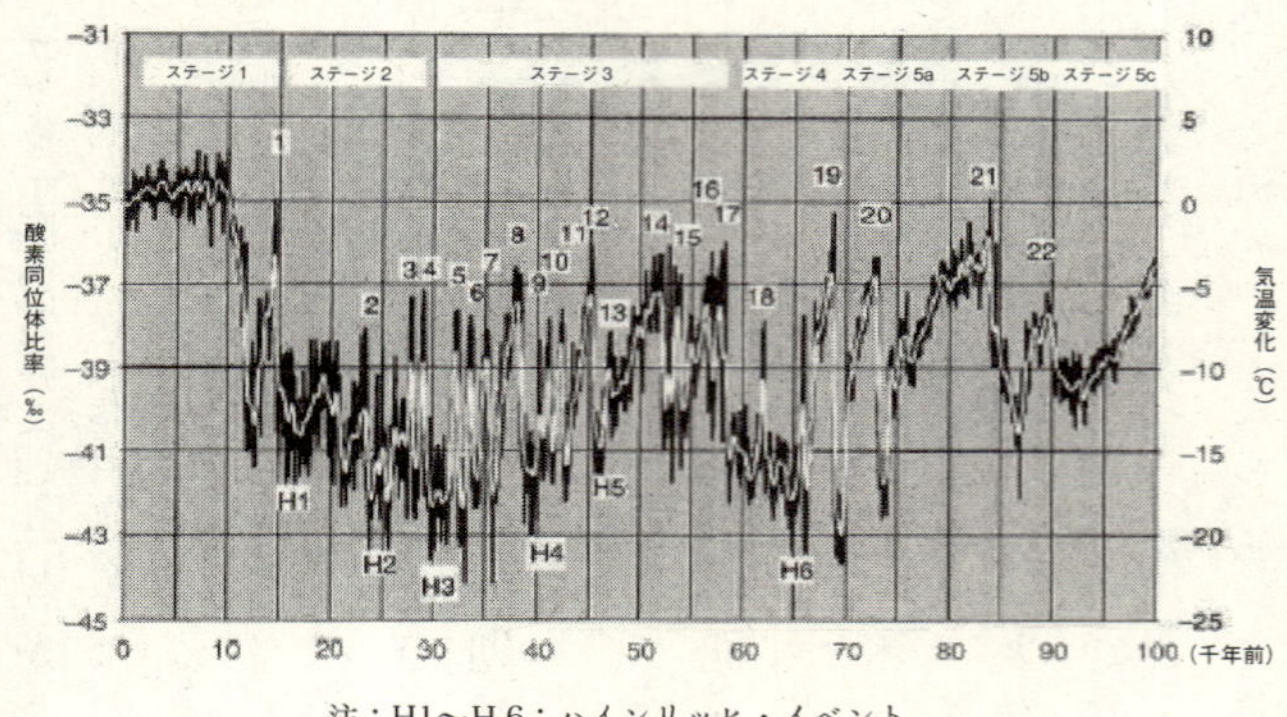

注：H1～H6：ハインリッヒ・イベント
数字はダンスガード・オシュガー・サイクル

出典：W.Burroughs「Climate Change in Prehistory」(2005)

北大西洋海流の強弱による気候変化のメカニズムは次章で述べるが、ハインリッヒ・イベントが発生するごとに、グリーンランド中央部の気温は三度から六度急低下した[18]。

「氷河時代の子供たち」

図1－3は、グリーンランド中央部の氷床コアから推測される最終氷期の気温推移と二二回のダンスガード・オシュガー・サイクル、そして六回のハインリッヒ・イベントを特定したグラフである。図の左側がより現代に近く、右端が前回の間氷期のエーミアン間氷期にあたる。気温の動きをみると氷期の間は気候が激変しており、数百年間で一〇度以上も気温が上下する変動が何度も起きているこ

とがわかる。一方、最終氷期が終わった後の直近一万年というのは、例外的に気候が安定した状況であることがみてとれる。

先に述べたとおり、人類が知性を顕在化させたのはおよそ五万年前、最終氷期の中でも最寒冷期に入る直前の時期であった。気候が激変した時代にあって、人類は生き残るために知性を発達させた、あるいは発達させねばならなかったと考えることができる。

「恐竜は二億年近く地上で繁栄していたのに、なぜ知性を発達させなかったのか?」という問いかけがある。答えは知性を発達させる必要がなかったからだ。恐竜は知性を獲得せずとも生き延びることができた。人類が直面したような、生き延びるために知性を必要とする気候激変の連続という環境的な圧力は、中生代に存在しなかったのだ[19]。

ヨーロッパなどの氷床に隣接した地域において、氷期の間の季節の移り変わりは現在よりもはるかに大きかった。そのような環境の中で、季節ごとに移動する大型哺乳動物を追いかける生活を送っていた人々にとって、春夏秋冬のサイクルを予測することは極めて重要であった。植物の生育ぐあいから渡り鳥の往来に至るまで、自然のサインを頭に入れ、その年の季節変化が例年に比べて遅いか早いかまで、彼らは真剣に考えていたに違いない[20]。

3 最終氷期の日本列島

氷期の時代の日本の地形と気候

最終氷期の日本列島は、どのような形状をしていたのだろうか。図1－4は二万年前の日本列島を表したもので、北海道から九州までの四島は一つにつながり、瀬戸内海も陸地であった。津軽海峡がある渡島半島と津軽半島の間は最大水深が三〇メートルほどあったものの冬季には「氷橋（アイスブリッジ）」で結ばれ、北海道の北端からシベリアまでは地続きとなり、九州の鹿児島から南西諸島にかけても弧を描く陸地であった。

対馬海峡について、かつては陸橋が朝鮮半島まで貫通し、日本海は完全に封鎖されていたと考えられていたが、最近の研究ではわずかに海水の出入りがあったようだ。ただし、日本海北端の間宮海峡は大陸とつながっていたため日本海は内湾化しており、現在のように対馬暖流が勢いよく流れこむ海域ではなかった。このため、当時の日本海は現在よりも冷たく、最終氷期最寒冷期に日本海北部は万年氷が張っていた。日本海全域が冬季に凍結していたかもしれない。

今日、本州日本海側は豪雪地帯とよばれる。日本海側での降雪のメカニズムは、日本海の上空をシベリアからの乾いた寒気が通過する際、大気中に対馬暖流の流入によって温度の高くなった海面から水蒸気が補給され、その水蒸気が日本海側山間部での傾斜面を滑昇

図1-4　最終氷期の日本列島（2万年前〜1万8000年前）

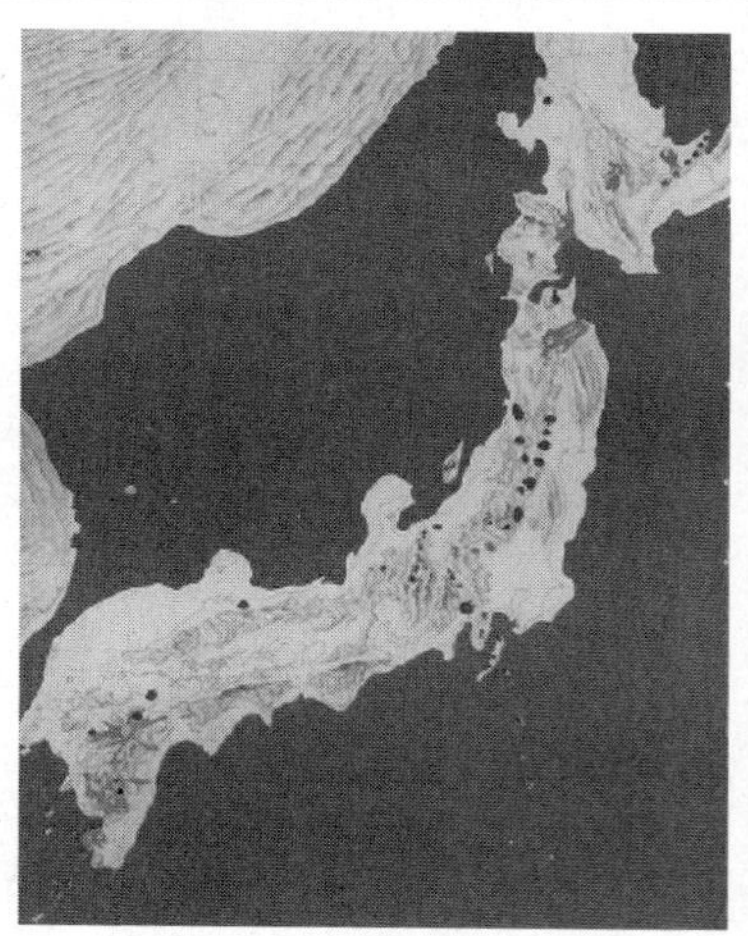

出典：湊正雄　監修「日本列島のおいたち　古地理図鑑」(1978)

する途中で凝結し雪となり地上に落ちるというものである。ポイントは、冷たく乾燥した北西風が海水温の高い日本海の上空を通過するという組み合わせである。この寒気の吹き出しとよばれる現象は、日本海に暖流が流れこみ、海面水温が暖かくなければ生じない。福井県三方五湖の湖底の堆積物を調べると、最終氷期の日本海側の積雪は現在よりもはるかに少なかったことがわかる。

夏季においても、東南アジアから東シナ海を経て流入する季節風の南西モンスーンは現在よりも弱く、梅雨前線や台風も活発ではなく、このため年間を通した降水量は現在の三分の一程度しかなかった。

日本列島の年間平均気温については、各地の地層から採取した花粉分析などから、現在より七度から九度低かったと推定されている。一例として、東京大学の阪口豊名誉教授が行った尾瀬ヶ原の泥炭分析がある。最終氷期最寒冷期の尾瀬の地層からはハイマツ花粉ばかりが検出され、中部地方の平均気温は氷点下三度であったと推定されている。現在の尾瀬ヶ原の年平均気温が四・五度であることから、今日よりもおよそ七・五度低下していたことになる。日本列島各地の現在の気温と比較すると、東京の気温は現在の札幌にあたり、札幌の気温は現在の樺太中部に相当していた[21]。

日本全域が寒冷化していたため、北海道の位置にあたる北部の高地は万年雪で覆われ、低地はツンドラか北方系の亜寒帯針葉樹林帯であった。本州北部の低地では、ハンノキ、トネリコ、ヤナギがまばらにある草原となり、本州中部の高地では、カシ、ナラ、マツの森林が広がっていた。本州西部から四国、九州にかけての高地には、マツやカバの原生林があり、温暖な気候を好むスギは南西諸島に位置する陸続きの低地でのみ植生していた。

日本人はどこから来たのか

ユーラシア大陸と陸続きであった三万年前頃から日本列島に人類が住み着いていたことは、磨製石器でできた斧の発見などで確実とされている。では、日本人の祖先はどこから来たのか。江戸時代末期以降、さまざま説が提唱されてきた。

オランダの商館医師のシーボルトは新石器時代の日本人は現在のアイヌ系の祖先だと考え、ドイツの病理学者のベルツはアイヌ系と沖縄系が同一だと主張した。解剖学者の小金井良精は一八八八年から一八八九年に北海道を調査し、縄文人はアイヌ系の祖先集団であるが、その後に本土の日本人集団によって置換されたと結論づけた。一九三〇年代に入ると、縄文人は現代の日本人の直接の祖先集団であるが、近隣の集団と混血により形態変化したとの考え方が主流となった。現在では、東京大学名誉教授であった故埴原和郎博士が一九八〇年代に提唱した二重構モデルが定説になっている。二重構モデルは、混血説の一つに分類されるものだ。この説では、旧石器時代に日本列島に移住した最初の人々は東南アジアに住んでいた古いタイプのアジア人集団の子孫であるとする。母系の系譜をたどるミトコンドリアDNAのタイプの比率から台湾や南西諸島との類似性が示されており、南方から移住してきた証拠とされる。その後、縄文時代晩期から弥生時代にかけて北東アジアに住んでいた集団が、朝鮮半島を経て日本列島に渡来したという[22]（第2部第2章（4））。

二重構造モデルは、人間のすべてのゲノムを対象とする核DNA分析でも検証されている。日本人をグループ分けすると、アイヌ系と沖縄系の祖先集団と本州系の祖先集団の二つに区分された。ただし、アイヌ系のDNAについては、アムール川流域から樺太に住むモンゴロイドのニヴフ民族との共通性を持っていた。このことから、現在では縄文人以前の人間は北方からも渡ってきたとの説も有力視されてきた。四万年前頃、マンモスを追いかけてシベリア平原に移住した人々は、暖かさを求めて低地へと移動し、アムール川を下り、一部はアラスカへと移動している。彼らの中のある集団は、海面水位が低下した時代に、容易に徒歩でサハリンを通って日本列島に南下したであろう。縄文以前の剥片や石刃といった旧石器には、尖頭器などアジア大陸北部の文化に関係するものが多い[23][24]。

岩宿遺跡をはじめとして、縄文以前の旧石器時代に相当する遺跡は全国で五〇〇〇以上に上り、長野県野尻湖の立が鼻遺跡で三万年前にナウマンゾウを狩猟した跡が発掘されている。いずれも洪積台地や内陸部に築かれたものだ。海岸線にも住みつき、魚介類の採取を中心に食糧を得ていた集団もいたであろうが、ヨーロッパと同様に、海岸部のほとんどの遺跡が縄文時代以降の海面水位の上昇で水没してしまったと考えられている。わずかに現存している例としては、愛知県知多半島の先刈遺跡がある。この遺跡は縄文時代早期に区分される九〇〇〇年前頃のもので、海面下十数メートルに位置し、遺跡から彼らが採取した魚介類がみつかっている[25]。

4　大型哺乳動物の絶滅の理由

気候変動説と人類狩猟説

マンモスを代表とする大型哺乳動物の絶滅は、最終氷期末期の、人類が世界各地に広がっていった時期とほぼ重なる。このことから、一九六〇年代に米国人の地理学者ポール・マーティンを中心に、人類が乱獲したために大型哺乳動物が絶滅したと提唱された。一方で、氷期が終わる中での環境変化に大型哺乳動物は適合できなかったという反論もある。実際はどうであったか。

ユーラシア大陸では、シベリアから数百頭ものマンモスの骨で造った家の遺跡が発見され、人類狩猟説の大きな証拠とされた。しかしその後、これらマンモスの骨の年代を放射性炭素の比率により調べると、生存していた時代に数百年の開きがあることがわかり、一度に狩猟したというよりも死骸となった骨を拾い集めたのではないか、という意見が台頭した。

気候変動説では、乾燥した平原が湿地帯に変わっていったことに着目する。シベリアのラマ湖の花粉分析によると、マンモスが好物とした草花が生えていた草原が、気候が暖かくなったことで湿地化し、湖沼性ツンドラの湿性草原に変わっている。最終氷期には乾燥した気候の中でマンモスの食べ物であるイネやヨモギなどの草原が広がっていたのに対し、最終氷期以降は降水量が増え湿地帯へと変化し、大型哺乳動物の棲息域が狭められていったと考える。

さらに、気候変動説では、ベーリング陸橋を渡り北米大陸に移住したクローヴィス人が大型哺乳動物を狩猟したとのマーティンらの電撃モデルに対して、彼らが北アメリカ平原に進出したときには、すでに三五種中一五種しか棲息していなかった点を強調する。加えて、クローヴィス人の人口はごくわずかで、大型哺乳動物を絶滅させるほど多くの狩人（ハンター）はおらず、矢尻が刺さったマンモスの骨の化石も少ないと主張している。狩猟はしたかもしれないが、一人のクローヴィス人にとってせいぜい一生に一度か二度の出来事であったろうという。北米大陸では、マンモスと同様に食肉として魅力的であったと考えられるバイソンやヘラジカは生き残っている。これらの大型哺乳動物も容易に狩猟できたはずであり、バイソンなどが生き延びているのは人類による狩猟が絶滅の大きな要因ではなかったことを示すというのだ。概して、気候変動説は考古学者系の研究者で広く唱えられている。[26][27]

一方、古気候学者の間では、人類狩猟説を支持する人が少なくない。人類狩猟説では、一〇〇万年の時間軸でみれば気候は何度も激変を繰り返しており、最終氷期末期の温暖化が際立って激しかったわけではない点を重視する。マンモスは四〇〇万年間も生き延びてきており、二万年前から一万年前にかけて気候変動がとりわけ極端なものではなかったとして、気候の変動以外の要因があったはずだと考える。

オーストラリアでは、体重四五キログラムから一〇〇キログラムの大型哺乳動物一九種類中一六種類に及ぶ大量絶滅が、五万一〇〇〇年前から四万年前の間に起きており、これらの絶滅は人類の大陸に渡った時期と一致している。気候変動説の支持者からは最終氷期の時代にオーストラリア大陸は乾燥化し砂漠が広がったとの反論もあるが、人類狩猟説に分があるようにみえる。

北米大陸においてクローヴィス人の人口が少なかったことから、数多く棲息していた大型哺乳動物を狩猟し尽くすことなどできないといった見解についても反論がある。ところが、マンモスをはじめとする大型哺乳動物は繁殖率が低く、年間二％から三％しか頭数が増加しない特徴があった。人類による狩猟圧があれば急速に数が減少し、数百年で絶滅に至ることはコンピュータ・シミュレーションでも計算されている。一度に根絶やしにせずとも、繁殖率を上回る狩猟があれば、比較的短期間で絶滅に至るのである。[28]

さらにいえば、東シベリア沖合のウランゲリ島では七〇〇〇年前から四〇〇〇年前頃の間に、一種類のマンモスが生存していたことがわかっている。島嶼（とうしょ）矮小化といって離島に棲息する大型動物は身体の大きさが小さくなる傾向があり、ドワーフ・マンモスと命名されている。このマンモスは原住民の狩猟により絶滅するが、環境要因だけであればマンモスは生き延びることができたことを示唆する証拠と思われる。[29]

残念ながら、日本列島も例外ではない。本州域でのヒグマ属が二万七〇〇〇年前頃、ナウマンゾウが一万八〇〇〇年前頃、ニホンムカシハタネズミが一万四〇〇〇年前頃、そしてニホンムカシジカおよびヤベオオツノジカが一万二〇〇〇年前頃に絶滅している。[30]

絶滅をめぐる論争の背景

大型哺乳動物の絶滅理由をめぐる論争が激しくなり、ときに混乱する背景には、自分たちの祖先が殺戮者であったとは考えたくないという心理的な気持ちがあるからだ。こうした心理は人類の持って生まれた性格とは何かという、自然科学の考察とは異なる社会思想が関係している。

人類とは本来純朴であり、文明の発達とともに悪徳を身につけ、汚れていったという近代思想がある。ジャン＝ジャック・ルソーは社会や制度が人間を毒してきたと考え、「自然に還れ」との言葉で、人間は本来の姿に戻るべきだと唱えた。現在でも、大自然の中で生活する人びとは純朴であり、循環型社会を築く叡智があると言われることが少なくない。こうした思想の影響が色濃く出ると、はるかな太古の祖先が、大型哺乳動物を絶滅させるといった非道に手を染めるわけがない、という思考回路に陥ることになる[31]。

しかし実際のところ、われわれの祖先は、生物の一つの種として生き残るために何でもしてきたのだ。長い年月の間、人類と動物が近接して棲息していたアフリカ大陸では、絶滅率はさほど大きくない。一方、シベリア、南北アメリカ大陸そしてオーストラリア大陸のように、人類が突然現れ、生物としての行動原理を取ったとき、それまで外敵がほとんど存在していなかった大型哺乳動物の運命は決まったのではないだろうか。

第2章

最終氷期の終わりとヤンガードリアス・イベント

最終氷期が終わると地球は次第に温暖化していった。とはいえ、温暖な時代は冬から春になるようにゆっくりと直線的に進んだのだろうか。そして自然環境が好転したことで、人類は繁栄の一歩をあゆみはじめたのであろうか。

第2章では、

- 温暖化は世界各地でどのような形で現れていったのか。そして自然環境が変化する中で、人類の生活はどのように変わったのか
- 最終氷期から温暖な時代になだらかに移行したわけではなかった。およそ一万二九〇〇年前から、ヤンガードリアス期とよばれる一三〇〇年間、急激に寒冷化する時代があった。その寒冷化のメカニズムは何であったのか
- そして、人類が農耕を開始した時期は、ヤンガードリアスの寒冷期である可能性が高

い。どのようなきっかけで農業は開始されたのかといったテーマを中心に語っていきたい。氷期から間氷期への移行が、単純に人類に恩恵をもたらしたわけではなかった。むしろ移行期に気候が激変する中で、人類は生活様式を変更する必要に迫られたのである。

1　温暖な時代の始まり

氷床の融解、海面水位の上昇

一万七〇〇〇年前頃を中心に最後のハインリッヒ・イベントによる寒冷傾向を示した後、気候は気候は温暖化していった。気温が上がると陸上の万年雪・万年氷が融け、海面水位が上昇した。一万六〇〇〇年前頃から一万二五〇〇年前頃にかけて、海面水位の一年間の上昇幅は最大でおよそ一五ミリメートルであった。図1－6のA図は一二万年前以降の海面水位の動向を示したものである。海面水位は氷期と間氷期のサイクルの中ではおよそ一三〇メートルの幅で上下の変動を繰り返している。これは、地球全体の水の総量は変わらない中で、寒い時代には陸地に氷雪の形で水が保存され、暖かくなるとその氷雪が融けて海に流れこみ海洋に満たされるためだ[1]。

A図の左端が一二万年前のエーミアン間氷期であり、グリーンランド中央部の気温は氷

図1-5　最終氷期の終わりとヤンガードリアス期

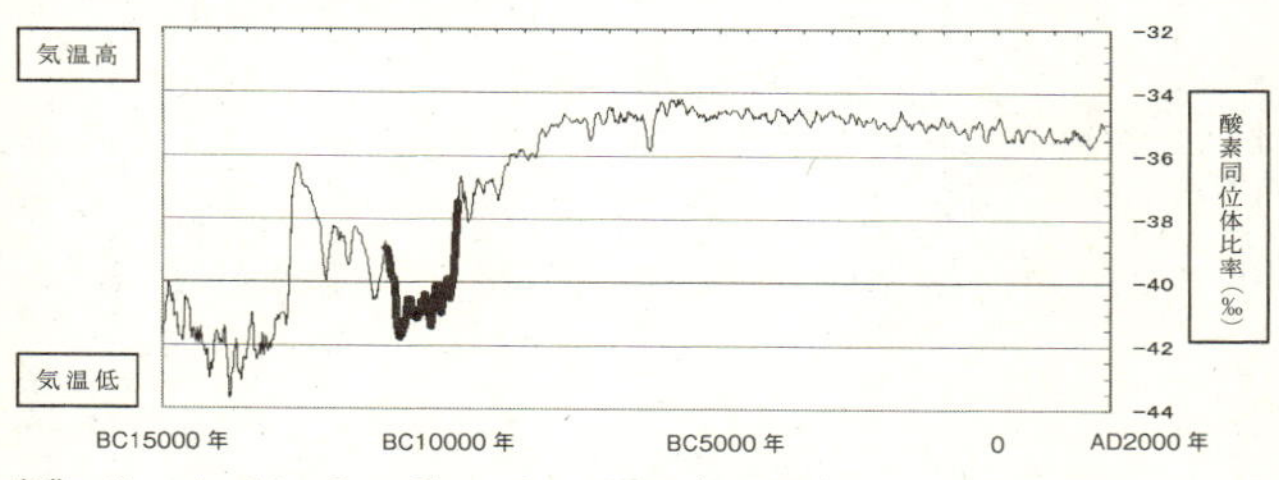

出典：Greenland Ice Core Chronology 2005（GICC05）

図1-6　最終氷期からの海面水位の上昇

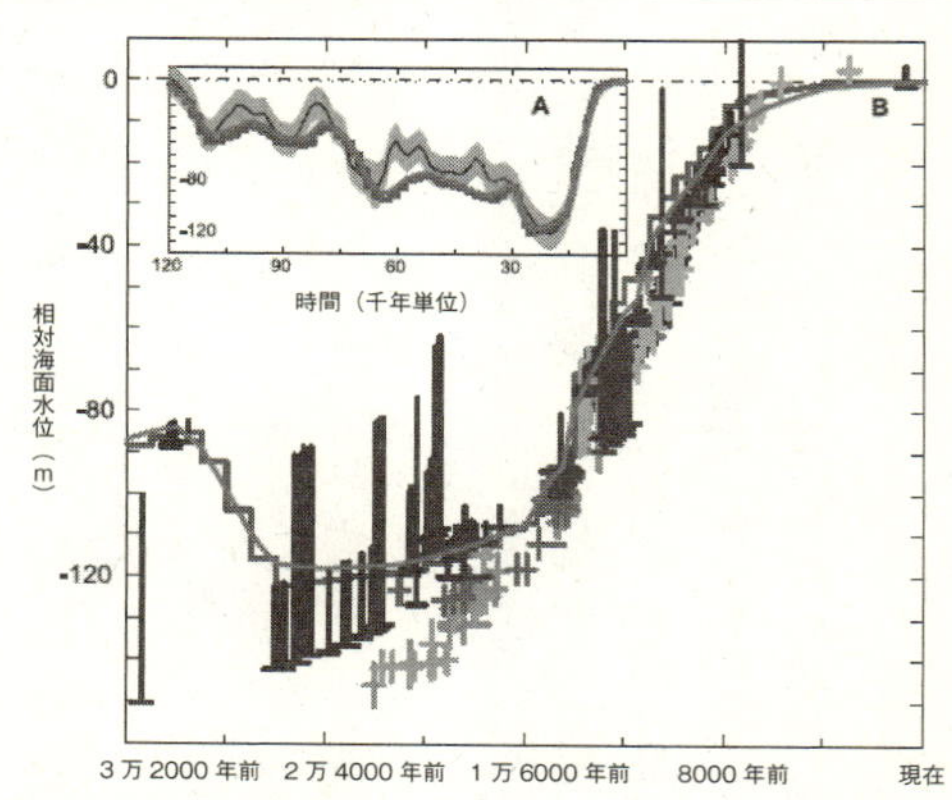

出典：IPCC第4次評価報告書 Figure 6.8

床コアに含まれる酸素同位体比率から、現在よりも四度ほど高かったと推測されている。北半球の平均気温も、現在よりも約二度高かったようだ。ライン川沿いのドイツ北部ではカバや水牛が棲息していた。七月の平均気温は一八度以上であり、冬でも霜が降りなかったことから、大型哺乳類が水辺で生活することができた。草原と森林が広がっており、落葉樹林はシカ、イノシシ、そして現在は絶滅したナウマンゾウの亜属、シマウマ、ロバ、サイがいた。グリーンランドの氷床は内陸以外で融解し、このため海面水位は現在よりも五メートル程度高いこともあった。日本でもこの時代の海進の跡が神奈川県西部などに残っており、下末吉海進と名づけられている[2][3]。

気候が寒冷化に向かう一一万年前頃から海面水位が下がっていった。積雪などにより氷雪が少しずつ積もり、海洋にあった水が陸上で蓄えられるようになる。したがって、海面水位の低下はゆっくりと進んだ。最も低下した時期が二万二〇〇〇年前頃の最終氷期最寒冷期から二万年前頃にかけてで、この時代の陸上の雪氷は地球全体で八四〇〇万立方キロメートルから九八〇〇万立方キロメートルと見積もられている。現在の陸上に残る雪氷はおよそ三〇〇〇万立方キロメートルであり、この差が海面水位の一三〇メートルに相当する[4]。

北半球では、一万四七〇〇年前から一万四一〇〇年前頃にかけてのベーリング期から気温の上昇が始まり、一万三九〇〇年前から一万二九〇〇年前頃にかけてのアレレード期で本格化した。ベーリング、アレレードという名は、その時代が温暖化していたことを示す花粉が採取された場所にちなんでおり、どちらもデンマークの地名で、ベーリングはベーリング湖、アレレードはコペンハーゲン近郊のアレレード村に由来する。

ベーリング期に海面水位は急激に上昇した。氷期に入っていく過程で海面水位がゆっくりと低下したことと比較すると、はるかに速いスピードで上昇していった。これは、気温の低下する中で降雪量が増加する場合には氷床面積が少しずつ拡大していくのに対し、気温が上昇する際には長年積もった万年雪や万年氷が一気に融けていくからだ。

ベーリング期では、北半球の巨大氷床の面積そのものが縮小してはいない。とはいえ、アイルランドの南西沖合の海底堆積物を分析すると、一万七〇〇〇年前以降、氷河が削った砂が豊富にみつかっており、有孔虫などの海洋微生物が減少していることから、氷床が融けた水が北大西洋に流れこんでいたことが推測される。氷床の面積こそ縮小には至っていなかったが、その厚みは確実に薄くなっていった[5]。

ヨーロッパ大陸での生活の変化

ピレネー山脈フランス側のコルデックの標高七一〇メートルの泥炭層は、かつて湖であったものだ。この地層から採取した花粉とユスリカの量から、夏の平均気温の変化を推計した論文がある。一万五〇〇〇年前までは一〇度から一三度であったのに対し、ベーリング期・アレレード期を経て一六度から一七・五度まで上昇した[6]。

フランス南西部の当時の地層をみると、気温の上昇を受けてヨモギやイネ類の草原が減少し、カバノキやヒノキ科のビャクシンが増加していったことがわかる。草原が深い森へと変わっていったのだ。これにともなって、ピレネー山脈近郊では一万四〇〇〇年前頃にはトナカイがいなくなった。このため、ヨーロッパ西部に住んでいた人類は、草食性の大型哺乳動物を食糧とする肉食から、雑食へと切り替える必要性に迫られた。弓矢や罠で小動物を捕まえるようになり、脂肪の多いビーバーの尻尾が好まれたようだ。そして植物を採集し、鳥や魚、さらには海岸沿いでは軟体動物も食用にされた[7][8]。

現代人にとってはダイエットの面で大敵とされる動物の脂肪も、飽食時代到来前は栄養価が高く、保存性のある食物として重宝された。一般に人間が過食するとすぐ太り、身体の中に脂肪がついてしまうのは、栄養分の蓄え方が寒い気候の時代に適合するようにできているためだ。寒冷な時代の食糧難に備え、習性として食べる量が多いと身体のいずれかの箇所に脂肪として貯蔵しようとするメカニズムが働いている。米国人の遺伝学者ジェームズ・ニールはこのメカニズムを倹約型遺伝子とよんでいる[9]。

森林の中で定住する生活が始まると、洞窟壁画の芸術性は失われていった。寒さをしのぎつつ大型哺乳動物を狩猟する機会の到来を祈っていた時代から、身の回りで食糧を確保する環境に変わったことが、当時の人々の心の在り方にも影響を与えたのではないか。

2　突然の寒の戻り：ヤンガードリアス・イベント

地層の花粉が示す三回の気温低下

一九三〇年代、コペンハーゲン大学の植物学教授クヌート・イエッセンは、北部ヨーロッパやアイルランドの湖底や沼地の堆積物を調査した際、スカンジナビア湿原の堆積物の中から、ドリアスの花粉が何層か繰り返し現れることを発見した。ドリアス・オクトペタラ（Dryas Octopetala）は、ツンドラ地帯や森林限界を超えた高山帯で開花するバラ科の花で、日本ではその変種とされるチョウノスケソウが本州では高山植物として扱われ、北海道では利尻島など気温の低い地域の平地でも、八月に白く可憐な花びらをみることができる。

イエッセンは、ドリアスが寒く乾燥した地域に咲く草花であることから、かつて極端に寒く乾燥した気候の時期が何度かあったと考えた。その寒冷な時代は、古い順番にオールデストドリアス、オールダードリアス、ヤンガードリアスと命名された。しかしながら、イエッセンの時代には、ドリアスの花粉が多数みられるような寒冷化が起きた原因については全くわからなかった[10]。

第二次大戦後、泥炭などの堆積物に含まれる花粉や年輪の分析について、放射性炭素を用いた年代測定が行われるようになる。イエッセンの発見した寒冷期は、オールデストドリアスが最後のハインリッヒ・イベントを含む一万八〇〇〇年前頃から一万五〇〇〇年前頃まで、オールダードリアスがベーリング期とアレレード期を分ける一万四〇〇〇年前頃からの三〇〇年間、そしてヤンガードリアスが一万二九〇〇年前頃から始まる一三〇〇年間程度と特定された。オールデストドリアスについては南極や南シナ海でも寒冷化の証拠がみつかっており、ヨーロッパは最終氷期最寒冷期と同様にほとんどの地がツンドラに戻る寒冷期となった。続くオールダードリアスは、比較的小規模で期間も短く、ヨーロッパなど地域も限定的なものであった。

最後のヤンガードリアス期の寒冷化は、北半球の北米五大湖の一つであるオンタリオ湖や南ドイツの湖沼コアで確認され、その後南米のベネズエラ沖の海底コアやパタゴニア氷床からも気温低下を示す痕跡がみつかっている。これらの証拠から、ヤンガードリアス期は世界規模で起きた寒冷な時代であったと考えられている。

グリーンランド中央部の気温分析をみると、ベーリング期・アレレード期の最も高温であった時代とヤンガードリアス期を比較して、マイナス三一・七度からマイナス五〇・一三度と最大で一八度以上低くなった。ブリテン島では、甲虫の化石の地域分布から年平均気温がおよそ五度低下したと推計されている。ヨーロッパ大陸でも気候は激変した。オランダのマース川流域では、ヤンガードリアス期に洪水が多くなるとともに年平均気温がマイナス二度からマイナス五度へと低下し、森林が減少し草原が広がった。ピレネー山脈フ

ランス側のコルデックでも年平均気温は一度ほど下がっている。[11][12][13]

氷河理論の創始者：ルイ・アガシ

地球規模の寒冷化をもたらしたヤンガードリアスとは、どのようなメカニズムによるものであったか。

最終氷期に北米大陸の北東部に広がっていた巨大なローレンタイド氷床と、その西のコルディレラ氷床に積もっていた万年雪・万年氷は、ベーリング期以降の温暖化が進む中でゆっくりと融解していた。そして巨大な氷床の融けた水により、ローレンタイド氷床の南端、五大湖の西側からカナダと米国の国境にかけて、広大な融水湖が形成された。この融水湖の名前はアガシ湖と名づけられた。ルイ・アガシというスイス出身の考古学者にちなんだものだ。

ルイ・アガシは、氷河理論の最初の提唱者という金字塔を打ち立てた学者である。アルプスやジュラ山脈の麓にみられる大きな迷子石などの礫岩がどのようにして生成されたのか。ヨーロッパ北部の陸地が氷床で覆われていたとの発想は、一七九五年にスコットランド人の地質学者ジェームズ・ハットンに始まる。一八二〇年代になるとド・シャルパンティエらは、氷河が前進や後退を繰り返しつつ岩を運んでいると提唱していた。しかし、多くの学者は否定的であり、当時の定説では聖書にあるような大洪水が巨石を運んだと考えられていた。

一八〇七年にスイスで生まれたアガシは、ドイツとスイスの大学で医学・薬学を学んだ後、二五歳のときに故郷で高等中学校の教師となりながら博物館館長の職に就いた。山村で育ったアガシはジュラ山脈を歩き回りながら魚の化石を集める日々を暮らしていた。一八三四年に化石について書いた本が好評となり、ロンドン地質学会からカースター賞を受賞し、考古学者としての地位を固めていった。

一八三七年のスイス自然科学学会の年次総会は、アガシの住むヌシャテルで開催された。七月二三日、学会を翌日にひかえた夜、アガシは、前年の調査で花崗岩が山岳地帯から一〇〇キロメートルも低地に移動していたことを頭に浮かべていた。そして、ヨーロッパとカスピ海までの北アジア全域が、「氷の海」に覆われていたとの仮説の信憑性を確信したのだった。翌日、彼が専門分野である魚類化石の講演を行った際、最後の数分間にかつてヨーロッパは地中海まで氷河に覆われていたのではないかと語った。これが世に名高いヌシャテル講演である[14][15]。

アガシは間を置かず、地質学者を引き連れてスイスのジュラ山脈にある氷河の谷間を調査し、巨大氷河が切り刻んで残した氷堆石から、かつては氷河が流れていたことを確認している。彼は人間機関車とのあだ名のとおり精力的に活動し、スコットランドのブラックフィールドやノヴァ・スコティアでも、かつて氷河があった証拠を次々と発見していった。

アガシは一八四〇年に『氷河の研究』を出版し、この中で「氷河期」という言葉を初めて用いている。かくしてアガシの革命的な氷河理論は、学会で認知されていくことになる。

アガシはその後、一八四八年にハーバード大学研究員として米国に移住し、北米大陸にも残る氷河時代の痕跡の調査活動を続けた。米国移住後の研究成果の一つに、一八七九年に発表した広大な融水湖についてのものがある。五大湖の西に広大な湖が存在していたことは一八二三年にウィリアム・キーティングが地形調査などから発見していたが、ルイ・アガシはこの湖が最終氷期の雪氷が融けたことによってできたことをつきとめた。この研究成果により、アガシの死後、融水湖に彼の名前が冠せられたのである。[16]

アガシ湖の崩壊

一万三〇〇〇年前頃、アガシ湖の面積は現在の五大湖すべてを合わせたよりも広大で、四四万平方キロメートルと、現在のカスピ海（三七万平方キロメートル）を超え、イラク国土とほぼ同じ広さを持っていた。冷たい湖面の上空では、一年を通じて形成される高気圧から発散される冷たい風が外縁に流出するため、南部からの暖気の流入が遮られ、アガシ湖のあった地域は降水量も少なかった。湖の水は、細々とミシシッピ川を通ってメキシコ湾に流れ出ていた。

ローレンタイド氷床とコルディレラ氷床という二つの巨大な氷床は融解を続け、アガシ湖の貯水量は長い年月をかけて増加していき、やがて自然が作ったダムは限界を超えて決壊した。決壊は、一万二九〇〇年前頃、一万一三〇〇年前頃、八二〇〇年前頃と三回にわたって起きた。最初の決壊はヤンガードリアスの寒冷期の直前であることから、ヤンガードリアス・イベントとよばれている[17][18]。

一万二九〇〇年前頃の最初の決壊の際、アガシ湖のおよそ九五〇〇立方キロメートルの水が、ミシシッピ川からメキシコ湾へのルート以外に二つの方向に溢れ出た。セントローレンス川を巡り現在の五大湖を経て大西洋に向かうルートと、マッケンジー渓谷から北極海へと至るルートである（図1－7）。ミシシッピ川の河口付近の海底堆積物の中の酸素同位体をみると、一万六〇〇〇年前以降、^{18}O比率が低下しており、このことが、氷期の間にローレンタイド氷床に積もった雪が融け、冷たい河川の水として流れていたことを示している。ところが、ヤンガードリアス期だけ^{18}O比率が上昇しており、雪融け水が他の海域に流れていたことを推測させるものであった[19]。

アガシ湖の淡水が北極に近い北大西洋の高緯度海域に流れこんだことは、地球全体の気候に大きな影響を及ぼした。まず、北大西洋の海水の塩分濃度が低下したことにより、海氷面積が拡大した。海水は塩分濃度が低いほど凍りやすい。北海道網走市まで到来するオホーツク海の流氷は、世界で最も低緯度側まで南下する流氷として知られている。その理由は、オホーツク海がアムール川などのアジア大陸の大河から塩分濃度の低い河川の水が

図1-7　アガシ湖の氾濫

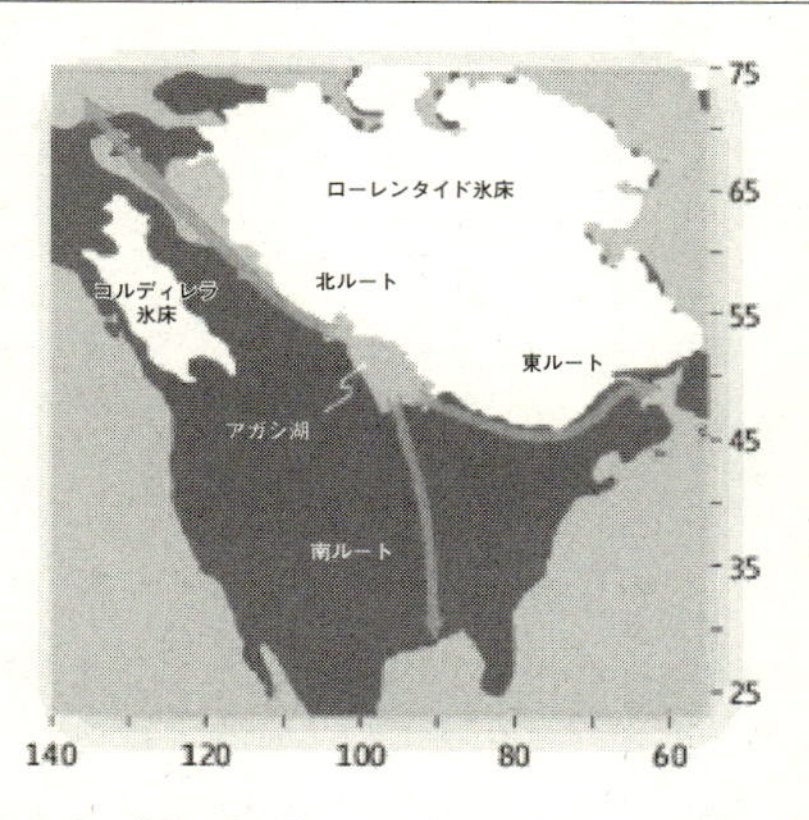

出典：Wallace Broecker“Was the Younger Dryas Triggered by a Flood?” (2006) Science vol. 312

流れこむ海域であり、千島列島にはばまれて太平洋の海水と容易に交じり合わないため、この海域の塩分濃度が低いからだ。

アガシ湖から流れ出た淡水により北大西洋の塩分濃度が低下し、北大西洋の海氷面積が拡大した。このことが、さらに地球全体の寒冷化を引き起こす要因となった。

これにはアルベドが関係している。アルベドとは地球の太陽放射の反射率を示す尺度であり、地球全体では〇・三、すなわち太陽放射の三〇％を反射しているが、地域をみると地球表面のあり方で大きく変わる。陸上であれ海面であれ、地球の表面が白ければ太陽放射を地球外に反射しやすくなるのに対し（アルベド大)、色が濃いと太陽放射を吸収し地球の中に熱を蓄積しやすくなる(アルベド小)。雪氷面は反射率が七五%から八五%以上と高く、とりわけ新雪では九五%に及ぶ。反対に森林地帯の反射率は一五%程度、砂漠の場合は三〇%から四五%であり、残りは熱として吸収される。海面では中緯度から極側では八%以下であり、九割以上が地球内部にとどまる[20]。

このため、海面が海氷へと変わるとアルベドが極端に大きくなり、太陽の光を反射するため地球が吸収する太陽の熱量が減少し、気候は寒冷化に向かう。寒冷化が始まると海氷や積雪の面積がいっそう増加するため、さらにアルベドが大きくなり寒冷化が進むという連鎖が生まれる。これは、寒冷化がさらなる寒冷化を引き起こすという意味で正のフィードバックであり、別名アイス・アルベド・フィードバックともよばれる。反対に温暖化により海氷面積が減少し海面が現れると、アルベドが小さくなり、太陽放射の吸収量が増大して温暖化が加速する。これも、一方向への変化が増幅する正のフィードバックである。

さらにヤンガードリアス期の寒冷化は、海氷面積の増加による正のフィードバックだけでなく、もう一つの要因として北大西洋海流の停止があったとする有力な仮説がある。

北大西洋海流と熱塩循環

ロンドンやパリなど、ヨーロッパ西部の各都市は、日本の札幌とほぼ同じ緯度にあるにもかかわらず、冬に豪雪の被害にあうことは少ない。これはメキシコ湾から暖かい海流が北大西洋へと流れこみ、北極方向に熱（暖気）を運んでいるからだ。この北大西洋海流は非常に強力で、アマゾン川の一〇〇倍の推力があり、亜熱帯地域から運ばれる熱量は、ノルウェー海域では太陽から受ける熱量の三〇％に相当する。[21]

ヨーロッパに温暖な気候をもたらしている北大西洋海流は、どのようなメカニズムで北極方向に向かっているのだろうか。一般的な海流は、風の摩擦により風向と同じ向きに流れる風成循環によって生じる。大西洋の中緯度上空には、北米大陸からヨーロッパ大陸に向けて偏西風が吹いており、海流は大西洋西方の低緯度側から、その北東に位置するヨーロッパの高緯度側に進みやすい。ただし、こうした風成循環だけでは、北大西洋海流の強力な推力は説明できない。また、コリオリ力という地球の自転による効果は、海流がヨーロッパの西岸に到着するとその流れを時計回りに赤道側へと南下させる作用があるが、実際はスペイン沖でも北方への海流の力が勝っている。

北大西洋海流が北東方向に進むのは、グリーンランドからアイスランドの沖合の海域で海面近くの海水が海底に沈みこみ、排水口に水が落ちるようにメキシコ湾から暖かい海水が吸い寄せられているからである。

海面近くの海水が海底に沈みこむ海域は極めて限定的で、世界中の海域の中でグリーンランドからアイスランド沖合の北大西洋以外では、南極のウェッデル海域とロス海域でしかみられない。比重が重いものが底にたまり、軽いものが上層にただよう液体の性質については、バスタブの水温から理解できる。海洋も同様に、通常は水温の低い海水が海底に沈み、暖かい水は海面近くに浮いている状態となる。一度安定した成層ができると、ほとんど上層と下層で混じり合うことはない。台風の起こす強風は、海面とその下で水温の違う海水をかき回すため、台風通過後に海面水温が二度から三度低下することがあるが、それも海面から数十メートルまでの話だ。上層にある海水が海底に沈みこむには別のメカニズムが必要で、これを熱塩循環という。

海水温と塩分濃度の微妙なバランス

熱塩循環の理論によれば、海水の比重を決めるものは水温と塩分濃度であり、両者の組み合わせの微妙なバランスにより海流の流れが変わる。水温〇度で塩分濃度三・二五%の海水は、水温一四・五度で塩分濃度三・五%、水温二二度で塩分濃度三・七五%のものと比重は同じである。暖かい水は膨張して軽い。しかし、塩分濃度のわずかな違いも重要であり、バランスが崩れると同時に海流の流れの向きが反対になってしまう[22]。

北大西洋での通常の熱塩循環の場合、亜熱帯地域で水分が蒸発し塩分濃度が高くなった海面近くの海水が、偏西風による風成循環で北東方向にあたるアイスランド付近へ運ばれる。この亜熱帯産の海水は北大西洋北部で冷やされると、もともとあった海水よりも塩分が多いため比重が重く、海底に沈みこむ。沈んだ海水は海底の地形に沿って移動し、世界の海洋下層を循環していく。

グリーンランド沖で沈降した海水は、北大西洋深層水として南米沖を通って南極に流れ、南極大陸にぶつかると今度は東へと向きを変え、インド洋を経て太平洋に至る。この流れは深層海流とよばれ、二〇〇〇年をかけて世界を一周する。北大西洋を断面でみると、海面近くの上層の海水が北極に流れ、一方、下層の深海では反対に北極から赤道側へ向かい、さらに南極へと流れていくことになる。これを北大西洋循環という。

ところが、雪融け水を水源とする河川の冷たい淡水や氷山が高緯度の海域に大量に流れこむと、塩分濃度が薄く比重の軽い淡水が北大西洋北部海域の海洋上層にとどまり、海洋表面を滑るように南下する海流が発生する。これを淡水強制力という。赤道側から暖流によって運ばれる塩分濃度が大きい海水は、低緯度で北方からの寒流に運ばれてくる冷たく比重の軽い海水と出合うと、その海域で深海へと沈みこんでしまう。このため、北大西洋海流は北東方向である北極圏まで進まず、弱いながら東へ進み、スペイン沖に向かう流れとなってしまう（図1－8）。

なお、北太平洋ではユーラシア大陸と北米大陸西部の大きな河川から淡水が流入し、海域には常に塩分濃度が薄く冷たい海水が満たされている。このため、北大西洋北部のように熱い海域に由来する塩分濃度が濃い海水が流れこむことはなく、反対に北米大陸の西海岸や日本列島に向かう寒流が形成されている。そして、ベーリング海などでは下層から冷

図1-8　熱塩循環と淡水強制力

A）熱塩循環

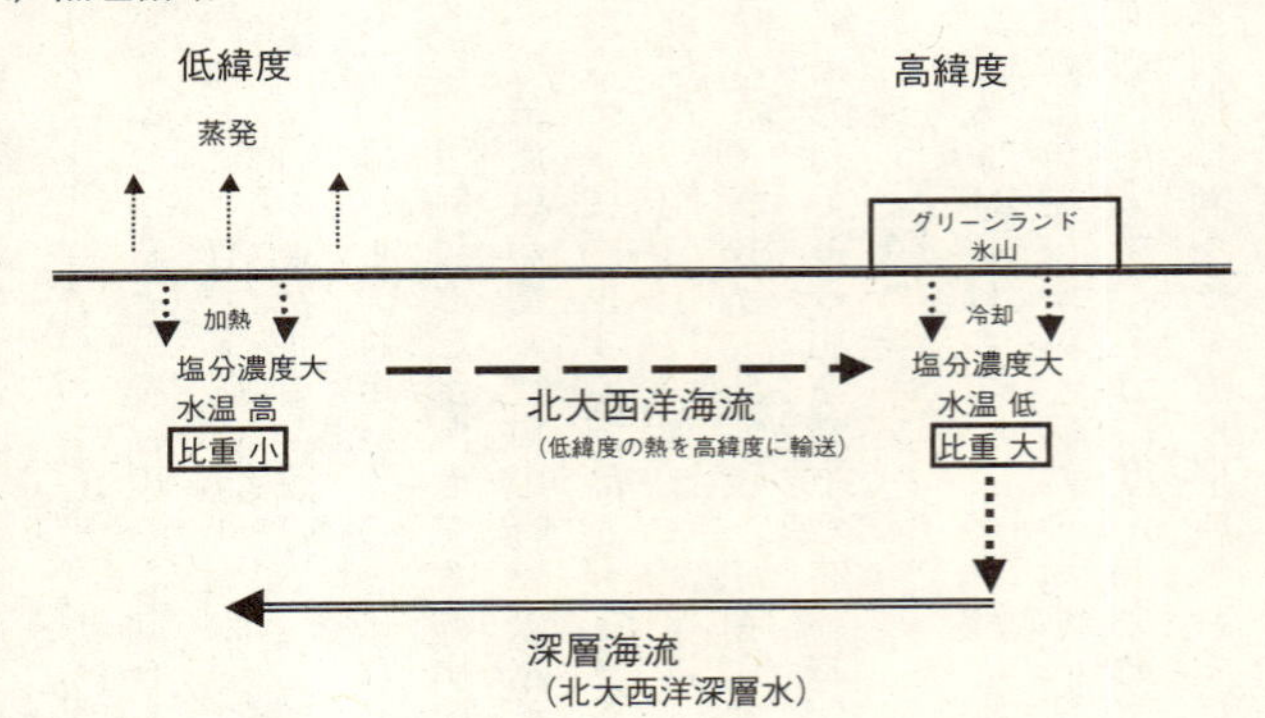

B）淡水強制力

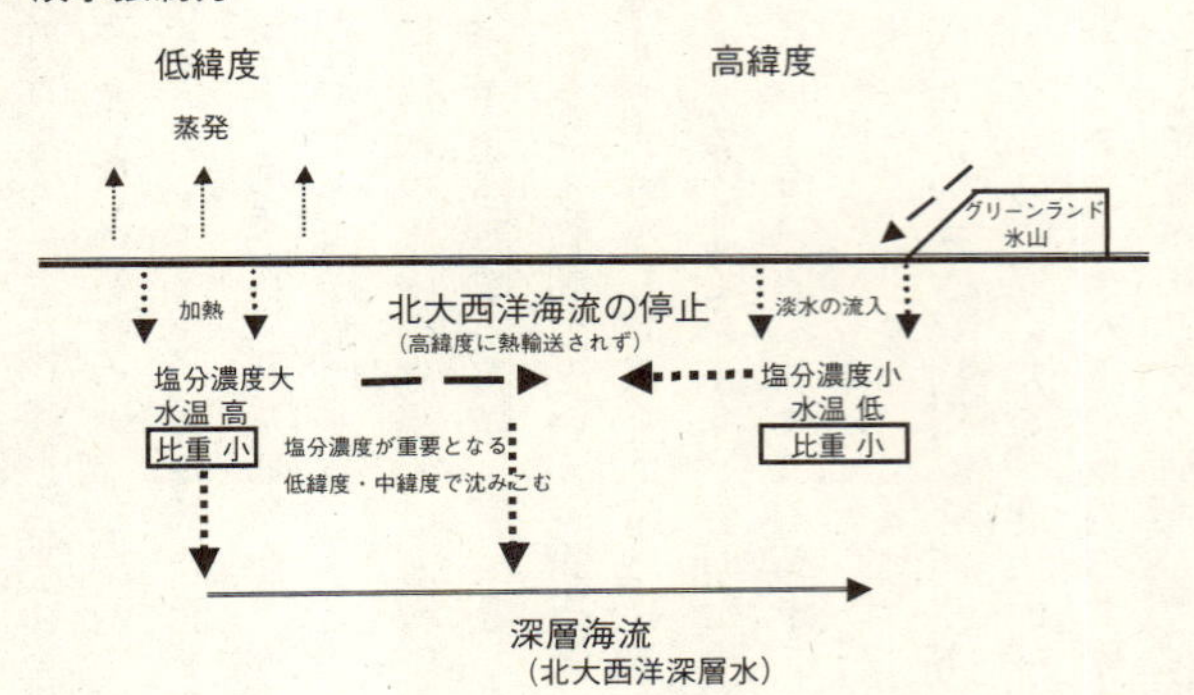

たい海水が湧き上がっている。このように、大西洋北部の海水が暖かく塩分濃度が濃いのに対し、太平洋北部の海水は冷たく塩分濃度は薄いという、対照的な性質を持っている。

ヤンガードリアス・イベントをめぐる仮説

最終氷期の時代、メキシコ湾からグリーンランド沖合に向かう北大西洋海流の勢いは、現在の三分の二しかなかったと考えられている。当時の北大西洋には、スカンジナビア氷床や北米のローレンタイド氷床からの雪融け水を含む河川の水が流れこんでおり、北大西洋海流の流れを弱めていた。さらにハインリッヒ・イベントが起きると、氷山が海域に滑り落ちて大量の淡水が海域を満たすため、淡水強制力が強く働いて、冷たい海水が熱帯地域からの暖流の北上を阻止する役割を果たした。気候の変化や氷床の増加・縮小の中で、北大西洋海流は過去一〇万年間に急激な加速と減速を繰り返してきたのである。

ヤンガードリアス・イベントは、ハインリッヒ・イベントと同じ気候の寒冷化を引き起こすメカニズムにより生じたものだ。雪融け水をたたえていたアガシ湖が崩壊し、大量の淡水がセントローレンス川を通って北大西洋に流れこむ。塩分濃度が低く比重の軽い海水は北大西洋循環による暖流の北上をさえぎり、およそ一三〇〇年の間、北大西洋循環は停止した。このため、メキシコ湾からの暖流がヨーロッパの近海に流れこまなくなった。

赤道地方の熱は、大気と海によって高緯度の気温の低い地域へと運ばれる。とはいえ、太平洋では寒流の影響により、海水による北緯三五度以北への熱帯地方の熱の輸送はごくわずかしかない。北半球での海流による高緯度地域への熱輸送という面では、北大西洋海流が役割のほとんどを担っている。このため、ヤンガードリアス・イベントによって北大西洋における低緯度地域と高緯度地域との間の熱の交換が減少すると、地球規模で温暖な気候から一転して寒冷な時代へと変わったのである。

ここまで、アガシ湖の崩壊とその後に北大西洋循環の停止という、コロンビア大学教授で一九九六年に米国の国家科学賞を受賞したウォーレス・ブロッカーが提唱したドラスティックな仮説を中心に話を進めてきた。ただし、近年ではこの仮説に反する論文が発表されている。ブロッカーの解釈ではヤンガードリアス・イベント直後に北大西洋に大量の淡水が流れこんだことになり、であれば海水の塩分濃度は低下するはずだが、セントローレンス川河口の海底堆積物の分析ではそのような証拠は確認できていない。それ以上に、アガシ湖から大西洋へと東に直接流れる河川で大規模な氾濫があった形跡がみつかっていないのだ[23]。

アガシ湖の冷たい淡水の多くがヤンガードリアス期の間、メキシコ湾に流れず、セントローレンス川を下ってもいないとすれば、一体どこに流れていったのか。二〇一〇年代以降の研究論文では、アガシ湖の決壊による膨大な量の淡水は北方のマッケンジー渓谷を経て北極海に流れたとする見解が提唱されている。冷たく塩分濃度の薄い淡水は、北極海からバフィン湾を通り、ラブラドル海域から北大西洋に広がっていったとするものだ。このルートでも北大西洋海流、ひいては北大西洋循環も急減速するという[24][25]。

また、ヤンガードリアス期の寒冷化を招いたのはアガシ湖の崩壊だけではなく、太陽活動の低下要因もあるのではないかという見方も出ている。太陽活動の強弱については、年輪などの放射性炭素や氷床に含まれるベリリウム10から推定が可能である（第2章（3））。これらの同位体比率から、一万二九〇〇年前頃に太陽活動が大きく低下した痕跡が残っているのだ。寒冷化は複合的な要因で起きたのかもしれない。ヤンガードリアス・イベントの発生理由について、依然として謎が残っている[26]。

3　農耕の始まり

テル・アブ・フレイラ遺跡の九粒のライ麦

シリアからイスラエルにかけて東地中海沿岸のレヴァントは肥沃な三日月地帯の西半分に位置する。ベーリング・アレレード期の時代からレヴァントでは定住者が住み着き、ナトゥフ文化を形成していた（図1－9）。ヨルダン川西側のイェリコは世界最古の町だともいわれる。テル・アブ・フレイラはイェリコの北方でヨルダン川の東側にあたる地だ。

図1-9　ナトゥフでの農業の開始（1万3000～1万年前）

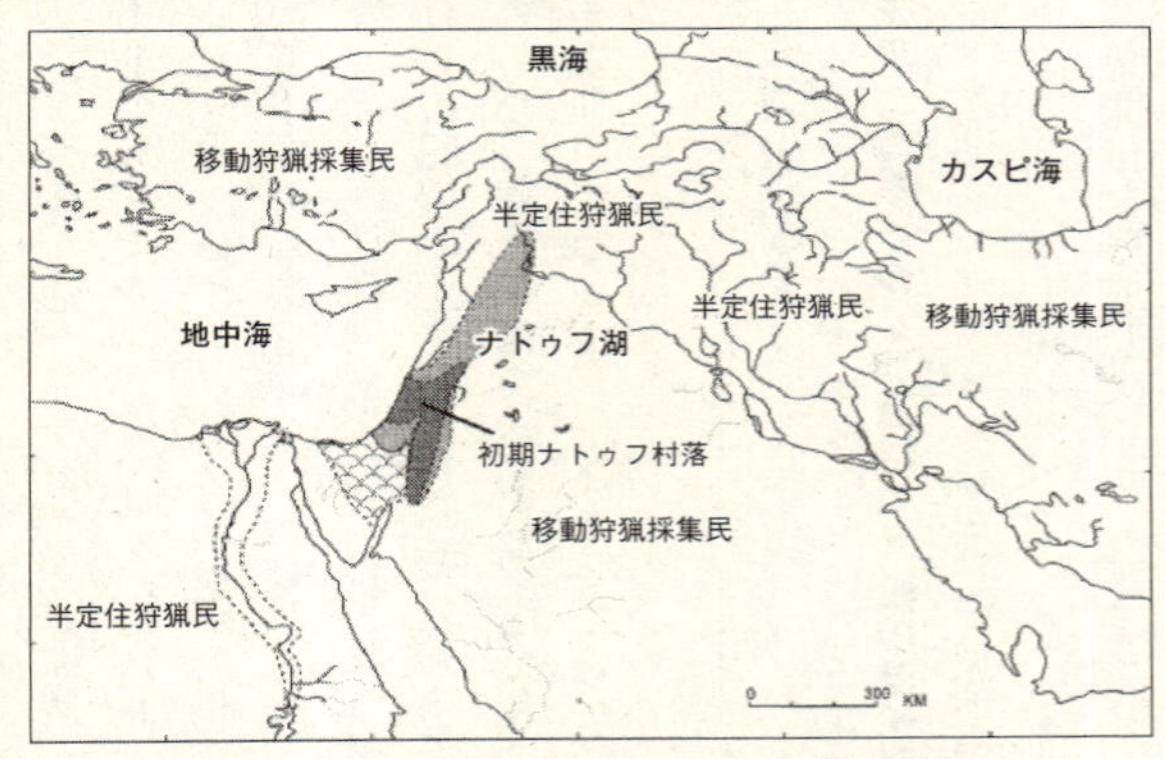

出典：Offer Bar-Yosef：「Natufician Agriculture in Levant」（1998）

そのテル・アブ・フレイラ遺跡で出土した九粒のライ麦はそれまでの野生種と異なり、長さも太さも大きいものであった。一万二七〇〇年前頃（±一二〇年）のものと年代測定され、最も古い栽培化された種子とされ、農業が始まった証拠とされてきた。ライ麦が最初に栽培化された理由についても、野生小麦などと比べて脱穀や選別が容易であったためと考えられた[27]。

なぜこの時代に農業を始めたか。狩猟採集生活を営んでいた二万三〇〇〇年前頃のオハロII遺跡からは、すでに野生の種子や果物の貯蔵を行っていたことが知られている。しかし、食物の貯蔵から農業の開始まで一万年もかかっており、農作物の栽培を行う動機は簡単には生まれなかったと想像がつく。狩猟採集民にとって農業が面倒な作業と感じたであろうことは、アフリカ南部カラハリ砂漠に住むコイサン族とよばれる人々の生活様式からも想像できる。

彼らは現在でも狩猟採集を続けているが、平均して週二日半程度しか働かない。乾期を除けば一日一〇キロメートル以上歩き回ることはなく、集団のうちの約四割は食糧調達のための仕事を全くしない。一〇人に一人は六〇歳を超えた長老として敬われ、女性は二〇歳、男性は二五歳になるまで食糧を集める義務はないという暮らしを守っている。彼らに農業を伝授しようとすると、「モンゴンゴの実が余るほどあるのに、何でわざわざ植物を植えたりせねばならないのか」と真顔で語ったという[28]。

一万三〇〇〇年前、イランの南西部からイラク北部とトルコの国境沿いにあるザクロス山脈周辺の高地では、カロリーの高いドングリを容易に採取できた。ドングリを集めるための労働力は、農業で小麦や大麦を収穫するのに比べて十分の一であったとの研究結果がある。こうしたことからも、狩猟採集で生活していた人々が肥沃な三日月地帯で農業を始めるには、それなりの動機が必要であった[29]。

きっかけは何か

農耕を始めるきっかけには、人口増加と気候変動の二つの要因があったと考えられる。最終氷期が終わり、オールデストドリアス、オールダードリアスといった寒冷期を経てアレレード温暖期になると、世界全体の人口は急増した。ヨーロッパでは二万三〇〇〇年前頃に約一三万人であったのに対し温暖な気候の恩恵により一万三〇〇〇年前頃には約四一万人に増加したという推計がある。狩猟採集により人間一人ないし二人が生きていくには、よほど豊かな自然環境であってもおよそ一平方キロメートル、平均的には一〇平方キロメートルの土地を必要とした。狩猟採集生活という尺度では世界中に人類が溢れてしまっていた。[30]

このように人口が急増し、狩猟採取生活が限度に近づいたときに、ヤンガードリアス・イベントによる寒冷な気候が到来したのである。ヤンガードリアス期には、スカンジナビア氷床が再び拡大し、その近縁のヨーロッパ北部中部では急激に気温が低下した。そして、雪氷の大地の上空には、冷たい空気からなる高気圧が形成された。高気圧は外縁に向けて空気を発散させるため、南西アジアでは冷たく乾燥した北東風が吹くようになり、レヴァントでは寒冷な気候が長期間続いた。この気候の激変による自然環境の変化が森林での穀物、堅果類、果物の野生種の採取を困難にし、農業を開始するきっかけのもうひとつの理由として考えられている。

ただし、ヤンガードリアス期の厳しい環境の中でテル・アブ・フレイラの人々が直ちに農業を開始したというわかりやすい展開について、現在では疑問視する意見も出ている。ヤンガードリアス期のテル・アブ・フレイラ遺跡から見つかった栽培種と思われるライ麦はわずか九粒であって、大量に出土したわけではない。栽培種が急増するのはヤンガードリアス期が終わり温暖な時代へと移ってからだ。近年考えられているシナリオでは、ヤンガードリアス期にイェリコ周辺は寒冷化し狩猟採集生活が困難になったことで、人々は野生種の豊富なテル・アル・フレイラへと移住したとされている。そして、温暖な時代に入ってから人口増加圧力を受けて、移住した地で農業を本格化したというものだ。その際には、イェリコ時代に発展させた芸術、建築、そして野生種の利用といった技術革新が利用されたであろう[31][32][33]。

なぜ、農業発祥の地が肥沃な三日月地帯なのか

それでは、なぜ、農業発祥の地がレヴァントからメソポタミア北部にかけての肥沃な三日月地帯なのか。ヤンガードリアス・イベントによる寒冷化・乾燥化が全地球規模で起きているのに、どうして農耕が始まったのが南西アジアなのか。答えは、ピューリッツァー賞を受賞した名著『銃・病原菌・鉄』の中でジャレド・ダイアモンドが語っている。

そして、農耕に適した農作物の野生種の多くが、偶然にも肥沃な三日月地帯に群生していた。世界中にはおよそ二〇万種の植物があり、食用に適するものは二〇〇〇種から三〇〇〇種とされている。このうちの二〇〇種から三〇〇種だけが、かつて一度は栽培化を試された。背丈と種子の関係を考えると、一年草であればできるだけ大きな種子を作ること

が子孫を残すために有利であるのに対し、多年草や樹木の場合は種子よりも幹や葉にエネルギーを傾ける。背丈が低く種子が大きいという栽培に適した植物となると、まずは一年草に絞られる。地球規模でみて重い種子を作る植物の原種は五六種ほどしかなく、これらが栽培化の有力候補となるが、うち三分の二がユーラシア大陸西部の地中海や中近東で自生していた。内訳をみると、肥沃な三日月地帯以外ではアジア東部では六種類しか存在せず、オーストラリアや南米大陸ではわずか二種類しかなかった。そして、一年草であり、なおかつ背丈が低いながら大きな実ができるという、人類にとって本当に都合のいい穀物の原種となると、肥沃な三日月地帯と中国以外の他の地域ではほとんど自生していなかったのである。[34][35]

ただ、全ての農作物の原種が肥沃な三日月地帯に由来するわけではない。開始時期に違いはあるものの、農耕は世界各地で独自に起きている。メキシコでは一万年前頃からカボチャ属やアヴォガドの栽培が行われ、八七〇〇年前頃にはテワカン渓谷で野生種のテオシントをトウモロコシとして栽培化した。七五〇〇年前頃のトウモロコシの実はわずか三センチ程度の大きさであったが、品種改良継続して行われ五〇〇〇年前にはほぼ現在と同じ大きさになっている。トウモロコシの栽培はメキシコの高地から南北アメリカ大陸へと広がった。[36]

中国では、南部で遅くとも八六〇〇年前頃にイネが、そして北部では六〇〇〇年前頃にキビが栽培された。イネの原産地は雲南であるとされてきたが、これは多様な種が存在している場所が原産地であるとする旧ソ連の遺伝学者バビロフによる仮説に依拠したものであった。近年の研究成果では稲作の開始は長江の中・下流域で起きたとされており、最古の水田跡は六五〇〇年前頃の湯家崗文化時代のものだ[37]。

イネの原種を調べる中で、長江流域で多年草のものがあり、秋になっても実がならないものがみつかっている。イネとは、もともと多年草であったものが、自然環境のストレスの下で種子繁殖に変化したのではないかといった仮説が提唱されている[38]。

イネはメソポタミア北部の農耕でも栽培されたものの、大規模に栽培されたのはアジア南東部であった。肥沃な三日月地帯でイネが軽視された理由は、コメの場合、大麦などのムギ系穀物と比べて植物性タンパク質が格段に少ないとの欠点が挙げられる。コメだけでは栄養的に十分ではなく、米作が普及するには、タンパク質を含む他の動植物との食べ合わせが必要であったからかもしれない[39]。

興味深いことに、世界で最も古く農業が開始された三つの地域、すなわち肥沃な三日月地帯、中央アメリカ高地、中国長江流域における料理は、主要なカテゴリーとして現代に至っている。すなわち、地中海料理、メキシコ料理、中華料理である。

動物はいつから家畜化したのか

動物の家畜化も、農業の開始と同じような過程をたどっている。森林から採集する木の実や果物が減少すると、食料をそれまで以上にガゼルの狩猟に依存した。遺跡に残るガゼルの乳歯の損耗から、ヤンガードリアス期以前ではガゼルを狩猟するとしても四月から五月に生後一年を過ぎたものが多かった。ちょうど新しい子供が生まれる時期で、ガゼルの頭数を維持することができただろう。しかし、寒冷化の中でガゼルを囲い込む罠はいたるところで作られるようになる。結果としてガゼルの数は激減していった。ペルシア・ガゼルは現在でもゴビ砂漠やイラン、アゼルバイジャン、パキスタンといった地域に棲息しているものの、絶滅危惧品種の手前の危急種の扱いになっている[40]。

動物の家畜化は、乱獲によりガゼルがいなくなる中で、不足する動物性の食糧を埋め合わせるため他の動物の飼育を試みたことに始まる。野生のガゼルではなく、ヤギやヒツジが選ばれた理由も、農作物の原種と同じく、家畜化可能な動物は実際のところごくわずかしかいなかったからだ。世界全体でみて、四五キログラム以上の体重を持つ哺乳類は一四八種類ほど存在し、その中の一四種類だけが現在、家畜化されている。他の哺乳類の場合、気質が荒い点や食肉の量が少ないといった理由で家畜化に適さなかった。一四種類のうち九種が肥沃な三日月地帯を中心とした地域で家畜化に成功したもので、「ビッグ・フォー（Big Four）」とよばれるヤギ、ヒツジ、ブタとウシもこの中に含まれる。アフリカ大陸ではシマウマを何度も人の手で繁殖させようとしたが失敗している。[41][42]

南米大陸の場合、家畜化できたのはラマとその近縁種のアルパカだけだった。両者の野生種は、高地の草原に棲息する動物である。家畜は荷物の運搬だけでなく、農業が不作の際の生きた食糧備蓄として貴重であり、南米大陸の先住民は生活圏を選ぶ際に家畜の都合を優先して高地に住みついた。現在の南米大陸の太平洋側での主要都市の多くが標高三〇〇〇メートル以上に位置する理由は、ここにある。[43]

ヒツジやウシなどの大型哺乳動物とは異なるが、人類が最初に家畜化した動物はイヌだ。最近のDNA分析によれば、イヌはオオカミを家畜化したものであり、その時期は一万五〇〇〇年前頃とされる。いったん家畜化するとまたたくまに広がっていき、シベリアを渡ったアジア系の人々もイヌを引き連れていた。ただし、三万年前から二万年前の遺跡からもオオカミにしては小型の骨がみつかっており、現在広がっているものとは違う種類のイヌを飼っていた可能性がある。[44]頭骨を切られ脳が抜き取られたものもあり、おそらく食用にもされていたのだろう。

なお、家畜化された動物のほとんどが草食動物である。その理由は、肉食動物を家畜化するには、餌として他の動物を捕まえなければならず、二重に手間がかかるためだ。ネコの場合は農作物の貯蓄庫が建てられた時期と一致しており、穀物をネズミから守る目的であったと考えられている。家畜としてのネコの最古の事例は、九五〇〇年前頃のキプロスの遺跡から埋葬された人骨と並んで出土したものだ。

中国でのイネの化石の発見とその意味するもの

農業の開始という話題に戻ると、中国東部の玉蟾岩遺跡からヤンガードリアス期に先立つ一万三九〇〇年前頃の堆積物からイネの花粉の化石が発見されたとの調査結果が報告されている。一万三九〇〇年前頃に最初に現れ、その後のヤンガードリアス期にはいる一万三〇〇〇年前から一万年前の間ではみつからなくなった[45]。

玉蟾岩遺跡の種子については、中国以外の研究者による放射性炭素の分析は認められておらず、年代測定に疑念は残っているものの、この研究結果が事実であるならば、ヤンガードリアスの寒冷期の厳しい環境の中で、それ以前に開始したイネの栽培が放棄されたことを示唆するものとなろう[46]。

このことは、農業が始まった年代を変更する可能性だけでなく、農業が発展するにはどのような環境が必要であったかを暗示しているようだ。農業の開始のきっかけは、人口増加と気候変動であった。しかし、農業が続けられ普及していくには、その後に安定した温暖な気候が続くことが重要であったのだ。ヤンガードリアス・イベント以後も、短期間の寒冷化が二度訪れた。仮に、実際に起きたよりも厳しい寒さと乾燥化があったとしたならば、農業は放棄と再開を繰り返していたのではないだろうか。

第3章

「長い夏」の到来

ヤンガードリアス期が終わると、暖かい時代が到来した。今日、地球温暖化が進み、最終氷期以降かつてない気温の上昇が起きているといわれることが多い。しかし、八〇〇〇年前から五〇〇〇年前にかけても温暖な時代があった。現在と比較してどちらがより温暖であったか、研究者の間で見解が分かれている。

第3章では、

- ヤンガードリアス期以後の八〇〇〇年前頃から、長期間にわたる温暖な時代が続いた要因は何であったか。そして、気温の上昇により陸上の様相はどう変わったか
- 日本の気候も劇的に変わり、「豊葦原の瑞穂の国」が誕生する。気候が変わり、大地が変わった理由は何であったか
- 世界各地に洪水伝説が残っている。ノアの洪水は実在したエピソードなのか

といった話題を採り上げる。農業を世界各地に広げ、やがて古代文明の扉を開くこととなる気候変動を探っていきたい。

1　温暖な時代の到来

二度の短期間の寒冷化と海面水位の上昇

ヤンガードリアス・イベントがもたらした寒冷な気候はおよそ一三〇〇年間で終わりを告げ、一万一五〇〇年前頃になると北大西洋海流が復活した。ヨーロッパ北部やグリーンランドは再び急速に温暖化が進み、グリーンランド中央部ではヤンガードリアス期の終盤の約八〇年間に気温がマイナス四四・三度からマイナス三六・六度へと八度近く上昇している。そして、ヤンガードリアス期に続く気候年代のプレボレアル期、ボレアル期では、気温が上昇傾向となった[1]。

温暖な時代への移行過程において、短期間ながら寒冷化する時期もあった。前章でアガシ湖の大きな決壊は三回あったと紹介したが、ヤンガードリアス・イベントに続く一万一三〇〇年前頃と八二〇〇年前頃の氾濫は、ヤンガードリアス・イベントを小規模にしたものだ。それぞれ「プレボレアル振動」(Pre-Boreal Oscillation)、「八二〇〇年前イベント」(8・2 ky event) とよばれている。

図1-10　「長い夏」の到来

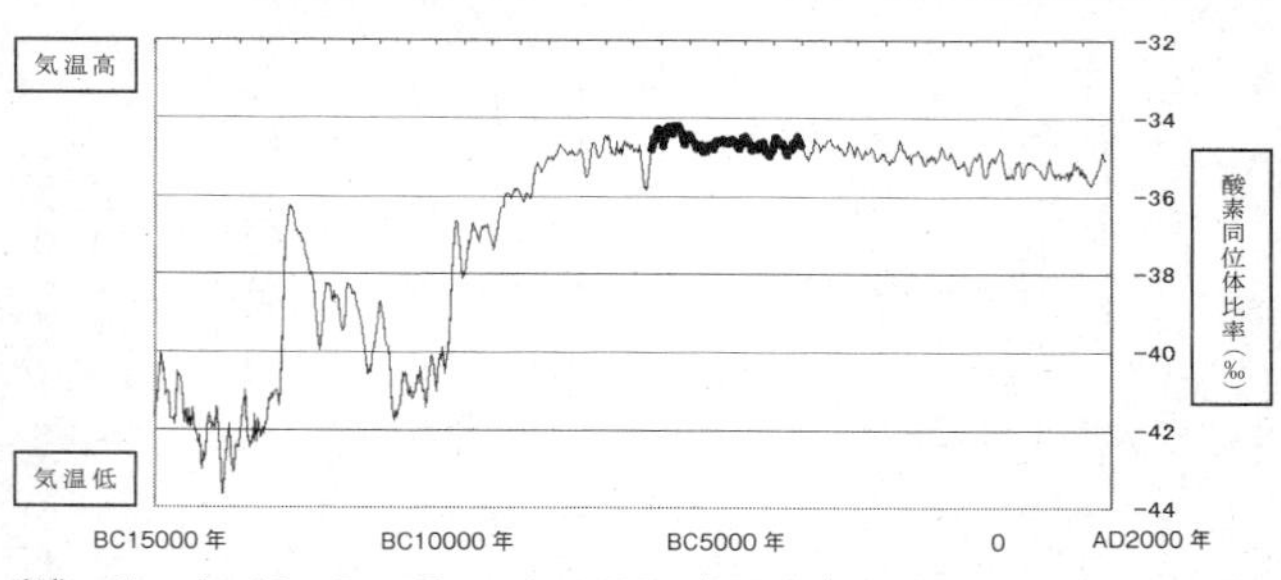

出典：Greenland Ice Core Chronology 2005（GICC05）

プレボレアル振動ではアガシ湖から最大で九三〇〇立方キロメートルの淡水が流れ、グリーンランド中央部では一五〇〇年から二五〇〇年の期間で二度ほどの寒冷化が見られた。八二〇〇年前イベントでは、およそ一六万三〇〇〇立方キロメートルの淡水が北大西洋に流れ込み、二〇〇年程度にわたる寒冷化の痕跡は世界の各地に残っている。グリーンランド中央部では気温が約二度下がり、エーゲ海やアラビア半島のオマーンでも寒冷化がみられた。また、東アジアやパキスタンでモンスーンの勢いが顕著に低下し、ベネズエラのカリアコ湾でも貿易風が弱まった。[2][3]

この時、海面水位も一・二メートルから一・四メートル上昇している。スカンジナビア氷床の雪融水により形成されていたバルト海はそれまで淡水湖であったが、デンマーク海峡を通って北海とつながった。また、八一〇〇年前頃に巨大な津波が発生したことでデンマークとブリテン島をつないでいたドッガーランドが水没し、ブリテン島がヨーロッパ大陸から離れたという仮説も提唱されている[4]。

完新世の気候最適期

八二〇〇年前イベントは、最終氷期の名残であるアガシ湖のもたらした最後の寒冷化であり、その後に安定した長期の暖かい時代に入る。この温暖期は五五〇〇年前頃まで三〇〇〇年近く続くもので、気候年代ではアトランティック期と区分され、完新世の気候最適期（HCO：Holocene Climate Optimum）、あるいは最適温暖期、ヒプシサーマル期とよばれる。完新世とは一八〇万年前頃に始まる更新世に次ぐもので、一万一七〇〇年前から現在までの時代を指す。かつては沖積世とよばれた。

北半球中緯度の年平均気温は、二十世紀後半よりも二度程度高かったと推定がある。ブリテン島の山岳地帯の森林限界は、現在よりも二〇〇メートルから三〇〇メートル高地に延び、マツの北限は八〇キロメートル極側に北上した。チベット高原中央部から採掘された氷床コアの酸素同位体分析では、八〇〇〇年前以降に年間平均気温と夏の気温がそれぞれ二度上昇している。西太平洋のグレートバリアリーフで採掘されたサンゴ礁化石の酸素同位体等によれば、五三五〇年前以前の海面水温は二七度と一九九〇年代よりも一・二度高かった[5][6][7]。

2　気候変動をもたらす地球軌道の変化

温暖化した原因は何か

完新世の気候最適期と地球温暖化が叫ばれる現代とを比較して、地球全体の平均気温はどちらが高かったか。気候変動に関する政府間パネル（以下、「IPCC」）第四次評価報告書では古い時代の気温推定は地域によってばらつきがあるとして明確な答えを出していないものの、完新世の気候最適期では概ね二十世紀の平均気温と同じ程度、二十世紀後半の気温上昇期の平均と比較しても若干低い程度に温暖であったとしている[8]。

完新世の気候最適期を他の暖かい時代と比較した場合、その特徴は気温の絶対的な高さというよりも、三〇〇〇年間に及ぶ長さにあった。どのような気候メカニズムにより、「最適」とすら形容される温暖な気候が北半球に長期間維持され、温暖化が地球全体に波及したのか。ミランコヴィッチ・サイクルとよばれる地球軌道の変化と、太陽活動の活発化という二つの要因によってもたらされ、さらに北半球の気温が上昇し、雪氷面積が縮小したことで温暖化が増幅したためである。では、その一つひとつを確認してみたい。

地球軌道の三つの要素

地球の軌道というと毎年毎年同じと思いがちだが、長い時間スケールでみれば周期的に形状を変えている。真円と楕円を繰り返し（離心率）、また地軸が公転軌道に対して傾きが変わり（地軸の傾斜）、さらに近日点が北半球の夏から冬へ冬から夏へとずれる（歳差運動）、と三つの要素がある。

それらは、それぞれ独自の周期性を持っている。離心率は約一〇万年周期で変動し、現在は真円に近い状態にある。地軸の傾斜は約四万年の周期で二二・一度から二四・五五度の幅で首を振っており、現在は二三・四度と振れ幅の真ん中にあたる。最後の歳差運動については、約二万六〇〇〇年周期で倒れかけたコマのように地軸が円を描いていると考えていい。

現在の公転軌道では太陽に最も近づく近日点は一月七日頃であり、歳差運動により南半球で真夏のときに地球は最も太陽に近づく。近日点と遠日点での日射量は七％違うことから、南半球の夏が最も太陽に近づいた時期にあたる。オーストラリアでは、日焼けが原因の皮膚癌について、他国と比べて綿密な対策が整備されている。これは紫外線に弱い白人系の移民が対象というだけではなく、南半球の夏は北半球の夏よりも太陽に近く、紫外線量が多いことが背景にある。

スコットランド人の着眼

一九世紀前半にルイ・アガシが氷河時代の概念を提唱したものの、氷河時代がなぜ生まれたか、そして現代がなぜ温暖な時代なのか、確固たる理論はまだなかった。一八四二年、最初に地球軌道の三つの要素の中の離心率が気候に変化を及ぼすのではないかと唱えたのは、フランス人の数学者ジョセフ・アデマールであった。スコットランド人の気候学者ジェームズ・クロール（一八二一－一八九〇）はこの仮説を発展させ、三つの軌道要素の変化が繰り返し氷河期を引き起こしてきたとの論文を発表した。

ジェームズ・クロールは、スコットランドの農村で石工の次男として生まれ、正規の教育を受ける機会がなく、一一歳になってから独力で読み書き、哲学、科学を学んだ。三六歳まで、水車大工、宿の管理人、紅茶商人、保険外交員といった仕事に就き、図書館に通いながら、一人で研究を続ける生活であった。一八六四年に論文「地質年代における気候変動の物理的な要因」を学会誌に発表し、ようやくエジンバラのスコットランド地質学研究所の職員になることができた。

ただし、研究所の職員といっても地図の編集と販売を担当し、研究室での仕事は全く与えられなかった。毎日午前一〇時から午後四時まで実務的な仕事につき、クロールにとって研究のための時間は、自宅での夕食後のわずか一時間しかなかった。一八七五年に論文「気候と時間」を発表し、セント・アンドリュース大学の名誉学位を得たことで、ようやくロンドン王立協会の会員となった。しかし、クロールが目にした学会は、言い訳や陰口ばかりが飛び交う世界で、「科学というよりも貴族の振舞い」と語った。クロールは学会になじめず、王立研究所からの講師の依頼も断った。

不幸にも、ジェームズ・クロールの学説にある北半球と南半球で交互に氷期が到来する点が当時から疑問視され、最終氷期が八万年前に終わったとの主張も当時の実証研究と合致しなかった。このため、着眼点は正しかったもののクロールの研究は十九世紀末にはほとんど顧みられなくなった。しかし、二十世紀に入ってクロールの論文に注目した人物がただ一人ヨーロッパの内陸部にいた。[9]

セルビア人の長く孤独な研究

セルビア人の天文学者ミルティン・ミランコヴィッチ（一八七〇－一九五九）は、地球軌道の三つの要因による変動で気温が変化し、とりわけ夏の気温の低下が氷期到来の大きな要因ではないかと考えた。冬の寒さの程度ではなく、夏が涼しければ冬に積もった雪は融けず万年雪となることに着目したのである。

ミランコヴィッチはニュートン力学と熱力学を用いて、三〇年間にわたって、第一次世界大戦で兵役に就いているときも、オーストリア軍の捕虜となり禁固刑で入獄している最中も計算を行った。研究に没頭する生活を送るため、先祖伝来の家屋敷を売り払った。彼は先祖の墓に向かい、自分の研究者としての名声により家名を世界にとどろかせるからと許しを請うたという。[10]

一九四一年、ついに計算を完了した。論文の中でミランコヴィッチは、歳差運動と地軸の傾斜のサイクルが一致し、北半球の夏に日射量が最も減少した時期に氷期が始まるとした。これがミランコヴィッチ・サイクルとよばれる理論となる。

ミランコヴィッチが生きていた時代、氷期が生成される理由は北極の氷の有無など地球内部にあるとされ、地球の外に要因を求めるミランコヴィッチ・サイクルはあまり人気がなかった。一九五七年にミランコヴィッチが死ぬと、彼の学説は一時的にほとんど顧みられなくなる。しかし、一九五〇年代はちょうど海底コアによる分析が開始された頃で、次第に驚くべき関係が明らかになっていった。

シカゴ大学で研究を続けていたチェーザレ・エミリアーニは、熱帯大西洋やカリブ海の海底コアから採取した有孔虫に含まれる炭酸カルシウムの酸素同位体を研究する中で、八〇万年前以降、一〇万年ごとに氷期があったことを発見した。この結果は、ミランコヴィッチ・サイクルと一致するものであった。

一九六五年になると、ウォーレス・ブロッカーがボルダーで開かれた会議でミランコヴィッチ・サイクルは珍説として退けることはできないと発言し、翌年には科学雑誌《サイエンス》に論文「氷期における絶対年代と天文学的理論」を発表した。かくして一九七〇年代以降、ミランコヴィッチ・サイクルは一躍、気候変動を説明する理論として脚光を浴びることになる。[11][12]

ミランコヴィッチ・サイクルが当初重要視されなかった理由は、地球軌道の変化による日射量の強弱の幅が小さく、氷床の消長に寄与する大きさではないとみられたためだ。この問題について、二〇一三年に東京大学大気海洋研究所の阿部彩子教授が科学雑誌《ネイチャー》に解決の手がかりとなる論文を発表している。地球軌道の要素による日射量の変化に対する北半球の大陸の氷床の増減について、コンピュータ・シミュレーションで検証したのだ。その結果、巨大な氷床の荷重により大陸が沈み込むことでさらに氷床が増大する応答があり、約一〇万年周期での氷期を再現している[13]。

ミランコヴィッチ・サイクルによる気候の周期的な変動は、中生代から第三紀前半にかけての氷床が存在しなかった無氷河期には明瞭でない。一方、古生代にあたる約三・七億年前から二・七億年前のゴンドワナ氷河期では、石炭の地層に残る海面水位の上下動から短い周期の気候変動が確認されており、ミランコヴィッチ・サイクルが顕在化していた可能性がある。地球の軌道要素の変化が数億年続いているといっても、ミランコヴィッチ・サイクルが気候を大きく変動させるには、地球の表面での氷床の応答が重要な要素であった[14]。

3 陸地の変容と海面水位の上昇

北半球の日射量増加と活発な太陽活動

このように地球軌道の三つの要素の変化が、地球全体の気候を変動させる主要因となっている。地軸の傾斜が二四度と大きい中で、歳差運動の変化により近日点が北半球の夏にくるように移動した。北半球の夏の日射量は一万四五〇〇年前頃から増加し、一万年前頃のピーク時には現在よりも八％ほど多かった[15]。

さらに、完新世初期は、太陽活動も活発であった可能性が高い。太陽黒点数がおよそ一一年周期で増減していることは有名だ。それだけではなく、太陽の活動は一一年周期以外でも数百年単位で強まったり、弱まったりと変化している。

この活動の変化は年輪などに含まれる放射性炭素や氷床から採取されるベリリウム10の比率で推定することができる。このふたつの同位体は太陽系外から飛来する宇宙線が大気上層で酸素や窒素を核破砕することで組成されるのだが、太陽活動が活発であるとその飛来量が減少する。一万年前から七〇〇〇年前にかけて、ふたつの同位体の生成量は少ないことから、太陽活動が活発であったと推定されている[16]。

巨大氷床の消失

地球軌道の変化と太陽活動の活発化によって北半球が暖められ、万年雪の塊である大きな氷床がゆっくりと融けていった。氷床の増減にとって重要なのは、冬の寒さではなく夏の暑さである。夏を過ぎても雪氷が残っている地域の拡大・縮小が、北半球の太陽放射の吸収率に影響する。海氷と同じく白い雪氷はアルベドが大きく、太陽の光を反射する効果を持つからだ。

南半球では、オーストラリア大陸の二倍弱の面積を持つ南極大陸が大きい氷床で覆われているものの、周りは海洋に囲まれ孤立している。南極大陸以外では、南米にわずかな万年雪の氷河がある程度である。一方の北半球の場合は、北極をユーラシア大陸や北米大陸が囲む配置になっており、地形的にみて寒冷な時代に巨大な氷床が形成されやすいという特徴がある。このため、北半球の氷床の増減による太陽放射の吸収率の変化が、地球全体の気温に影響を及ぼすことになる。

北米大陸にあったローレンタイド氷床は、二万一〇〇〇年前から一万七〇〇〇年前の間、カナダから米国本土の北半分まで覆っていた。この氷床は八〇〇〇年前頃にはハドソン湾周辺に残る程度に縮小し、七〇〇〇年前頃にはほとんど消失していった。最終的にすべて融解するのは六〇〇〇年前頃である（図1－11）。また、ヨーロッパ北部のスカンジナビア氷床は八五〇〇年前頃にすでに融けてなくなり、現在のバルト海の場所に巨大な融水湖

図1-11 ローレンタイド氷床の融解時期（数字は〜千年前）

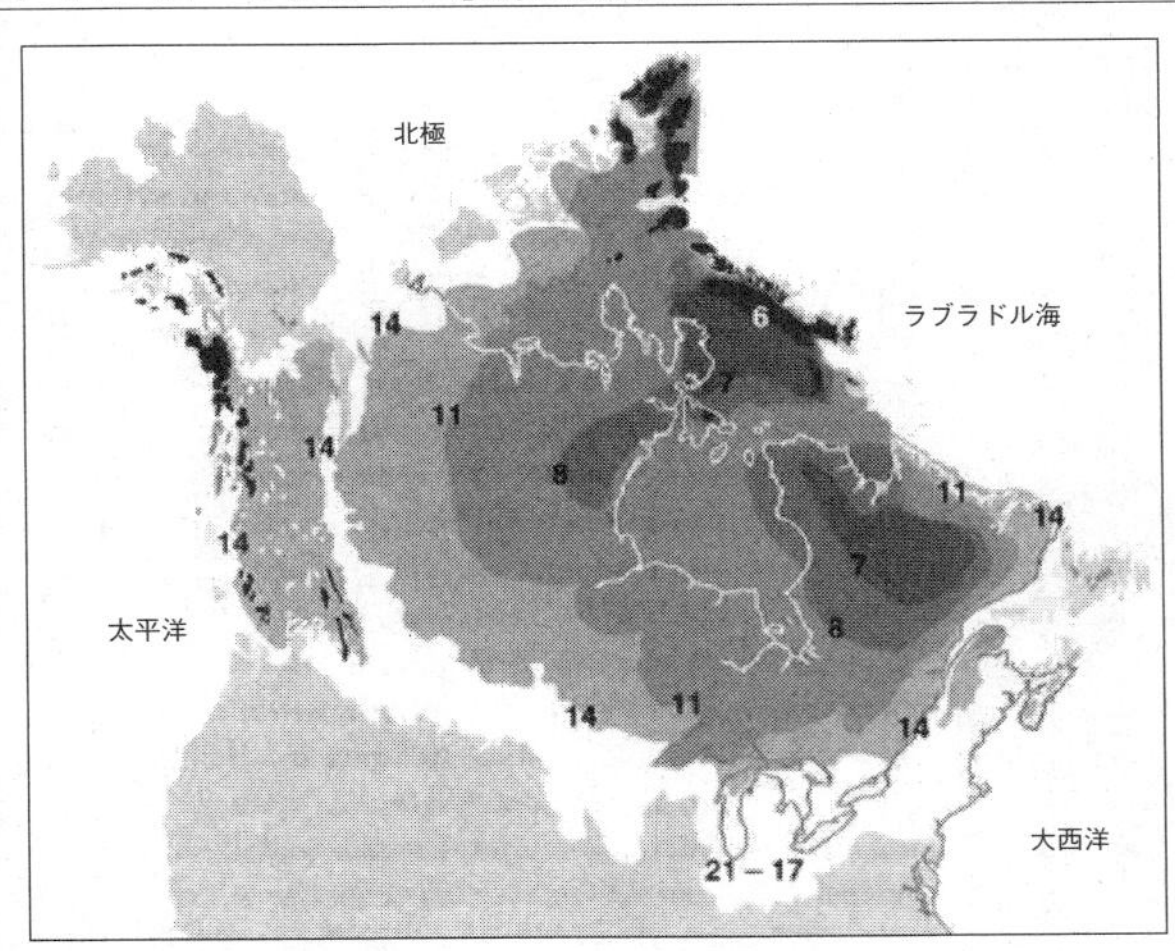

出典：W.F Ruddiman「Plow, Plagues & Petroleum」（2005）

が形成された。北半球の広い範囲で大陸に積もっていた氷床が融解し、土壌である地表面が現れた。海氷が融け海水になるとアルベドが小さくなり、太陽放射を吸収する。第2章で触れたアイス・アルベド・フィードバックと正反対の現象が北半球の大陸でも起きたのである。それまで地球の大気圏外に向けて反射されていた太陽の光が、陸地に保存されて気温上昇が加速していった。

このように、完新世の気候最適期の形成において、太陽の位置と日射の強さだけでなく、北半球の雪氷面積が重要な要素であった。温暖な時代は、ミランコヴィッチ・サイクルから推定される北半球での太陽の入射量の極大期よりも数千年遅く始まっているが、北半球の氷床が融け土壌が地表に現れるまで長い年月を要したためである。

北上する森林帯、変わる動物相

完新世の気候最適期に、北半球の大地の様相は劇的に変わった。ヨーロッパ北部にあったスカンジナビア氷床は、八五〇〇年前頃に消失した。その雪融水により現在のバルチック海の場所に融水湖が形成され、氷床が消えた後に樹木が繁殖していった。湖底の堆積物に残った花粉分析などから、デンマークでは一万年前頃にまずはカバノキとマツが現れ、次にニレが続き、八五〇〇年前頃になるとリンデン、オーク、そしてハンノキがみられるようになる。ブナ科の落葉広葉樹は一万年前にはヨーロッパ南部でのみ植生していたが、八〇〇〇年前頃にはブリテン島のスコットランド北部まで北限を延ばし、七〇〇〇年前頃にはスカンジナビア半島南端まで広がった。一万年前頃にはバルカン半島やイタリア半島といった地中海沿岸でしか植生していなかったハンノキも、七〇〇〇年前頃にはスカンジナビア半島まで北上し、ブリテン島南東部に上陸している[17]。

ツンドラやステップはヨーロッパ大陸ではみられなくなり、草原には樹木が生長し、深い森林が形成されていった。古代ローマの歴史書に、ゲルマン人を森林に住む人と蔑視した記述があるが、彼らが住んだ森は完新世の温暖な時代以降に生まれたものだ。

ヨーロッパは、大西洋の赤道沿い亜熱帯地域から吹く強い南西風によって冬季も温暖で、平均気温は現在よりも二度高かった。デンマークやブリテン島にもヨーロッパリクガメ(Emys orbicularis)が棲息していた。ヨーロッパリクガメは、七月の平均気温が一八・五度から二〇度ないと生きていけないため、現在ではフランスやドイツが棲息域の北限となっている。また、今日ではヨーロッパ南東部から中央アジアでしかみることができない絶滅危惧種のニシハイイロペリカン(Pelecanus crispus)は、五〇〇〇年前頃まではデンマークにも飛来していた[18]。

熱帯地方のモンスーンの強化と水蒸気フィードバック

北半球の日射量が増大したことで、熱帯地方のモンスーンが強くなった。モンスーンとは、陸地と海洋の温度差に由来する季節風であり、単純にいえば巨大な海陸風と考えていい。北米大陸やアフリカ大陸内部の気温が上昇し、海洋との気温差が広がったことで、モンスーンが強化されたのである。北米大陸では、ローレンタイド氷床が消えた後の谷間を土砂が埋め尽くし、土壌成分が豊かな平原、グレートプレーンズが広がった。八二〇〇年前イベントが終わると、モンスーンがメキシコ湾からグレートプレーンズまで入りこむようになり、降水量が増大し、高原地帯まで湿潤な気候となる。

さらに熱帯から亜熱帯にかけてモンスーンが強くなった理由として、米国人の気象学者ジョン・クツバックが提唱した、水蒸気フィードバックがある。クツバックは植物の生える土壌には豊富な水分が含まれており、気温が上昇するとこの水分が蒸発して大気に水蒸気を供給すると考えた。大気中の水蒸気が増えると降水量が増加し、砂漠は草原へ、草原は森林へと変わっていく。このように、熱帯地方で植生が一度増えると、土壌の水蒸気が作用していっそう植物が増殖するという、正のフィードバックが起きるとするのである。

完新世の気候最適期において、アフリカ大陸北部のモンスーンは現在よりも強く、大西洋やインド洋から湿った暖かい空気が流れこんでいた。アラビア半島からアフリカ北部にかけて、現在は砂漠が横たわる地方でも川が流れていた。チャド湖の湖面水位は標高三五〇メートルと現在よりも一八〇メートルよりも高く、一万年前から七五〇〇年前にかけての面積はおよそ三七万一〇〇〇平方キロメートルであり、現在のカスピ海とほとんど同じ広さであった。エチオピア高原の降水量も増え、ナイル川の流水量が増加していた。アジア南部でも、八二〇〇年前イベント以後はモンスーンが強化され、現在と比較して湿潤になり、気温もわずかながら高かったとの分析結果がある。[19]

熱帯収束帯とハドレー循環

熱帯収束帯（ＩＴＣＺ）とは、赤道を中心に、積乱雲が地球を一周する帯のように連なっている地域を指す。この積乱雲は、地上付近の空気が温められて生じる上昇気流により

写1-1　ひまわり6号が撮影した熱帯収束帯

出典：高知大学気象情報頁　http://weather.is.kochi-u.ac.jp/

形成されたものだ（写1－1）。赤道を横切って南北に飛行する場合、熱帯集束帯では積乱雲の頂上が成層圏まで到達しているため、パイロットにとってフライト中の要注意地域になっている。

熱帯収束帯は太陽高度の変化から季節によって南北に移動する。アフリカでは、七月から八月にガーナ周辺やナイジェリアの大西洋沿岸からエチオピアを横切り、一月から二月にかけてはアンゴラからタンザニアまで南下する。アフリカ大陸の熱帯収束帯には、大西洋、地中海、インド洋から暖かく湿った空気が流れこみ、降水量も多く湿度が高いため、熱帯雨林が広がっている。熱帯雨林の北側に隣接する地域が草原地帯サヘル、そのさらに北側が砂漠のサハラである。

熱帯収束帯での上昇気流によって上空に達した空気は、北半球では極側に北上し、緯度にして二〇度から三〇度の極側で暖かく乾燥した空気として上空から地上に降りてくる。この地球規模での大気循環は、一七三五年に英国人の弁護士でアマチュア気象学者であったジョージ・ハドレーが提唱したことから、彼の名前を取ってハドレー循環とよばれている。

ジョージ・ハドレーは、世界で最も古い科学学会であるロンドン王立協会の会員であった。しかし、弁護士という今日でいう「文系人間」であり、世界各地の気象観測機器の整備や集められたデータの品質管理といった役割を担っていた。ハドレーはデータを眺めるうちに、赤道方向に吹く貿易風がなぜ北東風あるいは南東風なのか、なぜ季節によって強さや位置が違うのかに疑問を持った。それまで、ガリレオの時代から地球の公転の影響と考えられていたのである。ハドレーは五〇歳のとき、「一般的な貿易風の理由」というタイトルの論文でハドレー循環の考え方を発表した。

ハドレー循環は発表当初、批判にさらされた。特に当時の学界の権威であったエドモンド・ハレーから厳しい反論を浴び、天文学者であった実兄のジョン・ハドレーの評判もよくなかった。所詮はアマチュアの空想と思われたのだ。以後、ハドレー循環は気象学の中で無視され続け、一八八〇年にドイツの気象学者アドルフ・スプルングによって見直されるまで、最初の論文発表からおよそ一五〇年を要した。[20]

ハドレーを批判したエドモンド・ハレーの名前は、今日、ハレー彗星に残っている。発見者ではなく、彗星の周期性を予測した功績にちなむものだ。一方、ジョージ・ハドレーの名前は、彼が提唱した大気循環だけでなく、気候変動における世界最高峰の研究機関（ハドレーセンター）に冠されている。

このハドレー循環が、亜熱帯の一部地域を乾燥させる効果を持っている。サハラは、ハドレー循環の中で上空にある空気が下降流として降りてくる地域にあたるため、暑く乾燥した砂漠が広がっている。北半球のサハラだけでなく、アフリカ大陸の南部のボツワナやナミビアにあるカラハリ砂漠、オーストラリア大陸の砂漠も、南半球のハドレー循環での空気の下降流域に生まれたもので、これらは亜熱帯砂漠と分類される。

完新世の気候最適期には、現在より地軸が傾いていたため、北回帰線と南回帰線はより極側に位置し、現在よりも広い幅で動いていた。夏季の熱帯収束帯は現在よりも北上し、今日のサハラあたりの緯度帯はハドレー循環の下降流域から外れていた。

「現代人」の誕生

草原で大型哺乳動物を追いかける生活から、森林での狩猟採集を食糧確保の基本に置くようになると、人々の体格に変化がみられるようになった。柔らかい食物を食べるようになったため顎と歯が小さくなり、このことと関係して脳の容量が減少した。身長が低くなるのは農耕が広がって以降のことだ（第2部第1章（4））。身長と体重はまだ氷河時代と変わらない。とはいえ、この時代に現代人の基本的な体型ができ上がったとみていいだろう。

現在、日本を含めて先進国を中心に食生活が改善され、体格が著しく改善している。完新世の気候最適期と同じレベルに戻ったといっていい。生物学的にいえばこれがほぼ限界とされる。先進国の場合、今後栄養がよくなっても、身長がさらに伸びることはほとんどありえない。これ以上過栄養となると、体格は横に伸びる。すなわち肥満に向かうしかない。欧米のみならず、日本でもこうした傾向が現れている[21]。

体型の変化だけでなく、宗教や価値といった概念も生まれた。洞窟壁画に描かれた大型哺乳動物は、狩猟のための祈りを感じさせるものがある。しかし、宗教などの精神性を示すより具体的な証拠が現れるのは、トルコ南東部にある一万一〇〇〇年前頃のギョベクリ・テリ遺跡からだ。この遺跡からは、まだ動物の家畜化が行われていなかった時代であるにもかかわらず、動物の姿を彫った石柱が何本もみつかっている。おそらく祈祷の場であったと考えられている。

富という概念が生まれたのもこの頃だ。現在のところ最も古い金製品は、六五〇〇年前頃にあたるブルガリアのヴァルナ遺跡の副葬品として発掘されたものだ。まだ農耕を開始する以前の遺跡だが、金の服飾品が貝殻や高度な技術を要するフリント製の石刃とともにみつかっている。金という鉱物は、他の物と交換しなければ生活の糧とはならない。このことから、農耕開始以前に、富あるいは価値という概念が生まれていたと考えられる。[22]

男女の関係はどうであったか。ヨーロッパでの男女の遺骨から採取したDNA分析がある。ミトコンドリアDNAにより女系、Y染色体で男系とそれぞれの先祖の分布がわかる。女性の場合、地域的にみて一様にばらついているのに対し、男性は相対的にみて地域的な特色が現れた。このことは、当時の女性が自らの集団を出て、男性の家族に加わったという家族のあり方を示している。[23]

農業による安定した食糧確保が可能になったことで、寿命が延びたと思いがちだが、そうではなかった。女性の場合、移動の負担や危険から解放されたことでいつでも子供を作れるようになり、妊娠頻度が上昇したため、妊娠と育児のためかえって寿命が短くなってしまった。男女間での寿命の違いが広がったことから、危険な外の世界は男、集落周辺で手作業は女と、家族の中の男女の役割が固まっていたといった見方がある。[24]

縄文初期の日本の気候

縄文海進があった時代、日本の気候は大きく変化した。日本海へのリマン海流の流入は一万三〇〇〇年前頃から始まった。対馬海峡の海面水位は最終氷期最寒冷期に現在よりも一二〇メートル以上低かったのに対し、八〇〇〇年前頃に六〇メートルほど上昇した。対馬の西側で暖流の流入が本格化し、日本海の海面水温はこの間に七度から八度上昇している。京都大学の鎮西清高名誉教授によれば、八〇〇〇年前頃を境にして、日本海上空の大気が含む水蒸気量は最大限二倍に増加した可能性があり、日本列島の日本海側での多雪化はこの時期に始まった。日本海側に雪が降るメカニズムである乾燥した寒気が水温の高い日本海上空を通過するという寒気の吹き出しは、こうして八〇〇〇年前頃に形成された。阪口豊教授は、本州日本海側の冬の気候について、一万三〇〇〇年前頃に小雪期から多雪期へ転換し、八〇〇〇年前頃には多雪期から豪雪期へと変わったという[25][26]。

また、夏季には太平洋高気圧の外縁に沿って、インドシナや華南からの南西モンスーンによる暖かい湿った空気が、本州太平洋岸から四国や九州にかけて流入するようになった。日本列島の気候は、最終氷期には乾燥した大陸性のものであったのに対し、完新世の気候最適期以降になると、冬季には日本海側で雪が大量に降り、夏季には太平洋側を中心に降水量が増加する海洋性の気候が確立した。「豊葦原の瑞穂の国」の気候は、こうして完新世の気候最適期の時代に誕生したとみていい。

植生も変化し、一万三〇〇〇年以前にコメツガ中心の亜寒帯針葉樹の植生であった地域に、一万二〇〇〇年前からブナ林が拡大し、一万年前頃になると太平洋側でスギが増加した。屋久島の山地に自生する屋久杉はこの時代に生まれたものである。さらに八五〇〇年前から六〇〇〇年前にかけては、中部以北の太平洋側にブナ科コナラ属といった温帯に適した落葉広葉樹が分布拡大し、六五〇〇年前頃から照葉樹林が北上した[27]。

日本列島の場合、ヨーロッパや北米大陸のような巨大氷床がなかったため、気候の温暖化は三〇〇〇年近く早く始まった。現在発見されている世界最古の土器は、長崎県北松浦郡の遺跡で発掘された隆起線文系土器であり、一万三〇〇〇年前頃のものとされる。土器の生産の開始が早かったのは、温暖化がユーラシア大陸や北米大陸に比べて先行したことが要因かもしれない[28]。

最終氷期最寒冷期の間、海面水位が低下していたため、サハリンを経てユーラシア大陸北部から、あるいは南西諸島をめぐって日本列島への徒歩による移動が可能であった。しかし、一万年前以降に日本列島が大陸から分離すると、縄文人は孤立し、独自の文化を形成するようになる。

温暖化した気候の中で、縄文文化は花開いた。縄文海進の頃の海岸線は、現在よりもはるかに内陸まで入りこんでおり、札幌は海岸に面し、仙台平野や濃尾平野は海に没し、能登半島は島として分離していた。現在、人口が集中している沖積平野は海面下に沈んでおり、洪積台地だけが海上に陸地として突き出ている形状である（図1－12）。

当時の関東地方の海岸線は群馬県藤岡市まで達し、霞ヶ浦は外洋に開いていた。関東地方の縄文遺跡は、洪積台地の海岸線に相当する場所に集まっており、縄文人は海に近く背

図1-12　「長い夏」の時代の日本列島（6000年前）

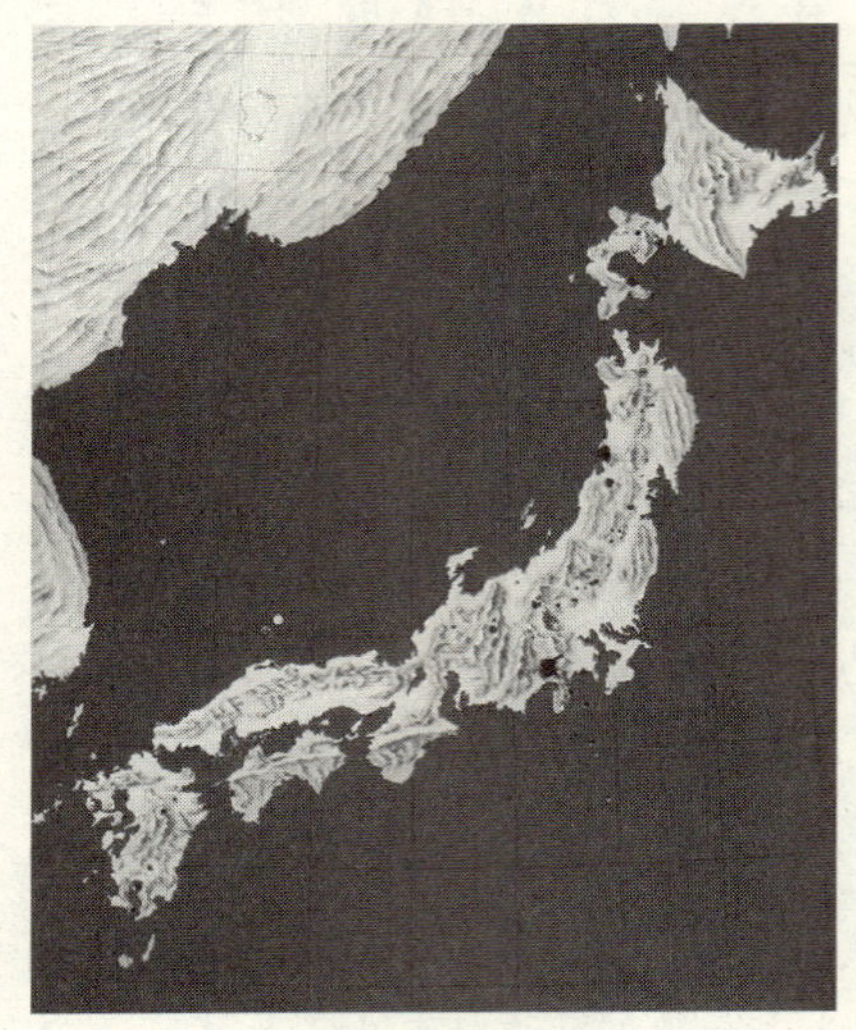

出典：湊正雄　監修「日本列島のおいたち　古地理図鑑」（1978）

後にナラ林などの森林が広がる土地を選び、魚介類と木の実などの植物性食物のどちらもが採取しやすい生活環境で暮らしていた。国際日本文化研究センターの赤沢威名誉教授はこの環境を森林・汽水複合生態系とよんでいる[29]。

完新世の気候最適期、日本列島での文化的な繁栄地域は東日本であった。これは、サケやマスといった河川を上る大きな魚を捕獲することができ、ブナやナラの落葉広葉樹林では堅果類が採れ、シカ、イノシシなどの中型哺乳類も棲息していたためである。シイやクスが繁る西日本の照葉樹林よりも、狩猟採集生活に適していた。九州南部では、七三〇〇年前頃に起こった鬼界カルデラの噴火の影響もあった。縄文文化と別系統とされる貝文文化は、噴火によりほぼ壊滅している。[30]

4 洪水伝説

ノアの洪水は実話か

洪水伝説は世界各地に残っている。一番有名なエピソードは『旧約聖書』創世記にあるノアの洪水で、ノアが六〇〇歳となる誕生日の二月一七日から四〇日四〇夜降り続いた雨による洪水があったというものだ。また、ギリシャ神話にも、ゼウスと弟のポセイドンが洪水を起こすものの、プロメテウスの息子デウカリオとパンドラの娘ピュラーは生き残るといったエピソードがある。さらに、司馬遷の『史記』夏本紀第二の中に、尭帝時に大洪水が起き、舜帝は一三年かけて堤防を完成したと記述され、日本にも東北地方では白髪水、南西諸島南端の波照間島では大津波といった言い伝えがある。その他、北方ゲルマン神話、チベットやアメリカ先住民など、世界の至るところで洪水についての伝承が残されている。一般論として、これらの伝承は、実際に起きた自然災害の教訓を長く子孫に伝えるために語り継がれたものとみられている。

『旧約聖書』創世記の洪水神話について、その由来と思われる物語を四〇〇〇年前の粘土板に楔形文字で刻まれた『ギルガメシュ叙事詩』の中にみることができる。ギルガメシュとはメソポタミアの都市国家ウルクの王の名前であり、シュメール王名表では四八〇〇年前頃に即位していたと記録にある。

この『ギルガメシュ叙事詩』の十一書版に洪水伝説として次のようなエピソードが書かれている。

「シュリッパク……ユーフラテス川の岸辺にある町。

偉大な神々は、洪水を起こそうとされた。

家を壊し方舟を造れ。財産を厭い、生命を生かせ。生命あるもののあらゆる種を方舟に導き入れよ。……

そのときがやって来た。わたしは嵐の模様をみやった。嵐は恐怖を与えるかにみえた。

わたしは方舟の中に入り、わが戸を閉じた。

終日、暴風が吹き荒れ、大洪水が大地を襲った。大雨の中で、人々は互いの居場所がわからなくなった。

六日七夜、風が吹き、大洪水と暴風が大地を拭った。七日目になって、暴風と大洪水は戦いを終わらせた。

方舟はニムシュの山に漂着した」（月本昭夫訳『ギルガメシュ叙事詩』より）

この洪水伝説が何を意味するのか。実際に起きた自然災害なのであろうか。コロンビア大学のウィリアム・ライアンとウォルター・ピットマンは、一九九七年に洪水伝説と黒海を関連づける魅力的な仮説を発表した[31]。

黒海の氾濫

地中海の海面水位は、氷期と間氷期のサイクルの中で上昇と下降を繰り返していたことが知られている。

五八〇万年前頃の寒冷期にジブラルタル海峡が封鎖され、地中海のほとんどが干上がり、塩田と化すというメッシニアン塩分危機が起きた。大量の塩が地中海の底に溜まったため、他の海洋の塩分濃度は大幅に低下した。その後、五三〇万年前頃に地殻の移動によりジブラルタル海峡が開き、再び地中海は海水で満たされた[32]。

黒海の場合、最終氷期最寒冷期以後、雪融け水が流入したことで水位が上昇し、サカリャ川からアナトリアを通ってマルマラ海へと流れていた。ところがヤンガードリアス期になると、乾燥化により降水量が減少したことでサカリャ川の入水口より水位が低下した。

一九七〇年頃に、旧ソ連の科学者は、水位が低下して黒海は孤立し、淡水で満たされた

写1-2　黒海の衛星写真

出典：NASA

時代があったことを発見していた。そして、一九九三年にブルガリアの科学アカデミーは海底に残る珊瑚礁の跡から、黒海の湖水面も上下動を繰り返しており、九八〇〇年前の黒海は淡水湖であったこと、そして湖面水位は現在の水位よりも一〇〇メートル低かったとの証拠をつかんでいた[33]（写1－2）。

いつ頃マルマラ海と黒海がつながり、黒海が海水で満たされるようになったのか、一九九〇年代以降、ライアンとピットマンだけでなく、多くのプロジェクトが組まれ黒海の海底の地形の調査や湖底の堆積物に含まれる貝殻が採取された。湖底層で海洋性の貝殻が現れる時代を放射性炭素で調べることができれば、マルマラ海ひいては地中海と黒海がひとつの海になった時期を特定できるからだ。また、科学雑誌《クリエイション・マターズ》には、自然科学者に対して、黒海の氾濫と『旧約聖書』創世記にあるノアの洪水伝説を結びつける見解を期待するコラムも掲載された[34]。

最新の研究では、一九九三年のブルガリアの科学アカデミーやライアンとピットマンが想定したような孤立していた時代の黒海の湖面水位が海面水位対比で一〇〇メートルといった大きなものではなく四〇メートル程度であったと考えられている。それゆえ、マルマラ海の海水流入の規模も低く見積もられている。肝心の黒海で海洋性の貝殻が現れる時期については、アガシ湖の最後の決壊のあった時代と重なっているとみられている。すなわち、ローレンタイド氷床の膨大な雪融水が海水に流れこんだのが、八七四〇年前から八一六〇年前にかけて、黒海で海洋性貝類が増えるといった生態系の変化が起きたのが、八三五〇年前から八二三〇年前にかけてという時系列の流れが示されている。黒海の氾濫も、バルト海と北海の連結やドガーランドの水没と同時期のものであった[35]。

黒海沿岸の農耕民の拡散

黒海の氾濫によって、水没した低地の面積は七万二〇〇〇平方キロメートルを超えたと考えられている。背後の森林で狩猟をするにしても、黒海で漁撈を行うにしても、あるいは初期農業を行うにしても、生活するに適地であった土地を失い、人々は新天地を求めて拡散していった。新石器時代の遺跡はヤンガードリアス期以後から八二〇〇年イベントまでの間、メソポタミア北部からアナトリア半島を経てエーゲ海沿岸までしかなかった。ところが、八二〇〇年前以降、ヨーロッパ各地で急増していった。七〇〇〇年前頃には地中海のヨーロッパ側一帯からドイツやフランスの地域まで広がり、五五〇〇年前にはブリテン島や北海周辺のヨーロッパ北部にまで至っている。彼らは農業技術を携えた新石器時代文化の担い手であった。完新世の最適温暖期は、彼らがヨーロッパ各地で農業を開始する上で絶好の自然環境であったに違いない[36]。

黒海沿岸から逃げていった人々は、西方のヨーロッパだけでなく、東の方向にも移住したのではないか。ライアンとピットマンはシュメール人を黒海東岸から移住した民族だと考えている。

第2部

古代編

気候変動が文明を生んだ

第1章

「長い夏」の終わりと古代文明の勃興

スイス・ティチーノ州レベンティーナ地方、アルプス山中の標高二〇〇〇メートル地帯に、ピオラ谷とよばれる壮大な渓谷がある。五二〇〇年前頃を中心に、この谷で大規模なアルプス氷河の前進があり、森林限界が一〇〇メートル低下した。ピオラ振動ともよばれる現象であった。五五〇〇年前以降、完新世の気候最適期が終わるとともに、長期的にみて地球は寒冷化に向かっていった。そして、気候は数百年ごとに大きく変動するようになり、その中で極端な寒冷化が何度も起きた。こうした寒冷化は人類の生活を困窮させたが、一方で結果として文明が飛躍的に発達していくきっかけともなった[1]。

第2部では最初に、

- 完新世の気候最適期が終わり、世界各地の気候はどのように変化していったのか
- エルニーニョ現象は近年発生した異常気象なのか、それとも最終氷期の時代から続い

図2-1　「長い夏」の終わりと古代文明の勃興

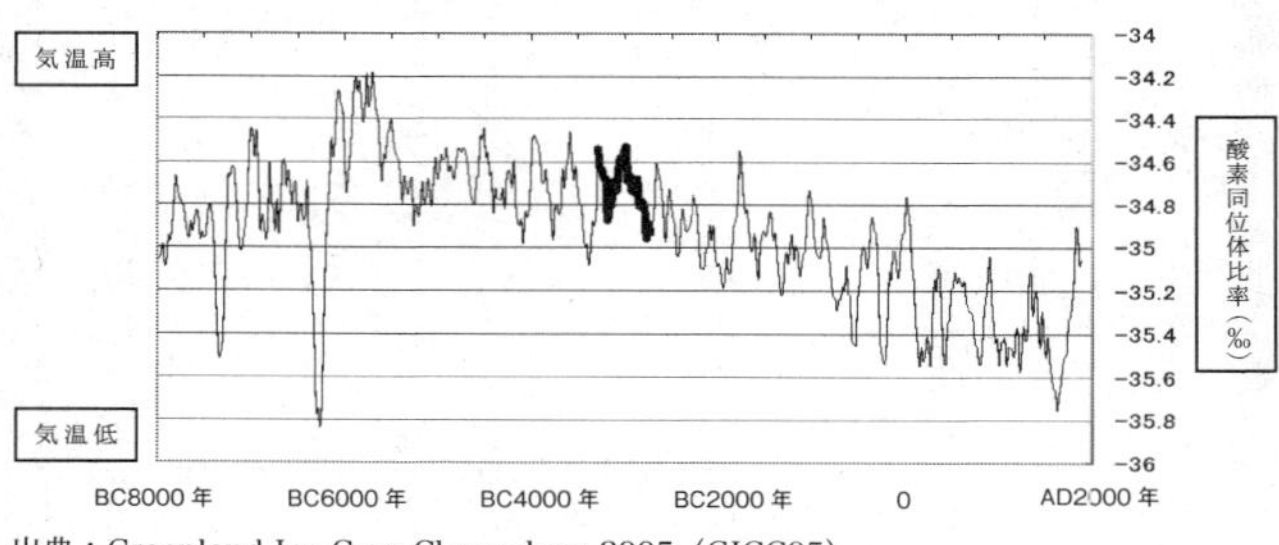

出典：Greenland Ice Core Chronology 2005（GICC05）

ているものか

●メソポタミアやエジプトでは、どのような環境の変化が起きたのか。その結果、なぜ大河沿いに人口が集中していったのか

といった点を中心に、気候変動と古代文明の誕生の関係から話を始めたい。また今日、人為的地球温暖化によってサハラ砂漠が拡大しているとの見方があるが、サハラが砂漠化していった歴史についても紹介する。

1　五五〇〇年前頃に始まる気候の変化

アイスマンが示す氷河の拡大

一九九一年九月一九日、ドイツのニュルンベルクに住むジーモン夫妻は、長期休暇中イタリアとオーストリア国境沿いの南チロルの登山を楽しんでいた。二人はエッツイ谷の氷河の中に茶褐色の後頭部が突き出した遺体を発見し、近くのシミラウン小屋に着くなり、遭難者を発見したとただちに報告した。調査に向かった人々の中には、世界最初に八〇〇〇メートル峰一四座を完全登頂し、無酸素登山で世界的に有名なラインホルト・メスナーがいた。それまで氷河の中で発見された遭難者は、どんなに古くとも四〇〇年前のものであったにもかかわらず、メスナーは遺体をみるなり、「近くにあった金属製の斧に穴が空いていないとなると、少なくとも五〇〇年以上前ではないか、三〇〇〇年前ということはないだろうが」と語った。メスナーの予想は半分当たり、半分外れていた。放射性炭素による年代測定を行ってみると、遺体は五三〇〇年前頃に氷河に滑落した中年男性のミイラであった。発見された地名からエッツイという名前がつけられ、後にアイスマンとよばれるようになる[2]。

アイスマンは初雪の時期に氷河に滑り落ち、死亡直後に雪が積もったため、鳥や虫に荒らされることなく氷河の中でミイラとなったのだ。ちょうどアルプス氷河が拡大する時期であった。頭部の損傷が激しいことから、ローマ時代あるいは中世の温暖な時代に頭だけ氷雪の外に出た可能性がある。アイスマンは五〇〇〇年以上もの間、氷河の中にとどまり続け、近年の温暖化によってアルプスの氷河が縮小したことで、われわれの前に全身を現したのだった[3]。

アルプス地方のボーデン湖南岸のスイス側アルボンで採取した地層から五三二〇年前頃に湖水位が上昇しており、これはアルプス氷河の前進と一致する時期であった。五五〇〇年前頃から五〇〇〇年前頃にかけて、ボーデン湖一帯だけでなく、世界中で気候の変化が確認されており、完新世の気候最適期が終わり「新しい氷河期（Neo Glacification）という表現がなされることもある。気候年代ではアトランティック期が終わり、サブボレアル期へと移行する。

世界各地で気候の寒冷化が確認されている。ユーラシア大陸では北端のタイミル半島、スカンジナビア半島、アルプス山岳地帯、アフリカ大陸ではキリマンジェロ山や南端のカンゴー鍾乳洞、南北アメリカ大陸ではカナダのハドソン湾や米国ワシントン州、ペルーのワスカラン氷河、パタゴニア、そしてグリーンランドやニュージーランドだ。近年、アンデス山脈のケルッカヤ氷河は温暖化による急激な縮小が問題となっているが、氷河が積もる前の湿地帯に繋っていた植物の年代を測定すると、およそ五九〇〇年前のものであることがわかった。これは、南米大陸に現在残る氷河が完新世の気候最適期以降に降った雪が積もったものであることを示している[4][5]。

一方で乾燥化した地域もある。モンゴル、中国南部、チベット高原、インド、オマーン、イスラエル、サハラ、イベリア半島といった低緯度の地域があげられる。ウマは、ヤギ、ヒツジ、ウシ、ブタに遅れてこの時代に家畜化した。近年の研究では、家畜化した地域はカスピ海の東側のカザフスタンだとされている。この一帯は乾燥化しており、草原が広がったことと無縁ではないだろう[6]。

北半球での日射量の減少が地球規模の気候変動をもたらした

こうした地球規模での気候の変化がなぜ起きたのか。ミランコヴィッチ・サイクルによって北半球の日射量が低下したことが大きな要因である。歳差運動により、近日点は北半球の夏から南半球の夏へと変わり、地軸の傾斜も緩くなっていった。また、ミランコヴィッチ・サイクルだけでなく、放射性炭素やベリリウム10の比率分析によると、太陽活動そのものが弱くなる要因もあったようだ[7]。

六〇〇〇年前頃、北半球の日射量が減少傾向にあったといっても、夏の日射量は現在よりも五%は多かった。しかし、この頃になるとローレンタイド氷床やスカンジナビア氷床といった北半球の巨大氷床はグリーンランドを除いてすべて融け、熱帯地方に吹くモンスーンも弱まったため、日射量の減少傾向を補うアルベド低下の傾向が止まり、水蒸気フィードバックも働かなくなった。この結果、ミランコヴィッチ・サイクルによる日射量の減少要因が顕在化したのである。そして、北半球の日射量があるレベルよりも少なくなると、非線形的な振舞いとして、突然その影響が世界各地の気候に現れた[8]。

古気候学の知見により得られた気温や降水量などの推定値を基礎とし、北半球での日射量の低下を勘案したコンピュータによる気候モデルを組み合わせると、次のような傾向が現れた。ユーラシア大陸北部では森林限界がより低緯度側へと下がり、ヨーロッパ北部、グリーンランド、カナダ北部では寒冷化が進み、北アメリカ大陸内陸部では湿潤、太平洋北部海域では温暖化、南半球では偏西風の強化といったものだ。また、熱帯収束帯はそれまでチベット北部から地中海南端に位置していたものが、ヒマラヤ山脈南側からアフリカ大陸中央部まで南へと移動したのだ。そして、エルニーニョ現象が活発化した[9]。

エルニーニョ現象は地球温暖化によって近年発生した異常気象ではなく、過去何万年の間変わらずに発生してきたものでもない。エクアドル南部のパルカコチャ湖の堆積物、太平洋西部の珊瑚礁、そして近年ではジョージア大学によるペルー沖の海底に沈んだ魚の骨の分析などの多くの研究成果から、一万二〇〇〇年前から五〇〇〇年前までのヤンガードリアス期からアトランティック期にかけては、エルニーニョ現象がほとんど発生しなかったことがわかった。完新世の気候最適期には、海水温も高く、エルニーニョ現象が発生するペルー沖の海域でも現在よりも四度高い状態で安定していた。ところが五〇〇〇年前以降になると、現在のようにこの海域の海水温度は相対的に冷たくなり、およそ二年から七年おきに海水温が上下する現象が七〇〇〇年ぶりに再開したのである[10][11]。

ここで、エルニーニョ現象をめぐる研究史について、簡単に触れたい。エルニーニョ現象を先駆的に研究した人物として、ギルバート・ウォーカーとヤコブ・ビャークネスの二人を紹介する。

ギルバート・ウォーカーと南方振動

英国人のギルバート・ウォーカー（一八六八－一九五八）は、もともとケンブリッジ大学で数学を学んだ電気力学の研究者であった。一九〇三年に英国外務省に入省し、半年の研修期間を経て、一九〇四年に当時英国の植民地であったインドの気象台に赴任した。これをきっかけにウォーカーは南西モンスーンの研究を開始した。インド亜大陸に雨季をもたらす南西モンスーンの動向が、英国によるインドの植民地経営にとって大きな問題となっていたからだ。

インドの年間降水量は平均で一一〇〇ミリメートル以上あり、少ない年であっても減少量は一二七ミリメートル以下であった。ところが一八九九年から一九〇〇年にかけて、インド洋の南西モンスーンは極端に弱まり、年間降水量の減少が二七九ミリメートルと水不足の年の二倍以上といった記録的な干ばつが発生した。このときの災害で約六五〇〇万人が食糧難に陥っている。南西モンスーンの研究は、ウォーカー自身の個人的な関心事ではなかった[12]。

インドでの南西モンスーンの開始時期と降水量の規模を予測することはできないだろうか。ウォーカーは統計学の知識を持っており、世界各地の気圧などの気象観測資料を集め分析していった。そして、研究の過程で南太平洋のタヒチとオーストラリア大陸北岸のダーウィンの二カ所で気圧の動きが逆相関（正反対）の関係にあることをつきとめた。タヒチの気圧が高いときにはダーウィンの気圧が低く、そしてタヒチの気圧が低いときはダーウィンの気圧が高くなる。一九二三年に論文を発表し、この反対に振れる気圧の配置は南方振動とよばれた。ウォーカーは南太平洋の東西の気圧配置だけでなく、世界中の気圧の高低についての位置関係を調べ続けた。一九二四年にインドから帰国し、インペリアル・カレッジの教授になると、アイルランド低気圧とアゾレス諸島高気圧の差に着目した北大西洋振動（NAO：North Atlantic Oscillation）の研究も行っている（北大西洋振動については、第3部第3章（2）で紹介）。

ウォーカーの関心は、エルニーニョ現象というよりも南西モンスーンの強弱にあった。南西モンスーンの強弱が北アフリカの東部高原地帯での降水量の大小と関係があることまでは気がついていたものの、南方振動とエルニーニョ現象の関係や、南方振動がもたらす世界規模での気候変化にまでは思いが至らなかった。

エルニーニョとは数年おきにペルー沖の海水温度が上昇する現象で、少なくとも十七世紀からペルーの漁師の間で語り継がれていたものである。毎年一二月頃になると、赤道直下の太平洋東部の海面水温が高くなってペルー沿岸に暖流が流れこむため、翌年三月までのアンチョビの漁獲がなくなる。ところが数年に一度、極端に海面水温が上昇すると、三月を過ぎてもペルー沖への暖流の流れが変わらないためアンチョビは深刻な不漁となる。暖流がペルー沖に来る時期が一二月下旬であることから、不漁の年はその季節に現れた子供（イエス・キリスト）にちなんで「神の男の子」エルニーニョと名づけられた。

一九世紀後半になると、ペルー北部の沖合を流れる海水の気温の季節変動についての科学的論文が書かれるようにはなる。一八九一年にペルー北部ピウラ州を襲った豪雨と洪水という異常気象の原因に注目が集まった。この年にリマ地理学会会長のルイス・カリリョが学会の会報の中で、ペルー沿岸の海流が反対方向に流れることを記している。一八九四年にペルーの地理学者ヴィクトル・エグイグレンは、一八九一年の豪雨について歴史的文献と合わせて検証し、エルニーニョの年の海流の変化によって集中豪雨が発生すると報告した。とはいえ、こうした気象現象は南米大陸西岸という一部の地域での限定的なものとみられていた。[13]

ヤコブ・ビャークネスとENSO

ヤコブ・ビャークネス（一八九七－一九七五）は、気象学においてノルウェー学派の始祖とされるウィルヘルム・ビャークネスの息子で、私たちが天気図でなじみのある温帯低気圧や前線の考え方を発案した研究者である。ヤコブはノルウェーで気象学を学び、一九二二年に温帯低気圧のモデルを考案した後、一九三三年にマサチューセッツ工科大学の講師に招聘されたことをきっかけに一九四〇年に米国に移住した。ヤコブは長い間、ハリケーンのモデル化を研究テーマとしてきたが、カリフォルニア大学ロサンゼルス校の気象学

図2-2　旧ソ連の穀物生産量推移（1960～1980年）

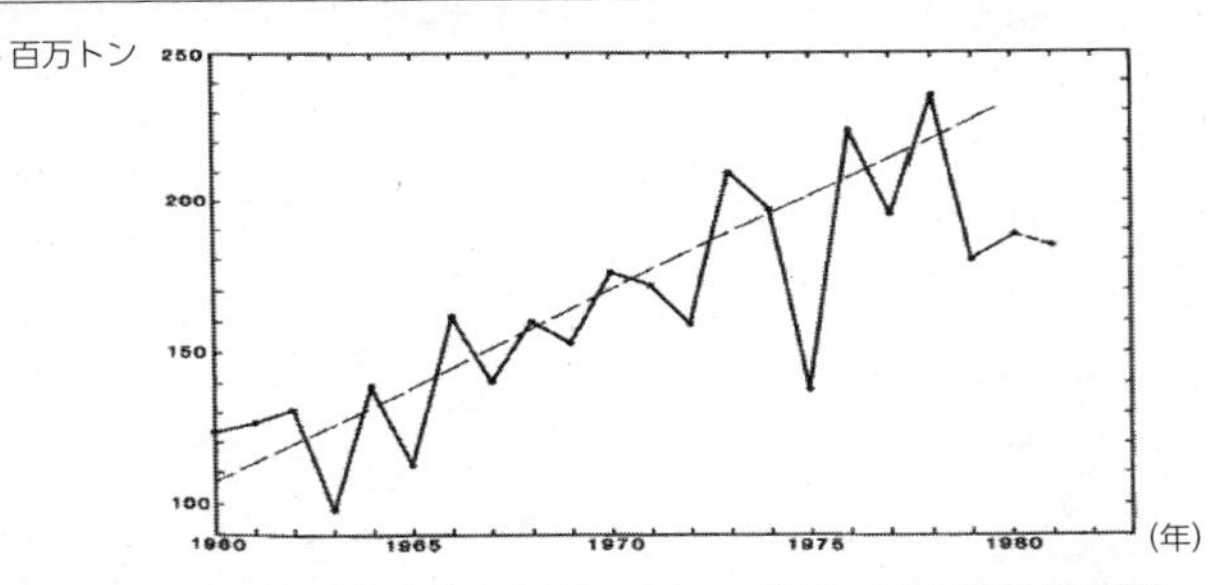

注：点線は耕作面積の拡大と生産性の向上から推定される生産量増加の傾向
出典：H.H.Lamb「Climate, History and Modern World」(1995)

部長であった一九六〇年代から、太平洋熱帯域の大気と風の循環を結びつける研究に着手した。一九六九年、エルニーニョのもたらす気象現象は、単なるペルー沖でのローカルなものではなく、熱帯地方のみならず地球規模での深刻な干ばつや洪水を引き起こす異常気象の原因ではないかとの仮説を発表した。そして、この論文で数年ごとに起きるこの現象を、エルニーニョ南方振動（ENSO：El Nino Southern Oscillation）と名づけた[14]。

ヤコブ・ビャークネスの仮説は当初、一部の人々を除いてほとんど関心を集めなかった。しかし、一九七二年から七三年に突如として全世界を襲った深刻な干ばつとそれに続く世界食糧危機により、状況は一変した。旧ソ連、北アフリカ、インド、オーストラリア、中国での破滅的な干ばつにより、世界全体の穀物生産量は一九四五年以降

図2-3　エルニーニョ監視海域における月平均海面水温の基準値との偏差（単位：℃）（上振れがエルニーニョ現象）

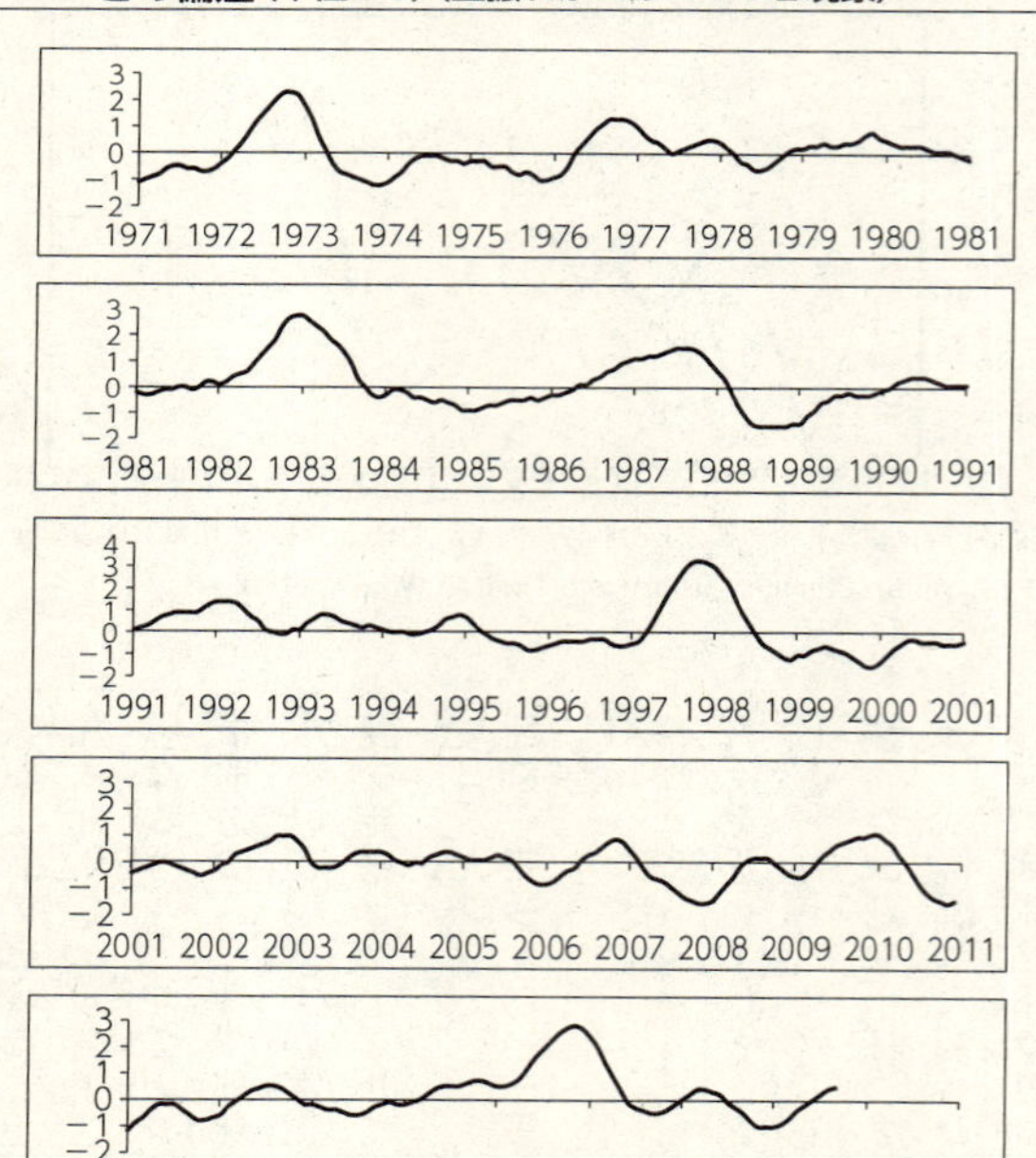

注：NINO.3偏差の５カ月移動平均値

出典：気象庁HP（http://www.data.jma.go.jp/gmd/cpd/data/elnino/index/nino3irm.html）

で初めて大きく落ち込んだ（図2－2）。旧ソ連は、米国の穀物メジャーを相手取って巧みに安値で穀物を大量に買いつけ、世界中が穀物不足に気づいたときには価格が急騰する事態となった。米国のニクソン政権は、大豆の輸出禁止を七〇日間実施し、対象国に日本も含まれていた。国際政治の世界で食糧安全保障（食糧安保）という概念が生まれたのも、このときからである。そして、世界食糧危機の原因となった干ばつについて、原因をエルニーニョ現象にあるとしたヤコブ・ビャークネスの仮説は、気象学や海洋学の研究テーマを超え、政治、社会、経済の分野でも一躍脚光を浴びることになった。

一九七〇年代以降、食糧危機をもたらす可能性のあるエルニーニョ現象の原因解明と予測のために、各国政府から研究予算が出された。太平洋の東部に、エルニーニョ監視地域として数多くのブイが設置され、海面水温を中心に観測網が整備されていくのである。エルニーニョ現象についての綿密な調査活動は、一九七三年の世界食糧危機に由来している（図2－3）。

エルニーニョ現象の発生頻度：温暖化すると増えるのか

エルニーニョ現象の発生を考える場合に注意しなければならないことは、二十世紀以降の地球温暖化と必ずしも関係しているわけではないという点だ。二十一世紀に入って以降でみて、二〇〇二年夏から二〇〇三年冬、二〇〇六年夏から二〇〇七年冬、二〇〇九年秋からの二〇一〇年春、二〇一二年の夏から冬、二〇一五年夏から二〇一六年春、二〇一八年以降と発生している。いかにも二十世紀後半の地球温暖化が、エルニーニョ現象の発生を急増させていると考えたくなる頻度だ（図2－3）。

ギルバート・ウォーカーは南方振動を発見した際、エルニーニョ現象のもたらした気圧変化と、ナイル川の水量を左右するエチオピア高原の降水量との関係に気づいていた。模式的にいうと、エルニーニョ現象が発生するとインド洋の南西モンスーンが弱くなり、同時に東方に移るため、アフリカ大陸を横切る熱帯収束帯は、エチオピア高原からより赤道側（南方）へと移動する。この結果、エチオピア高原の降水量が激減し、ナイル川の水量が細くなって洪水が発生しなくなる。この関係から、ナイル川の洪水の歴史をさかのぼることで、過去のエルニーニョ現象の発生頻度を推測することが可能となる。

オレゴン州立大学の海洋学者ウィリアム・クウィンは、ナイル川の洪水が少なくなる年の発生頻度を過去一五〇〇年にわたって調べた。クウィンの研究による洪水が少なくなる頻度は、六二二年から九九九年までの三七七年間では一〇二年と二八％であったのに対し、一〇〇〇年から一二九〇年の温暖な時代にはわずか八％に減少している。その後、気候が寒冷化に向う一二九一年から一五二二年に二二％と増加傾向に転じ、一六九四年から一八九九年には三五％に達している。一五〇〇年間を平均すると、洪水が少なくなる年の頻度は五年に一度であった[15]。

こうした古気候研究から、エルニーニョ現象の発生頻度は温暖な時代に減少し、寒冷な時代に増加する傾向があるとの推測が成り立つ。エルニーニョ現象に注目が集まったのが一九七〇年代半ば以降であり、同じ時期に地球全体の気温が上昇したことで温暖化と結びつける発想が生まれたもので、過去一五〇〇年間の発生頻度を振り返ると実際には温暖化で増加するという相関関係はみられない。

古代文明が生まれてから五〇〇〇年の間、人類はエルニーニョ現象による数年単位の気候変動にさらされてきているとみるべきであろう。強いエルニーニョ現象が人類社会や文明そのものにすら大きな影響を与えた点では、古代文明の混乱も二十世紀の世界食糧危機も同じであった。

2　メソポタミアの灌漑農業

天水農耕の行きづまりと都市の形成

五五〇〇年前頃に話を戻すと、地球規模での寒冷化はメソポタミアやエジプトの天候を乾燥化させた。気温が低くなると大気が保有できる水蒸気の総量が減り、海水から大気への水蒸気の蒸発が少なくなるため地球全体での降水量の総量は減少する。このため、一部の地域では厳しい干ばつが発生する。メソポタミア南部では、干ばつが周期的に起きるようになった。

ヤンガードリアス期以降に開始された耕作地は主に山麓沿いにあり、そこでは天水に頼る原始的な農耕が行われていた。雨水に頼る天水農耕は二五〇ミリメートル以上の年間降水量を必要とするため、干ばつに対しては極めて脆弱であり、気候変動が激しくなると広い地域で農業を行うことが困難になる。メソポタミア南部には七八〇〇年前以降、ウバイド文化とされる小さな定住地が点在していたが、周期的な干ばつにより人々はそれまでの農地を放棄し、大きな河川沿いの低地に集まるようになった。こうして、人口が集中した地域に町が形成されることとなる[16]。

五五〇〇年前頃、謎の民族とされるシュメール人が北方からユーフラテス川下流に移住している。彼らの用いたシュメール語は日本語の「てにをは」のような助詞（付属語）を持つ膠着語で、アッカド語などの現在のアラブ民族までつながるセム系の言語とは異なっており、北部インドや中央アジアにいた民族といわれる。ライアンとピットマンの仮説では、シュメール人の祖先は黒海東岸にいた人々であり、大洪水によりコーカサス山脈を越えて移民したと主張している（第1部第3章（4））。

シュメール人は周期的な干ばつに対処するため、ユーフラテス川沿いの平地に灌漑用水で水を引く農業を普及させていた。彼らは、厳しい干ばつのため周辺地域から棄農した難民が流れこむ状況に対応し、受け入れ側として灌漑施設を大規模化していった。秋から冬にかけて運河を掘り、新しい農地を開墾し、冬期には一カ月に一度の頻度で用水路を開放し農地を潤わせて春以降の農耕に備えた。この巨大な灌漑システムを維持するために、指導者や役人という役割が生まれた。

メソポタミアの古代都市ウルクには支配層が統治する階級社会が形成され、職人や商人といった職種も登場した。最古の楔形文字が刻まれた粘土板も、ウルクから出土したものだ。六平方キロメートルの土地に巨大な神殿が造られ、五万人から八万人の人々が住み着いた。人口規模や人口密度からみて、世界で最初に生まれた都市国家といえる。

経済力を示す収穫倍率

古代から中世にかけて、穀物の生産量こそが国力であった。一粒の種を撒き、翌年に何粒の種が取れるかという尺度を収穫倍率という。メソポタミアの沖積平野は非常に肥沃な土地で、高い農業生産性を維持しており、ギリシャ人の歴史家ヘロドトスはその著書『歴史』の中で、メソポタミアの収穫倍率が三〇〇倍であったと誇張して書いている。

京都大学の前川和也名誉教授の発掘調査による算出でも、ウルクに次いでメソポタミアを支配した四四〇〇年前頃のウルの初期王朝時代に、大麦の場合で収穫倍率は七六・一倍もあった。現在、この地域での収穫倍率は七倍から八倍程度に過ぎないことから、当時のメソポタミアがいかに肥沃な地であり、農業生産性が高かったかがうかがえる。中世ヨーロッパにおいて、一三一六年のブリテン島南部のウィンチェスターでは、この地が比較的農業に適していたにもかかわらず、収穫倍率は二倍しかなかった[17]。

ただし、砂漠の土地を削るように流れ大量の土砂を運ぶユーフラテス川は、石灰分が多いという難題があった。排水が十分でないと、水が蒸発した後に塩害が発生してしまうのである。塩害に対しては、灌漑用水をひとまず溜池に集めて塩分の多い泥流を沈殿させ、その後にクモの巣のように放射状水路で分散させるといった緻密な工夫が必要であった。このため、灌漑用水を維持するには、ますます莫大な労働力と水流の的確な制御が求められたのである。それでもメソポタミアの灌漑農業では、塩分に弱い小麦は最初からほとんど栽培されず、大麦やエンマ麦が中心であった。そして、次第に土壌の塩化が深刻になり、四二〇〇年前頃になると収穫倍率は三〇倍程度まで減少していった[18]。

3　北アフリカの砂漠化

変貌する緑のサハラ

今日、サハラといえばほとんどの生物が棲息できない究極の亜熱帯砂漠である。しかし、九〇〇〇年前から八〇〇〇年前にかけて、地中海沿岸からの移住が活発化し、狩猟採集を基本としつつ、食糧を安定化させるためにヒツジの牧畜が営まれていた。ところが、五五〇〇年前頃を過ぎると気候は急激に変わった。北大西洋の海底コアには、サハラから風により運ばれた塵が含まれている。この塵の量が六〇〇〇年前から五〇〇〇年前を画期として急増しており、サハラ西部の内陸部で乾燥化が進んだことがわかる。チャド湖の湖水位も五〇〇〇年前頃に標高三三〇メートルから二三〇メートルへと一気に低くなった[19]。

完新世の気候最適期以降、地球軌道が変化したことで北半球の年間日射量が減少し、熱帯収束帯の北端は赤道側に移動した。熱帯収束帯の上昇流は、ハドレー循環により、緯度にして二〇度ほど高緯度側で下降してくる（第1部第3章（3））。熱帯収束帯が赤道側に動いたことで、北アフリカの北緯一五度から二五度にかけての地域が上空の大気の下降流域となり、乾燥した亜熱帯高圧帯にあたることとなった。こうして森林から草原、草原から砂漠へと変わると、陸地の水蒸気保有量が少なくなり、降水量が減ることでさらに土地が乾燥するという、それまでと反対の水蒸気フィードバックも働く。

近年の地球温暖化によりサハラが砂漠化しているとの意見がある。しかし、サハラの砂漠化は、完新世の気候最適期以降に始まった寒冷化の中で非常に長い年月をかけて継続的に進んできたものだ。また、ヤンガードリアス期より以前の最終氷期では、サハラ一帯は現在よりも幅広い地域が砂漠化しており、サハラ砂漠の南限は北緯一〇度と現在よりも緯度にしておよそ五度南下し、同様に熱帯雨林の北限は北緯二度と現在よりも三度ほど赤道側に寄っていた。自然要因による気候変動の大きなサイクルの中で、サハラの地表は草原と砂漠を繰り返してきたのだ。

二十世紀以降のサハラ砂漠の拡大については、地球温暖化の影響というよりも、砂漠地帯の南側の草原地帯サヘルで牧畜民の人口が増加し、それにともなって数が増したヤギやヒツジが若芽も含めて草原地帯の植物を食べ尽くしていることが大きな原因と考えられる。開墾も土地の砂漠化の一因である。農地の場合、熱帯雨林や草原に比べて水蒸気を保有する量が少ないため、乾燥化が進む。「鍬を入れると、干ばつがやってくる」といわれるゆえんだ。[20]

エジプトでは、四九〇〇年前頃にゾウやキリンは稀少動物となり、四六〇〇年前頃にサイとともにエジプトから姿を消していった。もともと赤道を挟んでアフリカ中央部に棲息していた動物が草原を越えてアフリカ北部まで渡ってきたのであり、サハラの砂漠化によりその経路は遮断されてしまった。第二次ポエニ戦争でハンニバルがアルプスを越える際に乗ったゾウは、アルジェリアの海岸沿いに隔絶された種としてわずかに生き残っていたものである。北アフリカのゾウは三世紀に絶滅する。[20]

サハラが究極的に乾燥した世界となるのは、比較的新しく一五〇〇年前頃からだ。主流のワジは三〇〇〇年前から二〇〇〇年前までは残っており、人工衛星でサハラ砂漠を撮影すると、古代に作られた灌漑用水が砂の下から浮かび上がってくる。現在のようなサハラの究極的な砂漠化は、けっして先史時代から続いているものではない。[21]

サハラの牧畜民はどこに向かったのか

今日、サハラ砂漠はモロッコからエジプトまで広がっている。その一部として、ナイル川の東側を東方砂漠、西側のリビアまでを西方砂漠という。九〇〇〇年前以降、西方砂漠の地も大草原が広がっていた。ナイル川の支流が流れ込むファイユーム低地ではこの時代から農業が行われていたものの、エジプトのほとんどの人々はヤギ、ヒツジを中心に飼育する牧畜生活を送っていた。牛も限定的に飼育していた。これらの家畜はアジア南西部から東方砂漠を経て持ち込まれたものだ。

牧畜民の拠点を時系列で追いかけると、熱帯収束帯が低緯度側に動くことに合わせて移住しているのがわかる。八〇〇〇年前頃に北緯二八度から北緯二五度に位置するアブ・ムハリクやグレート・サンド・シーが拠点であったのに対し、七〇〇〇年前頃になると北緯二四度から北緯二二度のアブ・バラスやギルフ・ケビール一帯へと南下する。その後、六〇〇〇年前を過ぎるとアブ・バラス以北ではわずかなオアシスを除いて牧畜民の遺跡はまったく見られなくなり、スーダン北部のセリマ砂漠やさらに南に下ったワジ・ホワールに移っていく。そして、五五〇〇年前以降になると、ナイル川沿いに遺跡が集中していった[23]（図2－4）。

西方砂漠の牧畜民はナイル川周辺で定住を始め、川沿いの地で牧畜を放棄し、生活基盤を農業へと転換していった。ナイル川の氾濫によりできた平原は、農業を行うには絶好の

図2-4　エジプトの遺跡の推移

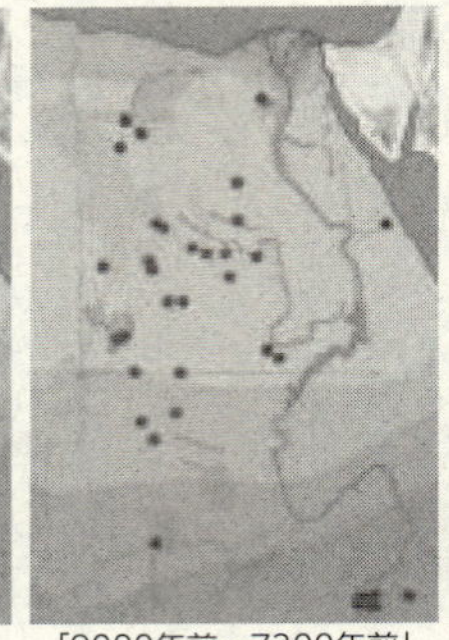

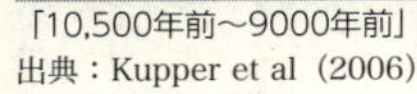

「10,500年前〜9000年前」　「9000年前〜7300年前」　「7300年前〜5500年前」
出典：Kupper et al（2006）

地であったのだ。

エジプトではナイル川の中流に上エジプト、下流に下エジプトという二つの支配グループが形成された。五一五〇年前頃、上エジプトのナルメル王が下エジプトまで支配し、エジプト第一王朝を創始した。サハラからの人口流入はナイル川中流の方が多かったとみられ、恐らく上エジプトが国力で下エジプトを上回ったのであろう。上エジプトは下エジプトを平和の中で併呑したのか、それとも武力で打倒したのか定かでない。しかし、上エジプトの首都ヒエロコンポリスで発見された「ナルメルのパレット」には、ファラオとなった大きな姿の国王が敵の髪の毛を握ってこん棒で殴りかかる姿が描かれ、裏面には首のない死体が並んでいる。激しい戦闘があったことを暗示させるものだ。

古代エジプトの王政を支えた信仰は牧畜民の

思想から継承されたものであろう。「ナルメルのパレット」に描かれた王は雄牛の尾をつけ、羊飼いが家畜を追う杖を手にしている。また、「雄牛のパレット」には大きな雄牛が人を組み敷いた絵が刻まれている。

4　集団生活の代償

低下する身長

一万年前頃、世界の総人口は一〇〇〇万人しかいなかったと推測され、その増加率も年間〇・〇〇一五％とごくわずかであった。メソポタミアとエジプトで文明が勃興した五〇〇〇年前になると人口増加率は毎年〇・一％へと上昇し、総人口も二〇〇〇万人と倍増した。集団で暮らし、農業生産を行うことで食糧を確保し、増加した人口を維持することが可能になったためである。ただし、一人ひとりの人間にとって、農耕生活は狩猟採集生活と比較して、必ずしもいいことばかりではなかった。栄養不足、疫病、凶作、そして社会の不平等化を招くことになったからだ。ここでは、栄養不足と疫病について触れたい[24][25]。

まず、食糧が小麦やコメなどの二、三の穀物に限定されるようになると、ミネラルやビタミンの欠乏が恒常的となり、栄養バランスの面ではマイナスの影響が出た。地中海東部沿岸の人々の身長推移でみてみたい。最終氷期最寒冷期の旧石器時代において、成人男子の平均身長は約一七七センチ、成人女性は約一六六センチあり、ヤンガードリアス期の中石器時代では成人男子の身長は約一七三センチ、成人女子は一六〇センチを少し下回る程度であった。ところが農業を開始する新石器時代に入ると、成人男子が一七〇センチを若干下回るほど顕著に下がり、成人女子も約一五六センチへと低下した。さらに五五〇〇年前頃に始まる青銅器時代の初期となると、成人男子は約一六二センチ、成人女子は約一五四センチまで下がった。その後は若干持ち直し、成人男子が一七〇センチ前後、成人女子が一五〇センチ台後半で近世まで至っている[26]。

ヨーロッパ人といっても当時の体格は、現代のアジア人並みであった。欧州人の身長が高くなるのは一九世紀後半以降で、産業革命を経て食生活が豊かになったことと歩調を合わせている。そして、二十世紀後半以降、アジア人の身長も同じ道をたどっている。ただし、単に摂取する栄養の違いだけでなく、集団生活で分業が進んだことで誰もが同じような労働をする必要がない社会環境になり、体格が劣っていても子孫を残せるようになった要因もあげられよう。

牧畜による疫病

農耕に次いで牧畜も一万年前頃に開始された。そして、家畜と密接した生活は、伝染病の被害を引き起こした。家畜の病原体から変異した伝染病は三〇〇を超え、その過半はイヌ、ヤギ、ヒツジからのものである。人間は、イヌと六五種類、ウシとは五五種類、ヒツジと四六種類、そしてブタと四二種類の病気を共有している。代表的なものとして、天然痘、結核、ジフテリアはウシに由来し、はしかは犬のジステンパーが突然変異したもの、ハンセン病もスイギュウが持っていたウィルスが原種である。インフルエンザは水鳥の腸内にいたウィルスがニワトリやブタを経由して人間に伝染するもので、近年でも東南アジアを中心に型を変えて流行している[27]。

最終氷期に海上に浮き上がったベーリンジアを通ってアメリカ大陸に渡ったアメリカ先住民の社会では、家畜化した動物はラマとアルパカに限られていた。このため、彼らは家畜由来の伝染病に対する免疫力が極めて脆弱であった。一四九二年のコロンブス以降、大西洋を船で渡ったヨーロッパ人と接すると、天然痘、インフルエンザ、はしかの大流行により人口が激減してしまう。

カリフォルニア大学バークレー校のクックとボラーの研究によれば、インカ帝国では、一五一八年に二五〇〇万人と推定された人口が一五六八年には五分の一に減少し、一六二三年には二〇〇万人になったという。アメリカ大陸での先住民の人口減少は、ヨーロッパ人の鉄砲による虐殺ではなく、彼らが持ってきた疫病によるものだ[28]。

戦争の起源

集団生活により、グループ間での戦争も始まった。最終氷期の洞窟壁画に戦争が描かれたものはなく、この時代の遺跡からも戦争の痕跡はほとんど見当たらない。人口密度が低く、集団間の摩擦が起きなかったためだろう。

一万四五〇〇年前から一万二〇〇〇年前のナトゥフの遺跡から数百の人骨が発掘されているが、このうち外傷があるものはわずか二体だけであり、戦争による損傷と思われるものは皆無であった。一方、ナトゥフ文化と同じ時期とされるエジプトの墓地の遺跡から発掘された人骨には、その数の半分で暴力を受けた跡がみつかっており、スーダンのジャバル・サババ一一七遺跡では、五八体の人骨の中の二三体で石器が突き刺さっていた。最終氷期から温暖な気候に変わる中で、川の水位が上昇したため、残ったわずかな土地をめぐっての奪い合いによるものと考えられている[29]。

ヨーロッパでは、スペイン北東部にある一万二〇〇〇年前頃のモレリャ・ラ・ベリャ遺跡で弓矢を持った三四人の戦闘が描かれた壁画が発見されており、狩猟の道具が武器に変わっていったことを示す証拠として注目される。狩猟採集生活を送る中で次第に定住性が高くなると、縄張り争いが勃発しはじめた。ヨーロッパでの具体的な戦闘の最古の例は、七五〇〇年前頃のスウェーデン南部のスケートホルム遺跡から発掘さたもので、頭や腕の左側の損傷が激しいことから、戦闘相手が右手で握っていた棍棒で殴られたと見当がつく。

スカンジナビア氷床の融解によって現在の北海となった場所の近縁であり、海面上昇により狩猟採取に適した陸地の減少したことが、人口増加と相まって、土地争いの激化を招いたためと推測される。[30]

メソポタミアでは、七〇〇〇年前以前のテル・エス・サワン遺跡で周囲に濠が掘られ、チョガ・マミ遺跡には城壁と灌漑用水路らしき溝がある。濠や城壁は外敵の侵入からの防御目的として作られたと考えられ、すでに灌漑農耕に適した土地をめぐる戦争が起きていたと推測される。

四五〇〇年前頃になると、メソポタミアもエジプトも都市国家が大きくなり、強い王権が確立していった。異民族の侵入のない安定した統一国家であったエジプトでは、三大ピラミッドを中心に巨大建造物に国力を傾けていくのに対して、メソポタミアのシュメール王朝では都市国家が分立し、戦争が絶えなかった。キッシュとラガシュは、領土をめぐって二〇〇年にわたって対峙した。また、ウンマとラガシュの間では、ウンマがラガシュから借りた大麦の利子が膨れ上がり、返済できなくなったことが原因となって戦争に発展している。[31]

第2章
繰り返される寒冷化、突然の干ばつ

五五〇〇年前頃に始まるおよそ四〇〇〇年間の寒冷期が到来して以降、長い時間軸でみると地球の気候は温暖な時代のピークを過ぎ寒冷化していった。平均気温が長期的に低下していく傾向にあって、七〇〇年から八〇〇年に一度の頻度で百年単位の極端な寒冷化が繰り返し起き、地域によっては深刻な干ばつに見舞われるようになる。

一九八六年、エジプト人の考古学者フェクリ・ハッサンが、過去一万年間のナイル川のファイユーム低地にあるモエリス湖の水位の変動を発表した際、歴史学者はその変動曲線がエジプト王朝の盛衰と時期が一致していることに驚いた。水位が低下すると王朝は混乱し、新しい王朝に変わっていたのだ。[1]

古代エジプトの王朝だけではない。気候の変化は、農耕生活を営むあらゆる定住民族の生活や文明の統治に大きな影響を与え、内陸の草原地帯に住んでいた民族の大移動を誘発した。そして寒冷化するごとに、隆盛を誇っていた大国ですら短期間に滅亡していった。

- 四二〇〇年前から四〇〇〇年前にかけて、メソポタミアのシュメール文明を滅亡させ、エジプトで古王国から第一中間期とよばれる混乱が起きた背景に何があったか
- 三二〇〇年前から三〇〇〇年前の間、ミケーネ文明やヒッタイトが崩壊し、東アジアでは殷から周への王朝交代が起きたきっかけは何か
- 二八〇〇年前の寒冷化を契機にした民族の大移動は、人類の精神世界をどのように変えていったか

この章ではこれらのテーマを扱っていきたい。さらに、日本の縄文文化から弥生文化にかけての変遷にも目を向ける。縄文文化の変容も、世界史の動きと歩調を合わせたものであった。

1　四二〇〇年前から四〇〇〇年前：シュメール王朝とエジプト古王国の崩壊

地球規模での大気海洋循環の異変

四二〇〇年前頃から二〇〇〇年間、地球規模で気候のあり方に異変があった。低緯度から高緯度へ大気が流れるハドレー循環が変わり、海洋と大陸の間を季節的に吹くモンスーンが弱くなった。そして、世界各地で人々は寒冷化や乾燥化と苦闘することになる。

メソポタミアでは乾燥化が顕著であった。オマーン湾の海底堆積物を調べると、四一九四年前から三八二六年前までの間、ドロマイト（苦灰石）の含有量が極端に多く、風によって乾燥した土地のドロマイトが舞い上がり、海上まで運ばれたことが示されている。死海の湖面水位も、この時期に一気に一〇〇メートル低下した[2]。

エジプトでも同様で、ナイル川の水量はスーダンのハルツームやエジプトのデルタ地帯の堆積物から水量の激減が確認できる[3][4]。

インドではモンスーンの吹き方が変わった。東部のガンジス川とブラフマプトラ川、西部のインダス川の水量が減少し、一方でインド亜大陸西岸の西ガーツ山脈一帯で降水量は上昇した。モヘンジョ・ダロ遺跡は四二〇〇年前頃の干ばつ以降に放棄され、ハラッパ文明は三九五〇年前頃に地方へ分散化していった[5]。

中国では黄河上流に位置する黄土高原西部の堆積物に含まれる有機物や花粉から、四〇九〇年前頃から三六〇〇年前頃にかけて降水量が減少したことがわかる[6]。

米国西部のホワイトマウンテン山脈のブリストルコールパインの生育限界は五〇〇〇年前頃と比較して四二〇九年前から四一三九年前の間に六五メートルほど急激に下がっており、これは平均気温にして〇・六度の低下を意味するものだ[7]。

南米大陸のチリの近海の海底堆積物から偏西風が低緯度側にシフトし、この結果チリ南部が乾燥化する一方で北部が湿潤になるという変化が起きた[8]。

図2-5　繰り返される寒冷化と干ばつ

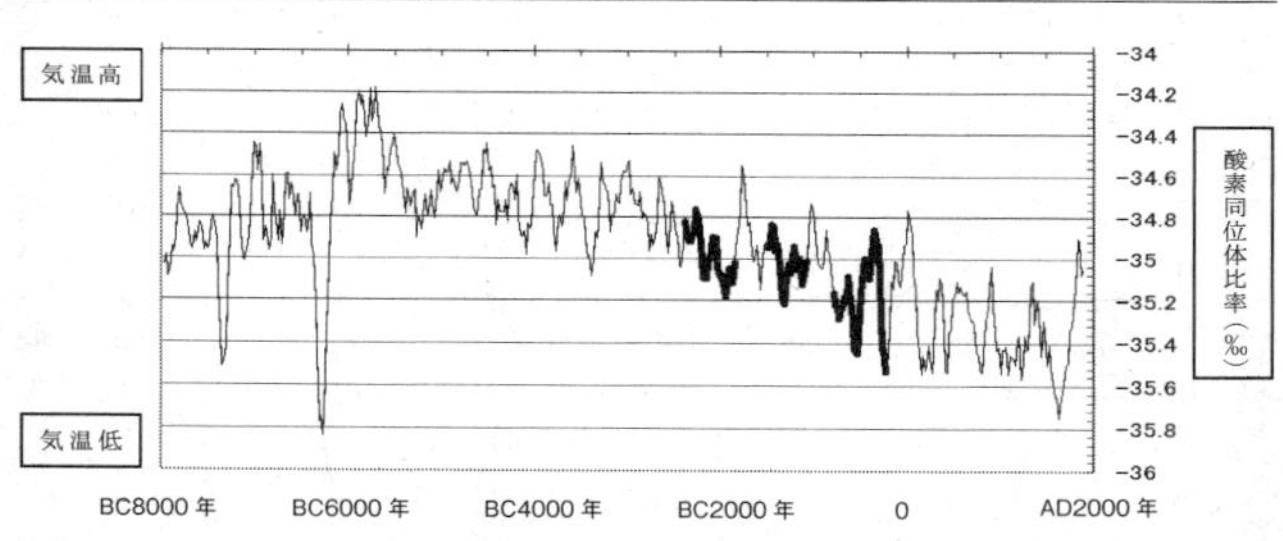

出典：Greenland Ice Core Chronology 2005（GICC05）

ペルー北部のアンデス山脈の氷河にある氷床コアに含まれる砂塵の量はこの時代に突出しており、この地で干ばつがあったことを物語る。南米大陸高原の干ばつがエルニーニョ現象発生時に顕著となることから、当時、強いエルニーニョ現象が何年も続いたとの説が有力だ。このエルニーニョ現象がテレコネクションといって離れた地域の気象状況にも影響を及ぼし、インド洋の南西モンスーンを弱めるなど、世界各地の湿潤な地域や乾燥した地域の分布を変えたのかもしれない[9]。

干ばつに襲われるメソポタミア

メソポタミアのアッカド帝国にとって、長期の干ばつは致命的だった。メソポタミアの北東、ユーフラテス川支流のハブール川沿いに作られたテル・レイランは、巨大な城壁に囲まれ、アッカド帝国の中で三大都市のひとつであった。ところが、四一七〇年前（±一五〇年）に突然放棄されている。その後の人の形跡のみられない地層には、砂塵が厚く積もっており、気候の激変があったことがうかがえる。テル・レイランに再び人が住むようになるのは、気候が湿潤に戻る三〇〇年後である。テル・レイランだけでなく、チグリス・ユーフラテス川の上中流域にあたる現在のイラク北部からトルコにかけて、七四％の居住地は放棄され、居住面積でみると九三％減少しており、人々は川の下流にあたる南部に移住していったと考えられている[10]。

アッカドでは穀物の配給制が開始され、ウルの場合、統治者は穀物配給量を大幅に削減する決断をしたとの記録が残っている。灌漑用水の利用と穀物の簒奪をめぐって、シュメールの都市間では戦争が熾烈を極めていき、同時に異民族グティ人の侵入にさらされた。グティ人の侵入は、気候変動が民族の移動を誘発したもので、民族移動はその後も歴史を変える原動力になる。

アッカド王朝は長い城壁を造って異民族や隣国の進入に備えたものの、十年の抗争の末に打ち破られた。シュメール王名表では「誰が王で、誰が王でなかったかは定かでない」と記録されている。混乱は紀元前二一一二年にウル・ナンムがシュメール人最後の帝国であるウル第三王朝を築くまで、一〇〇年間続いた。

ウル第三王朝の時代も短かった。紀元前二〇二八年以降になると、飢饉が続いたために穀物価格が六〇倍に高騰した。そして、最後の王イッビ・シンは将軍イシュビ・エラに叛旗を翻され、紀元前二〇〇四年に近郊国エラムに捕らえられ、ウル第三王朝は滅亡する。日常語はシュメール語からアッカド語に変わり、セム語族の文化へと変わっていった。シュメール語は、中世のラテン語のように権威ある言葉として、紀元前一八〇〇年頃には王碑文、王賛歌、そして学校で用いられるだけとなっていった[11]。

食材の禁忌の始まり

食材の禁忌は、この時期の南西アジアに端を発している。ブタは日焼けするために日陰で飼育せねばならず、乾燥化していく気候の中、メソポタミアやエジプトでは家畜として理想的なものではなくなった。食用となる乳を作らず、人が背中に乗ることもできず、農機具の牽引もできない。その上、豚コレラやせん毛虫といった人間が感染する伝染病を持っているといった欠点が浮かび上がったのである。

ブタの家畜化は八〇〇〇年前頃の南西アジアで始まり、四九〇〇年前頃には家畜の中の二〇%から三〇%を占めていたことが、遺跡から出土する骨からわかる。ところが、四四〇〇年前以降になると、メソポタミアのほとんどの地域やエジプトで宗教的に禁止されるようになった。宗教的な禁忌の由来が、干ばつの到来という気候変動にあったと考えると興味深い[12][13]。

それでは、インドでの牛肉の禁忌はどういう歴史をたどったのか。時代を先走るが、三〇〇〇年前頃まで北インドでは牛肉は食用とされていた。しかし、ウシを飼育するために穀物を使わなければならないため、人間が食べるかウシの飼料にするかで食糧を取り合ってしまう。このため、牛肉のコストが上昇し、ウシは農耕での使役用とされて食肉とはしなくなっていった。

ただし、ブラーマンやクシャトリアなどの特権階級は例外としてウシを食べ続けた。その後、仏教やジャイナ教が禁止を唱え、紀元前二五七年にアショカ王の決断により特権階級であっても牛肉食が禁止となった。仏教にとって代わるヒンドゥー教も、「神は肉を食べない」とのアショカ王の判断を踏襲し、現在に至っている[14]。

ナイル川の三つの水源

安定した統一国家であるエジプト古王国も、このときの干ばつで深刻な事態に陥っていった。ナイル川は世界最大の長さを持ち、豊富な水量をたたえている。とはいえ、下流にあたるエジプトはもともと乾燥した地域であり、今も昔も洪水を起こす河川の水量は上流の降水量に依存している。

水源は三つあり、エチオピア高原を源流とする青ナイルからのものが総水量のおよそ六〇%、青ナイルより北側にあり下流でナイル川に合流するアタバラ川が一〇%、そしてスーダンを経てビクトリア湖までたどり着く白ナイルが三〇%である。ビクトリア湖にまで至る距離の長い白ナイルの流域よりも、熱帯収束帯に位置し、降水量が多いエチオピア高原の方が下流の水量を供給するという面では重要であり、ナイル川下流の洪水はエチオピア高原に降る熱帯性の豪雨に依存している[15]。

このメカニズムは、ヤンガードリアス期以降続いている。最終氷期にはビクトリア湖の水位は現在よりも二六メートルも低かったため、湖水はナイル川に流出していなかった。エチオピア高原の降水量も少なく、このためナイル川中流の渓谷沿いの水位は現在よりも三〇メートルも低い状態にあった。ヤンガードリアス期に続く完新世の気候最適期にナイル川の水量は増加していき、七〇〇〇年前頃に河口での洪水は最大になり、その後に水量は減少した。モエリス湖などの水位は、五五〇〇年前以降にサハラが砂漠化する過程で低下していき、下流域の洪水も五〇〇〇年前頃になると気候最適期と比べて二五%から三〇%ほど規模が小さくなった。そして、四二〇〇年前や三三〇〇年前のように、一〇〇年単位で水位が急減する時期が訪れるようになる。

ナイル川の洪水は、エジプトの農業にとって天然の灌漑用水であった。中流にかけての川原は、毎年七月から九月の間、一メートルから二メートルほどの高さでナイル川本流から溢れる水で満たされる。そして水が引く九月末まで、乾いた土地に水や栄養が流れこむことで、生産性の高い農地が維持された。エジプトは、ユーフラテス川の水質からシュメール人が悩まされ続けた土壌の塩化とは無縁であった。古代エジプトの農業生産性は一八世紀のフランスよりも高い水準にあり、ヘロドトスが著書『歴史』に書いたように、「エジプトはナイルの賜物」であったのである。

一九八〇年に建設されたアスワンハイ・ダムが泥土をせき止めたことを境にして、六〇〇〇年間続いた農業様式が化学肥料を多用するものへと変わった。そして、ナイル川下流域で塩害が発生するようになったことは皮肉といえよう。ともあれ、エルニーニョ現象が発生し洪水の規模が小さくなると、エジプト農業が大打撃を受けるという事態は、ピラミッドの時代から変わらなかった。

ファラオの失墜

古代のエジプト人も、ナイル川の洪水が自分たちの生命線を握っていることに気づいていた。ファラオが洪水を管理するという世界観は、古王朝よりもさらにさかのぼる先王朝時代の杖頭に彫られた人物像にもみてとれる。スコーピオン王が鍬を手に持って灌漑水路を開く姿が刻まれており、ナイル川の洪水のコントロールが、王国設立当初からファラオの重要な責務であったことを示している。古王国のファラオとは、神として洪水をコントロールできる魔法の力があるとして崇めたてられただけでなく、毎年の洪水を発生させ、その時期を民衆に知らしめる存在でもあった。

実際は、天体観測により太陽暦（シリウス・ナイル暦）を作り、太陽とシリウスが同時に昇る頃にナイル川の氾濫が起きると予測し、毎年の洪水による水位の上昇をニロメーターとよばれる水位計で記録することにより、氾濫の規模まで推定していた。平年であれば予想どおりの時期と規模で洪水が発生したため、民衆はファラオの偉大な力とみなしたのである[16]。

ところが四二〇〇年前頃の干ばつでは、ファラオの予言どおりには洪水が発生しなかった。エジプトは深刻な飢饉に苦しみ、「誰もが自分の子供を食べた」と記録に残っている。民衆はファラオの聖なる力に対して疑問を抱くようになり、大規模な暴動へと発展した。四〇〇〇年前にはクフ王がギザの大ピラミッドを建造させ、壮大な墳墓はペピ二世の時代まで続いた古王国であったが、彼の死去とともに紀元前二一八四年に突然滅亡してしまう。ファラオがナイル川をコントロールしたのではなく、ナイル川の洪水を変動させるエルニーニョ現象が、ファラオの神性をコントロールしていたのであった[17](図2－6)。

その後、ナイル川沿いの細長い王国では、第一中間期とよばれる分裂状態が二〇〇年以上続いた。王都メンフィスは混乱し、最初の三〇年間はまったくの無政府状態であった。その後、各地で州候とよばれる実力者が割拠する時代となる。聖なる王権が否定されたため、飢えた庶民は王墓の盗掘すら行うようになるなど、金目のものだけに価値を求めるようになった。第一中間期の彫刻は、写実的なものばかりといわれており、極端に実利的な時代であったことを象徴している[18]。

図2-6　ナイル川の水量変化（ストロンチウム同位体比による）

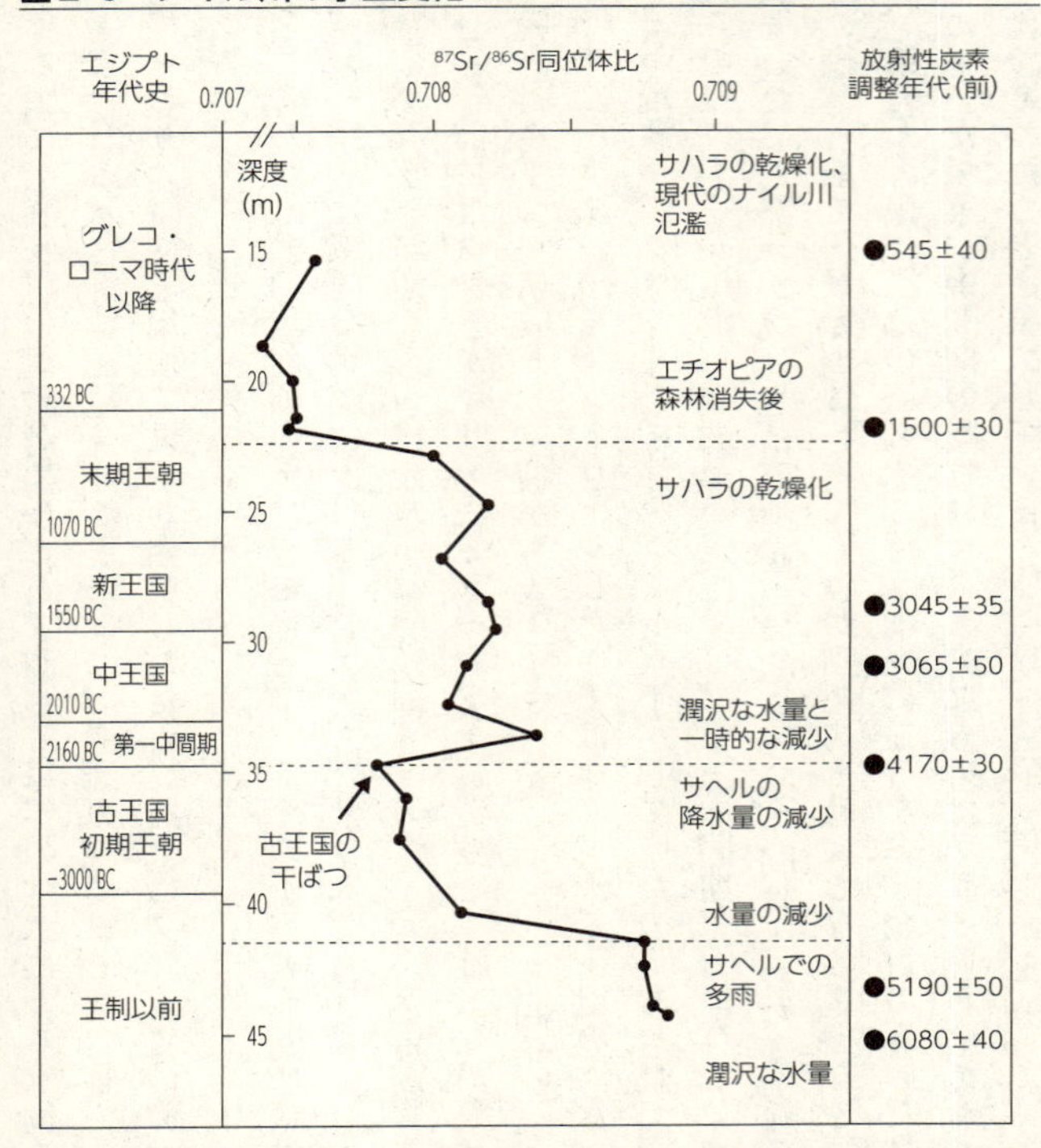

出典：Stanley et al (2003)：Nile Flow Failure at the End of the Old Kingdom, Egypt: Strontium Isotopic and Petrologic Evidence. *Geoarcheology* 18 395-402

2　三二〇〇年前から三〇〇〇年前：アジア東西での帝国の滅亡

ミノア文明を滅亡させた火山噴火

三七〇〇年前から三六〇〇年前の間に、エーゲ海キクラデス諸島にあるサントリーニ島で巨大火山の噴火があった。アメリカ西部のブリストルコーンパインの年輪幅で三六二八年前から三六二六年が狭く、アイルランドのオークの年輪幅では三六二〇年前が最も狭い。また、グリーンランドの氷床コアによる火山灰のデータでは、噴火年を三六六九年前、三六四二年前、三六二三年前あたりと推定される。噴火規模は過去一万年で三本の指に入る大きさで、テフラ（火山灰、火砕流などの噴出量）の総量は九九立方キロメートルと一八一五年のタンボラ火山の三分の二、二十世紀最大の噴火である一九九一年のピナトゥボ火山の九倍に相当したと考えられている。

現在、衛星写真からみるサントリーニ島は三日月型の形状をしており、海底に没した噴火口の大きさは、東西六キロメートル、南北八キロメートルという大きさを知ることができる。地質学調査では、カルデラ状の島弧全体がかつては巨大な火山島であったことがわかっている。

直接的な影響を受けたのが、クレタ島のミノア文明だ。ミノア文明はエーゲ海文明の一つとして位置づけられ、紀元前一九〇〇年頃から繁栄をとげていた。青銅器や土器は芸術性が高いとされ、クノッソスの宮殿には世界最初の水洗トイレも設置されていた。主たる経済活動はアナトリア、キプロス、メソポタミアといった地中海東部との交易であった。

島内の資源が限られていたことから、木材や黒曜石などの原材料は輸入に頼っていた。海外交通の面では、ギリシャ本土との中継地点として、サントリーニ島にあった植民都市アクロティリがミノア文明にとって重要拠点であった。

サントリーニ島の巨大噴火に際し、クレタ島は東南東に一〇〇キロメートルと近距離にあることから巨大津波が到来した。島東部の港町パレカストロは、海洋国家として重要な拠点で、町の規模は宮殿のあるクノッソスよりも大きかった。商船のみならず洋上交通を確保するための軍船もこの港に置かれていたと考えられる。津波に流されたためか、パレカストロを含めて海岸沿いの町には城壁は残っていない。この時、ミノア文明の力の根源であった海軍力のほとんどを喪失したであろう。もちろん、サントリーニ島の植民都市アクロティリは姿を消した。

パレカストロが壊滅的な被害を受けアクロティリを失ったことで、ミノア文明の社会は変容していった。噴火による津波から数世代経つと、ミケーネ系のギリシャ人が島を支配する。もともと多神教の文明であったが、噴火後にそれまでと違う寺院が建てられ、新しい宗教的なデザインが描かれており、宗教の変化があったようだ。ミノア文明の土器の文様がイルカ、タコ、海など海をモチーフにするものが増加している点も、住民の心の有り様の変化を示唆するものだ[19]。

クレタ島で用いられてきた文字は、線文字Aからギリシャ語へとつながる線文字Bへと変わった。線文字Bは一九五〇年に英国人のマイケル・ヴェントリスによって解読された。しかし、サントリーニ島噴火時に用いられていた線文字Aについては今日でも未解読であり、巨大火山噴火についての文献記録を知ることはできない。地震と津波による大災害というイメージは、プラトンによる『クリティアス』でのアトランティス大陸の伝説へと引き継がれたのかもしれない。

気候変化に気づかなかったミケーネ文明

三三〇〇年前頃を過ぎると、地中海から南西アジアにかけての気候が変わった。キプロス島やシリアの海岸で乾燥化傾向がみられる。地中海東部の海面水温が低下し、大気中の水蒸気量が減少したことで、降水量が減少したためだ。レヴァント地方では三二五〇年前頃から三一〇〇年前頃にかけて干ばつが発生して農業が不作となり、牧畜のための草原も縮小していった。この結果、都市は人口を維持できなくなり、地方へと移住が行われていった[20][21][22]。

木馬で名高いトロイア戦争は、三二〇〇年前頃に実際にペルシャとギリシャの間で起きた戦争だが、ヘロドトスの著書『歴史』には、戦争の後に飢饉と伝染病が発生し、多くの土地で人が住めなくなったとあり、干ばつの発生を思わせる。

　気候の変動が地中海世界に影響を与えたことを最初に提唱したのは、気候学についてはたく門外漢であった米国人のリース・カーペンターであった。古代ギリシャ美術が専門であったカーペンターは、一九六六年に“Discontinuity in Greek Civilization”（『ギリシャ文明の断絶』）を出版し、気候の変化がミケーネ文明を崩壊させ、民族移動を促したのではないかとの仮説を発表した。この年に七六歳であったカーペンターは、古代ギリシャ文字を用いて授業を行い、ソクラテスの指導法をまね、教師が一方的に説明するのではなく学生に回答を導き出させるといった対話型の講義を行うなど、当時としては風変わりな学者として知られていた。一方で、他人の見解に耳を貸さない変わり者とみなされる面もあったようで、彼の主張は当初、気候学者から相手にされなかった。しかし、湖沼コアに含まれる酸素同位体を用いた気温分析を行うと、気温と湿度の急激な変化のあったことが明らかにされ、彼の仮説は次第に専門家の間で注目を集めていった[23]。

　今日、ギリシャというとアクロポリスを代表とする白い大理石の神殿があり、その周辺地帯は樹木がまばらなはげ山ばかりといった光景を想像する。しかし、完新世の気候最適期以降には、豊かな森林が繁っていたのである。最終氷期の時代にはヨモギを中心とする草原であったギリシャの地に、一万三〇〇〇年前頃からマツやカシの森林が拡大し、棲息する動物もロバやアイベックスといった大型草食動物から森林を好むイノシシやアカジカへと変わっていた。ミケーネ文化はこうした豊かな森林の中で繁栄していた[24]。

三五〇〇年前以降、この地の乾燥化は進んでいったのだが、当時の人々は気候の変化に気づかなかった。周辺にある森林の伐採を続け、ミケーネ文明が隆盛を極める頃になると、森林資源が減少し、木材消費を補うためにトルコ西岸から輸入するようになる。『イリアス』第二歌四九四―七五九には、ミケーネの艦船の保有数が記載されており、ミケーネ市単独で一二〇人前後の兵士の乗る軍船一〇〇隻、周辺都市のティリンスで八〇隻、ピュロスで九〇隻とあり、ミケーネ文明全体での軍船合計は一一八六隻とある。これらの軍船の建造のために、大量の木材を必要としたのである。そして、森林伐採の進行とともに土壌が流出し、土地は急激にやせていった。線文字Bで書かれた「ピュロス文書」に、土地の荒廃が記録されている[25]。

三二〇〇年前頃、ミケーネ文化の拠点であるミケーネ、ティリンス、ピュロスで宮殿や城塞が炎上し、都市は放棄された。ミケーネ文明の崩壊は長い間、異民族であるドーリア人による侵略が原因と歴史書には書かれてきた。しかしその証拠は発見できず、現在では深刻な干ばつの発生による内部崩壊説が有力視されている。

ギリシャの丘に広がるはげ山は、古代人の森林伐採による自然破壊として紹介されることが多い。けれども、気候の変化が文明の危機をもたらした面も大きかった。後世、アリストテレスはミケーネの地はかつて湿気が多かったが、現在は乾燥していると記述している。気候の変化に気づかず、目の前にある自然資源が貴重であることを忘れ、ミケーネ人は自滅していったといえる。

崩壊したミケーネ文明後の空白の地域に移住してきたのがドーリア人である。彼らは、ミケーネ文明とギリシャ文明に挟まれた暗黒時代とよばれる頃から、森林伐採後のはげ山に適した農作物として、オリーブを植えていった。こうして、今日に続くギリシャでの主要な農業が生まれたのだが、かつての鬱蒼とした森林が回復することは二度となかった。

世界最古の大戦争：ヒッタイト対エジプト

ボスポラス海峡を挟んだミケーネ文明の東側、小アジアのアナトリア高原にあったヒッタイトも、気候変動により大きな打撃を受けた。鉄の精製を発明したヒッタイトは、軍事帝国であったものの、食糧をシリアやエジプトなど他国からの輸入に依存していたため、地中海東部の干ばつにより輸出国の生産量が減ると、他国に先んじて影響が深刻化した。もともと軍事国家であるだけに食糧を求めて軍を南下させ、シリア北部を支配し、エジプト新王国と国境を接することになる。

紀元前一二七四年、両国の間でカデシュの戦いが勃発した。ヒッタイトのムワタリが総動員令をかけて兵士四万人と戦車三七〇〇両を集結させたのに対し、エジプトのラムセス二世は兵士二万人と戦車二〇〇〇両で立ち向かう大軍同士の衝突であった。この戦争は、戦闘経緯が後世に残る最古の大戦争としても有名である。ヒッタイト、エジプト双方とも、自国の碑文には勝利したと刻んでいるが、実際は引き分けといったところだろう。ラムセス二世はシリア北部のヒッタイトの領土を攻略できず、膠着状態のまま両軍とも兵を引くこととなった。

カデシュの戦いから十年以上を経た紀元前一二五八年になってようやく両大国は講和条約を結び、戦闘状態は終了した。この講和条約も世界最古のもので正本は銀板に刻まれたとされており、今日でも、ヒッタイト側の粘土板に掘られた楔形文字とエジプト側での碑文に書かれた象形文字により、その内容を知ることができる。双方の恒久的不戦だけでなく、一方が第三国（おそらく東方の大国アッシリアを想定していただろう）から侵略を受けた際には、もう一方の国王に軍隊の派遣を要請できるといった安全保障の発想がうかがえる。さらに、国王に背き反乱を起こした人間がもう一方の国で捕まった場合は反逆者として引き渡す、といった今日の犯罪者引渡条約を先取りするような事項が盛りこまれている。ただし、両者を比較すると、エジプトの碑文にだけヒッタイトが懇願して条約を結んだとの記述があり、ヒッタイト側に困難が多かったことを暗示している。

背景には、ヒッタイト国内の深刻な食糧不足があった。レヴァントからアナトリア一帯にかけて飢饉になったのに対し、潤沢な食料生産を維持していたエジプトからヒッタイトに向けて支援物資の食糧が送られたものの、ヒッタイトの国家体制が揺らいでいった。国内各地で内乱が勃発した上、謎の民族とされる「海の民」の襲撃を受けてヒッタイトは紀元前一一九〇年に滅亡する。鉄の精製はヒッタイトで長らく秘伝とされてきたが、滅亡をきっかけに鉄の使用が世界各地に拡散し、青銅器文化から鉄器文化へと移行することになる。地中海東岸で略奪を行った「海の民」は、小規模の民族が結束して自然発生したグループと考えられている。エジプトは「海の民」の攻撃をからくも持ちこたえたものの国力は衰え、ラムセス三世が暗殺され、新王国は衰退の一途をたどった。

周の勃興、殷の滅亡

東アジアでは、三一〇〇年前頃に黄河上流の黄土高原で気候の乾燥化が進んだ。土壌堆積物には炭酸カルシウム含有率が高く、これはアジア内陸部からの風で運ばれたものであった。それまで太平洋西部からの温暖なモンスーンが届いていたのに対し、この時期に冷涼で乾燥したモンスーンが強まったことを示している。内モンゴル地区の湖水位も三一〇〇年前から二四〇〇年前にかけて低下しており、降水量の減少がわかる。

黄土高原では農業も牧畜業も困難になり、多くの部族は生活の地を黄土高原の南部へ、さらに黄河中流へと移住した。司馬遷の『史記』周本紀には、初代武王の曾祖父にあたる古公亶父（ここうたんぽ）は戎狄の進入を受け、根拠地を先祖から六代前の慶節以来長年住んでいた豳（ビン）から岐山（陝西省宝鶏市）に移したと書かれている。豳（ビン）の地がどこか明らかでなく、注釈では陝西省の邠（ビン）（彬州市）とされる。しかし、遊牧民である戎狄から逃れるために黄河上流へと西に移動するものであろうか。豳（ビン）とは黄土高原にあり、古公亶父は遊牧民の圧力を受ける中でより部族を引き連れ、農耕に適した環境を求めて三一〇〇年前頃に南に下ったという見方がある。

気候異変は黄河中流から下流に及び、渇水、砂嵐、干ばつ、大飢饉があったと記録に書かれた。そして、三〇五〇年前頃に殷は滅亡した。新しく王朝を築いたのは黄土高原を出自とする古公亶父の子孫であった。彼らは岐山にある地名の周原から国号をつけた[26]。

このように三二〇〇年前から三〇〇〇年前にかけては、アジアの東西で世界史の大きな画期となった。東地中海を中心とする政治危機について、干ばつによる飢饉といった単純な原因ではなく、地震、内乱、侵入者、国際交易を含めた複合的な要因が重なり合って起きたとする見方がある。しかし、中国でもまったく同時期に気候の乾燥化を背景にした王朝交代が起きていることを考えると、画期となった根本原因はもっと簡明なものなのではないか[27]。

3　二八〇〇年前から二三〇〇年前：民族の大移動

気温の低下：太陽活動の一時的減退が原因か

二八〇〇年前以降、再び気温の低下が著しくなる。メソポタミアのバビロンで出土した粘土板に刻まれた大麦栽培の収穫記録をみると、三八〇〇年前から三五〇〇年前までの温暖な時代には、三月下旬に刈入れが開始されており、現代よりも早い時期であった。これに対し、二六〇〇年前から二四〇〇年前になると、五月上旬へと一カ月以上も遅くなり、現代よりも遅い。各時代で栽培品種が違うため単純に比較するのは危険だが、二六〇〇年前頃は冷涼で大麦の発育が悪い時代であったのだろう[28]。

同じ時期、ブリテン島では西側のウェールズ地域が乾燥し、東側のイングランド地域でも河川の水量が減少している。これは南西風が弱まり、大西洋の暖かく湿った空気が流れこまなくなったことが原因であろう。花粉分析によるとこの時代に森林が草原に変わり、イングランド東部の河川の水量も減少している。

ヨーロッパ大陸でも、ノルウェーの氷河が十四世紀以降の寒冷化した時代と同程度まで前進した。アルプスでは氷河が前進して峠に達したため金鉱山が閉鎖されており、ザルツブルクでは近郊の山麓にある湖が氾濫し、町の名前に由来する塩鉱山の貿易は衰退してしまう。ヨーロッパ大陸のほとんどでブナ科の落葉広葉樹が姿を消し、代わってマツなどの針葉樹林が広がり、それまで森林限界を越えた高地で開墾された農耕地は放棄され、農村は衰退した[29]。

十三世紀のノルウェーの詩人、スノッリ・ストゥルルソンが書いた北欧神話『エッダ』の中の「ラグナレック伝説」の冒頭に「フィンブルの冬」というエピソードがある。風の冬、剣の冬に続き、狼が太陽も月も星も飲みこみ、暴風とともに雪が舞い、三回の冬がやって来てその間に夏はなかったという内容だ。ラグナレックとは神々の暗闇という意味であり、リヒャルト・ワーグナーの楽劇『神々の黄昏』のタイトル名はこの北欧神話に由来する。雲の中での雨滴の形成や低気圧の急速な発達を研究したスウェーデンの気象学者トール・ベルジェロンはスカンジナビア氷河の前進を分析し「フィンブルの冬」とは二八〇〇年前に始まる寒冷化が伝承として残ったのではないかと語っている[30]。

地中海でも同様に気温の低下があったことは、ミケーネ時代からアテネやスパルタの時代にかけての衣服や家屋の変遷からみてとれる。ミケーネ文明やミノア文明の遺跡から出土される土器や壁に描かれた人々はほとんどセミヌードの姿で、住居の屋根も平らであった。これに対し、アテネを中心とするギリシャ古典期になると羊毛を用いた暖かい衣服を着るようになった。平らであった屋根も、積もった雪を滑り落とすための三角屋根に変容している。

紀元前三六一年頃に書かれたプラトンの『クリティアス』には、「われわれの国土は大

図2-7　2800年前、2300年前の太陽活動の低下

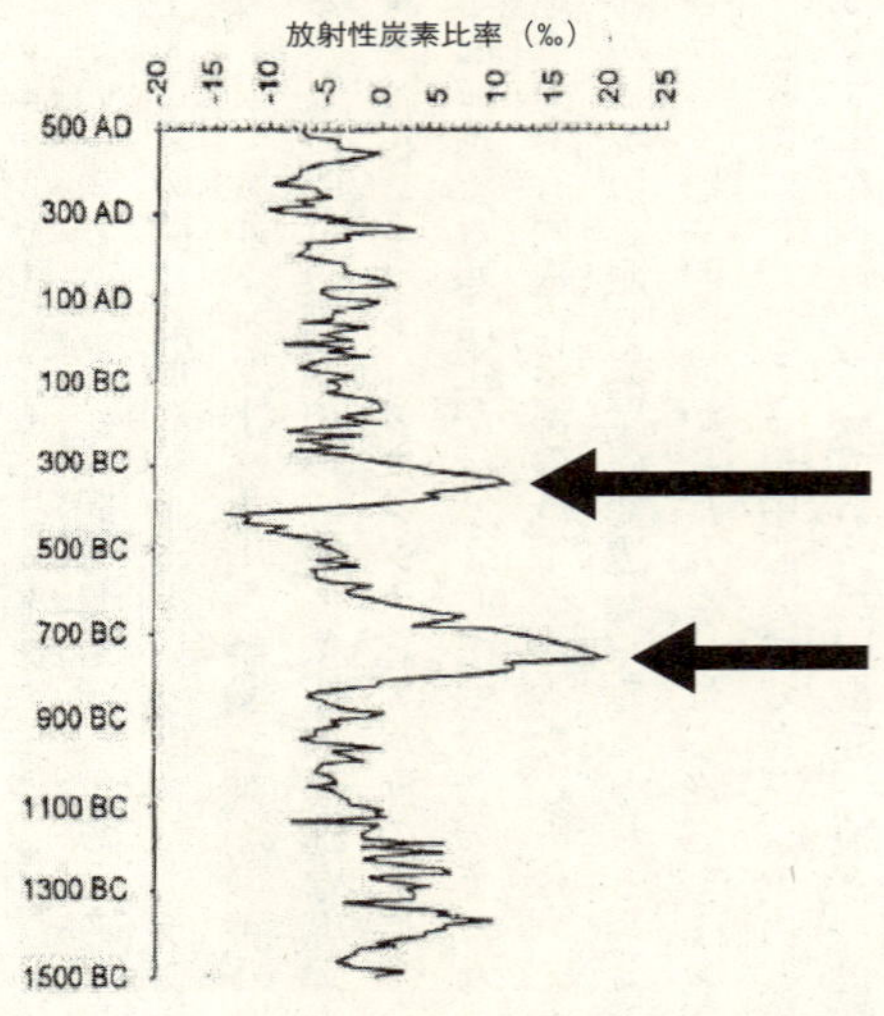

出典：Bas van Geel「The sun, climate change and the expansion of the Scythians after 850 BC」(2004)

洪水に襲われ、高地から流れ出た土砂は沈泥とならず海底に流れた」と、洪水による表土の流出を記している。これは、ギリシャ一帯が半乾燥した気候に変わったことに起因すると考えられる[31][32]。

二八〇〇年前以降の寒冷化の原因について、太陽活動が低下したためではないかとの興味深い仮説がある。アムステルダム大学の地質学者バス・ファン・ゲールとハンス・レンセンは、紀元前八五〇年と紀元前三〇〇年を中心に二度にわたって放射性炭素の比率が急激に増加していると発

表し(図2－7)、これは太陽活動の大きな低下を意味しているという[33]。

辺境地域で起きた民族移動

二八〇〇年前からの寒冷化の影響は、アジア全域にも及んだ。中国の周王朝では国政が混乱し、第一〇代王の王(推定在位期間、紀元前八五七－紀元前八四二)の時代に暴動が発生した。周の国王は首都から脱出したため二人の諸侯によって国家が運営される事態となり、春秋戦国時代に移行していった。この時代の中国で最も寒かった時期は、現在よりもおよそ二度気温が低かったと推定されている。

寒冷な気候が続いていたことを思わせる考古学的な発見がある。一九七二年、長江の南、湖南省長沙市の東四キロメートルにある小高い二つの丘から三つの墳墓が発見された。馬王堆漢墓とよばれている。第一号墳墓から五〇歳前後の貴婦人のミイラが発見され、世界的なニュースとなった。

第二号墳墓と第三号墳墓に残された木簡の日付から、墳墓は紀元前一八六年から一六八年の間に建造されたものであることがわかっている。第一墳墓の女性もおよそ紀元前一六八年の数年後に埋葬されたと推測されるが、ミイラを解剖したところ食道や胃に数多くのマクワウリの粒があり、夏場にマクワウリを食べた後、数時間のうちに死亡したことがわかった。

そして、遺体は二〇枚もの重ね着をしていたのだ。華南に位置する長沙市は、現在、六月から八月にかけて最高気温は三〇度を超え、最低気温も二〇度以上の日が続く。埋葬の際に多くの衣服をまとわせるなど、現在の天候の中では思いつくものではない。

馬王堆の貴婦人だけでなく、紀元前一四〇年頃の前漢の六代皇帝劉啓の子の墓でも、遺体は何枚も重ね着をしていた。漢の時代、埋葬の儀礼は『礼記』などに定められており、埋葬の仕方がその地の気候を反映しているとは単純にはいえない。しかし、重ね着で棺に安置する発想は、寒冷な気候が長く続く中で定着したものではないだろうか。[34][35]

中央アジアのステップ草原に住んでいた遊牧民は、干ばつにより生活が維持できなくなり、牧畜の適地を求めて東西に進出している。五五〇〇年前頃にカザフスタンで家畜化したウマは、ユーラシア大陸内陸部のステップ草原で広まっていった。遊牧民族の移動を契機として、ウマは三二〇〇年前頃にヨーロッパに、そして二八〇〇年前頃に中国に持ち込まれた。かくして、ウマを使う文化が世界に広がった。

ヨーロッパ北部において、もともとスカンジナビア半島やユトランド半島を生活拠点としていたゲルマン系民族は、寒冷化し湿潤になった気候変化の中で、南部やバルト海岸沿いに西方へと移動を開始している。気候の変化は、泥炭地の堆積層に含まれる植物から推測されるもので、川の氾濫が多発して湿度が上昇し、土壌に含まれる花粉の量も雑草の比率が上がり農作物の収穫量が減少したことがわかる。彼らはニーダーザクセンの地に大量に移住し、ケルト系民族をライン川西岸まで追い出した。

共和制時代のローマにとって、ゲルマン系民族は未知の人間であった。紀元前一一三年、ローマ市内では、「アルプスの北側には一〇〇万人の人間が、ウシに引かせた幌車で移動生活を送っており、耕作した農地を食い荒らしている。身長は一八〇センチメートルを超える巨人で、眼は碧く、濃いブロンドの髪は子供でも老人のように白い」と噂された。

ローマ人が直接ゲルマン系民族と相まみえるのは、紀元前一〇二年にマルセイユ近郊まで南下し、マリウスがそれを阻止するために立ち向かったアクェ・セクティエ戦以降である。「ゲルマン」という言葉は、ギリシャ人の学者ポセイドニウスが紀元前八〇年頃に初めて使ったもので、「ゲルマン人は昼に焼いた肉片を食し、それに牛乳と、混ぜものなしのワインを飲む」と記している[36][37]。

ケルト系民族が特に強い軍事力を持ってローマに侵攻したわけではない。その背後にゲルマン系民族、さらにウラル山脈東方からの騎馬民族が圧力を及ぼしていたとの構図があった。ゲルマン系民族の移動というと四世紀にローマ帝国に侵入したことが頭に浮かぶ。しかし、それ以前にもゲルマン系民族の移動をきっかけにした文明の交錯があったのである。

寒冷な時代の意味するもの：社会や国家の再構築と精神革命

四二〇〇年前、三五〇〇年前、二八〇〇年前にそれぞれ始まる三つの寒冷期に社会は混乱した。それは人類にとって災難であっただけだろうか。確かにエジプトは王制が一時途絶え、アジアの東西で大国が滅亡した。そして民族移動が文化間の衝突をもたらした。一方で、そうしたマイナスの面ばかりではなく、その後に社会や国家の新たな枠組みが形成されていることにも目を向けたい。

メソポタミアでは三七〇〇年前頃に、それまでの慣習法を統一したハンムラビ法典が編纂された。ハンムラビ法典の中には、土地の所有や売買についての記述もある。経済的取引は、地縁血縁社会での必要性は低い。多くの人が一カ所に集まって物を交換する、あるいは貨幣で売買するという意味での市場は、二八〇〇年前以降にイオリアとギリシャで発達し、アリストテレスにより「経済」という概念も生まれている。各民族が交流し、交易が活発化する中で西アジアの各国で両替商が現れ、エジプトでは両替商のネットワークが整備された。有力な両替商が、金銀の小さな塊の重さを保証することから貨幣が生まれたと考えられている。歴史上、最も古い貨幣は二六〇〇年前頃のもので、小アジアのリディア王国の砂金を鋳造した金貨である。寒冷な時代をくぐり抜け、より強固な社会経済組織が構築されてきたのである。

政治や経済ばかりではない。寒冷化と干ばつが起こした民族移動は、人々の精神世界にも影響を与えた。さまざまな地域の民族が入り混じる状況下で、新しい思想が芽生える素地が作られた。こうした中で生まれた宗教は、社会不安や内乱にさいなまれる当時の人々の熱狂的な支持を集めるようになり、古い生活習慣や支配システムを打ち破る役割を果たしていった。

紀元前五六六年頃にシャカが誕生し、世界初の不殺生宗教とされる仏教を開き、その一〇〇年ほど後に生まれたマハーヴィーラはジャイナ教を起こした。北インドの農耕民ヴェーダ人(アーリア人)はもともと半牧畜生活であり、ウシを神への犠牲として捧げながら食用にもしていたが、人口が増加し農業社会に比重が高まったことでウシを農耕にのみ使用し、前に触れたように食材としては禁忌にしていった[38]。

中国では、『論語』を通して儒教を確立した孔子(紀元前五五一－紀元前四七九)や道教の始祖とされる老子が登場する。ユダヤ教の場合、成立こそ三二〇〇年前頃のモーゼによる出エジプト以前にさかのぼるものの、紀元前六〇〇年に始まるネブカドネザル二世によるユダヤ人のバビロン捕囚が極めて重要な事件であり、この時期に流浪の民という宗教的な特徴が確立する。地中海でも、ギリシャ哲学が隆盛を極めるのがこの時代で、ソクラテス(紀元前四六九－紀元前三九九)やアリストテレス(紀元前三八四－紀元前三二二)が登場した。

キリスト教とイスラム教を除き、今日普及しているほとんどの主要な宗教や哲学が、三〇〇〇年前に始まる数百年間で誕生するか、あるいは確立したといっても過言ではない。興味深いことに人間は、気候が寒冷化する時代が到来すると精神世界の革新を起こすようで、近世の寒冷化した時代に近代思想が誕生している（第3部第3章（3））。

4　日本列島の場合：気候変動と縄文・弥生時代

第2部第1章からここまで、完新世の気候最適期が終わった後、五五〇〇年前頃に始まる四度の寒冷化について述べてきた。では、これらの気候変動は、日本列島の文化にどのような影響を与えたであろうか。

三内丸山遺跡が繁栄した時代の気候変動

完新世の気候最適期に、東日本と西日本のそれぞれで文化圏が形成されていった。縄文時代前期から中期にかけて、東日本はクリを主たる食料とした「クリ・ウルシ文化圏」とされ、西日本はドングリ類を多く食べた「イチイガシ利用文化圏」と対比される。ドングリ類の場合、実を砕いた後で水を加えてあく抜きしないと食べられない。ブナ科コナラ属の常緑広葉樹であるイチイガシの果実は渋みがごくわずかなため、アク抜きせずに食材となった。一方、東日本ではあく抜きが手間であったためか、直接食べることができるクリの利用が広がった。

三内丸山遺跡は五五〇〇年前頃から四〇〇〇年前頃までの間、青森市北部で繁栄した集落である。縄文時代の遺跡が全国で数多くある中で、三内丸山遺跡がとりわけ注目されているのは、集落が一五〇〇年間にわたって維持されたこと、三五万ヘクタールという広い土地に最大で五〇〇人ほどが生活していたこと、そのため土器などの発掘量も非常に多い、といった特徴があるためだ[39]。

三内丸山遺跡の集落がいつの時代に生まれ、いつ廃れていったかは土中に残るクリの花粉の多寡で判断することができる。三内丸山遺跡周辺八箇所の調査によれば、集落出現前の六五〇〇年前頃ではクリ属花粉は少ない所では五%未満、あるいは二〇%程度であったのに対し、集落が開かれた五五〇〇年前頃になると八〇%を超える地域ばかりとなる。一方、コナラやブナの花粉は激減し、ほとんど検出されない地域もあった。このことから、調査地域の二五メートル四方で人手によるクリの植林が行われ、クリの純林が形成されていたと考えられている。もともと三内丸山遺跡は八甲田連峰から北に伸びる丘陵の北端にあり、その台地斜面から大地の縁に植えられていたのであろう[40]。

三内丸山遺跡に住む人々はブナ類の落葉広葉樹を石斧で伐採し、クリを植林していった。発掘されたクリのDNA配列を調べると類似性があることから、多くの実がなる木を選択的に選んでいったことがうかがえる。縄文時代のクリの植林について、「半農業」という言葉を用いるケースもみられる。

なぜ、五五〇〇年前頃に、本州北端に五〇〇人以上も住む巨大集落が形成されたのだろうか。注目したいのは、第1章（1）で述べたようにこの時期が完新世の気候最適期という温暖な時代が終わり、ゆっくりと寒冷化に進む転換点であったことだ。本州北端の地で積雪量が増えたならば、シカやイノシシの数も減ったに違いない。三内丸山遺跡から発掘された鳥獣の骨をみると、シカとイノシシを合わせても一割もなく、ムササビ、ノウサギ、カモ類で全体の六割を占めている。これは、関東以北の他の縄文時代の遺跡にはない特徴的な比率だ。

また、縄文海進という海面水位の高い時代も終わり、三内丸山遺跡の北側の海辺は後退していた。陸奥湾まで船で出てブリやサバを釣り上げていた。遺跡には頭骨が埋まっていないことから、頭を切り落として胴体だけを集落に運んでおり、運搬は必ずしも容易ではなかったことがうかがえる。こうした環境変化の中で、冬季に保存することもできるクリを有力な食料とし、クリ林を広げる中で、集落が次第に大きくなっていったのかもしれない。[41]

四〇〇〇年前頃を過ぎるとクリの花粉は激減し、ブナの花粉が過半を占めるようになる。人々が三内丸山遺跡の集落から離れて行ったと想定される。なぜ集落から人がいなくなったのか、その理由はわかっていない。とはいえ1節でみたように、四二〇〇年前以降にメソポタミアでテル・レイアンの遺跡にみるように突然、乾燥化による環境悪化で周辺部族からの侵入を受け、エジプトでは古王国が滅びて第一中間期とよばれる混乱が続いた。地球規模の気候変動という面では、三内丸山遺跡での集落の放棄は世界史の大きな流れと歩調を合わせている。

本州内陸の縄文中期文化

主食であったクリ、ドングリの不作は、三内丸山遺跡に限ったものではなく、東日本の海岸沿いの集落でも食糧危機が起きた。関東沿岸で集落を形成していた縄文人は、ナラ・クリ林を求めて八ヶ岳山麓といった中部山岳地帯や関東地方西部に移住し、この地で内陸型村落を形成していった。堅果類の集約的な利用が行われ、縄文中期とよばれる文化的な発展を遂げて人口も増加している。長野県の縄文遺跡を数えると、五〇〇〇年前以降のものが極端に多くなる（図2－8）。

四二〇〇年前以降、アジア東部も厳しい寒冷化にさらされ、極東地域で南西モンスーンが弱まった。南西モンスーンの弱化は日本の上空では寒帯前線の南下をもたらし、日本列島の気候を冷涼で湿潤なものに変えていった。尾瀬ヶ原の花粉分析では、四五〇〇年前頃に針葉樹に属するモミ、トウヒ、ゴヨウマツ、ツガの花粉が増加するか、あるいは突然出現しており、四六〇〇年前頃からの一八〇〇年間に気温が約一度低下したと推定される。[42]

図2-8　長野県の縄文時代の遺跡数推移

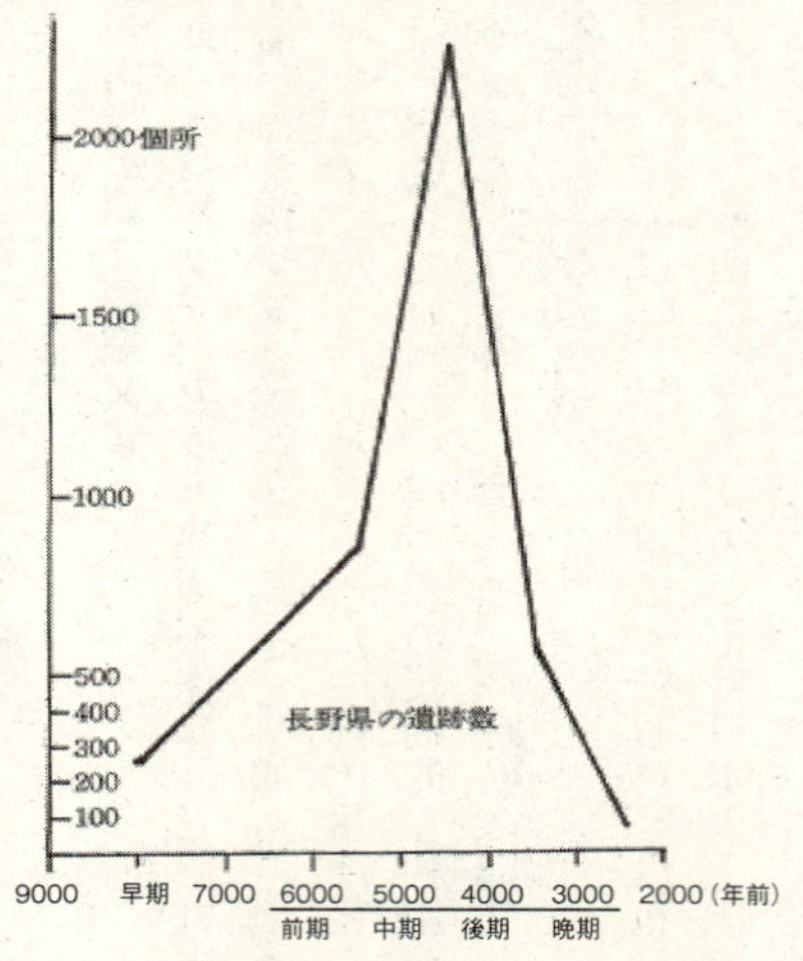

出典：安田喜憲「世界史のなかの縄文文化」（1987）

中部山岳地帯で繁栄していた集落はこうした気候の悪化にさらされ、人口増加により自然環境の変化に脆弱な生活様式になっていたことも相まって、四〇〇〇年前頃に縄文中期文化は破局を迎えるように崩壊してしまう。縄文時代の日本列島の人口について、国立民族学博物館の小山修三名誉教授が遺跡数などによる推定を行っている。推定によれば、八〇〇〇年前頃に二万人であった人口は、完新世の最適温暖期を経た五〇〇〇年前頃には八万人と四倍に増加し、さらに四三〇〇年前頃には二六万人までに達したのに対し、縄文後期から晩期にかけては七万六〇〇〇人へと三分の一に減少したという[43]。

縄文中期文化の崩壊は、ちょうどメソポタミアのシュメール文明が滅び、エジプトが第一中間期として混乱に陥った時代と時期を同じくする。また、この時代に、中国でも文明の交代があったと考えられる。良渚遺跡、石家河文化、宝文化といった長江文明は、四〇〇〇年前頃に急速に衰退し、仰韶（ヤンシャオ）文化を代表とする北方の黄河文明にとって代わられている。長江文明の衰退は大洪水によって起きたとする説もあるが、日本や西アジアを襲った気候変化と無縁ではないだろう[44]。

文化の中心は西日本へ：弥生系渡来人と水田農耕

尾瀬ヶ原の花粉分析によると、紀元前一〇五六年こそが日本の過去七〇〇〇年間の気候変化にとって最も重要な節目であり、それ以後、本格的な寒冷化の時代に入ったとされる。

気候が悪化する中で、縄文晩期とよばれる時代を生きた人々は、落葉広葉樹林での堅果類の採集による食糧確保にかわって、ナラ林を焼いた跡地にアワ、ソバなどの雑穀やサトイモなどのイモ類、マメ類を栽培する焼畑農業を開始した。長野県の唐花見泥炭地では、三〇〇〇年前頃を境にモミ属やツガ属が急増しており気温の低下を示している。一方でコナラ属が急減する中、潅木（モチノキ属、ヨモギ属）が急増しており、これは縄文人がコナラ林を破壊し焼畑による農耕を始めたことに起因するものと推測される。焼畑が行われた形跡は、岡山など西日本にも残っている[45]。

中国では二八〇〇年前から、年平均気温で現在よりおよそ一度から一・五度低い、寒冷な時代に入った。アジア大陸の内陸部が乾燥化、寒冷化したことで、生活基盤を失った遊牧民族が南下し、春秋戦国時代とよばれる動乱の一因を作った。北方民族の侵入により、紀元前四七三年には呉が、また紀元前三三四年には越が滅亡し、長江文明はその継承者を失った。難民の一部は朝鮮半島や日本に渡ったと考えられる。大陸で帆船が建造され、春秋戦国から漢代にかけて、少数の集団ながら何度も弥生系渡来人が日本に移住した[46][47]。

弥生系渡来人は、水稲（温帯ジャポニカ）と水田農耕の技術を携えて日本に移住した。最古の水田遺構は唐津市菜畑遺跡のもので、二九三〇年前頃とされている。水田農耕は、北九州から近畿地方、東海地方へ伝播し、急速に普及していった。理由のひとつに沖積平野が浮かび上がったことがあげられる。完新世の気候最適期に氷床が融けたことで海洋の水量は増加し、その荷重で海洋底はゆっくりと沈んでいった。ところが、この時代になって海洋底に押されたマントルが陸地の下にもぐりこみ、沿岸の低地が地底に押されて海面上に現れたのである。こうした地殻の伸縮をアイソスタシー（地殻均衡）という[48]。

また、利根川、淀川、信濃川、長良川といった大河川では土砂の堆積により、関東平野、大阪平野、新潟平野、濃尾平野が誕生している。弥生時代に生まれた大きな沖積平野は、稲作にとって絶好の土地となった。

さらに、日本列島に水田が広がる紀元前四世紀から紀元一世紀にかけて、「弥生暖期」ともよばれる温暖化傾向になり、農業生産力が大幅に向上した。弥生文化の形成は、農業技術の伝播と沖積平野の形成に加え、自然環境の好転が大きな役割を果たしている。

そして、紀元前後を挟む数世紀の時代に温暖化の恩恵を受けたのは、弥生人に限ったことではなかった。ヨーロッパでもこの時期に、ローマが地中海で生まれた生活基盤を北部まで広げ、大帝国を築いていくのである。

第3章

ローマの盛衰とその時代

ローマ人による地中海的な生活様式がヨーロッパ全土に広がったのは、紀元前二世紀から紀元四世紀にかけてである。この五〇〇年から六〇〇年間の温暖期に、今日に至る西欧社会の枠組みが形作られたといっても過言ではない。ローマは、気候の温暖化という恩恵を受けてパックス・ロマーナと称される大帝国を築き上げ、やがて寒冷期の到来とともに混乱していった。

第2部の最後の章では、紀元前二世紀から紀元六世紀にかけて、

- ローマ帝国の興亡の鍵を握った気候の変化とはどのようなものか
- ローマが混乱に陥った時代、東アジア、ひいては日本の政治情勢はどうであったか
- 古代から中世に歴史が移行するきっかけには何があったか

などを話題の中心に、気候変動という視点で大国の興亡を眺めてみたい。ローマと後漢、

洋の東西に君臨した大国が混乱する時期の一致は、何を示唆しているのだろうか。

1 温暖化の恩恵を受けたローマ

ワイン生産地にみる帝国の拡大

フランスのアルザス地方とドイツのライラント＝プファルツ州のトリアー地区は、両国の国境を挟んだ位置にあり、どちらも白ワインの産地として世界的に有名である。この地域は北緯五〇度と、商業的に行うブドウの栽培地としては北限に近い。このような北方の地にまでブドウを植えワインの生産を始めたのは、二〇〇〇年前に地中海を制覇し、アルプスを越えて進出したローマ人であった。

ローマは、紀元前五八年のユリウス・カエサルのガリア遠征によってヨーロッパ北部まで領土を拡大し、四世紀になってゲルマン系民族の移動によりライン川に築かれた防砦リネスが崩されるまで、ヨーロッパ大陸の西部から中部にかけておよそ五〇〇年間支配した。そしてブドウの栽培地の拡大は、このローマ軍の遠征と密接な関係があった。

アルプス山脈以北でのワインに関する古い記録として、紀元前五世紀にマルセイユから北上したギリシャ商人が献上したワインを、ケルト系民族の族長は大歓迎したというものがある。ローマ人はフランスからブリテン島にかけてを政治的に支配すると、アルプス以

図2-9　ローマの盛衰と気候の変動

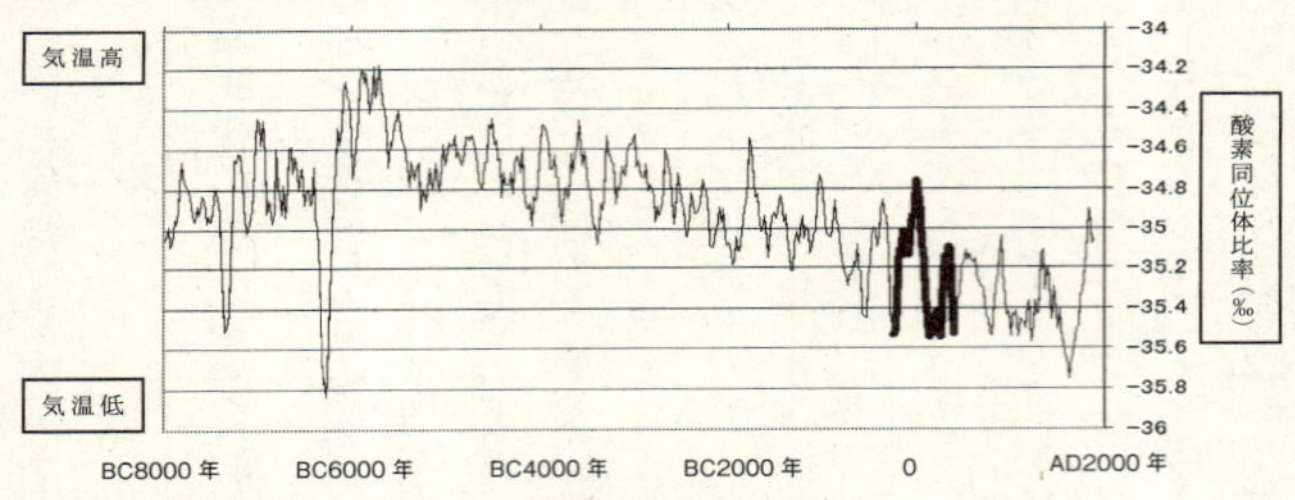

出典：Greenland Ice Core Chronology 2005（GICC05）

北の植民地に地中海的な生活様式を広めた。地中海に住む人々の嗜好では、ビールが庶民的とされるのに対してワインは高貴な飲み物として扱われ、遠征軍とその後の領土を統治するために赴任した官吏の間ではワインに対する需要が高かった。そのため地中海産のワインの輸送量では足りず、植民地でブドウの生産を広げることになる。

ワイン醸造の製法は、この時代に変わった。従来、古代ギリシャの陶器にあるように、ブドウを発酵させる壺に代わって、ヨーロッパ西部の地では当時ビールの生産に用いられていたオーク材の樽を用いることになる。現在普及している製法になったのである。今日、ワインの品評会でのテイスティングの項目としてコルクや樽の木の香りも評価ポイントになるが、ワインが現在の味わいとなったのはローマの領土拡大期にさかのぼるものだ。

ローマ温暖期：地中海気団の北上

ブドウの栽培地が北部ヨーロッパに広がった理由として、ローマ人の嗜好や高い農業技術の伝播とともに、数百年間続いた寒冷な時代が終わり気候が温暖化したという要因が大きい。ローマが君臨した時代の気候の変化について、米国人の環境学者キャロル・クラムレーを中心とした研究がある。植生分布や当時の文献から、二七〇〇年前から二五〇〇年前にかけては、ヨーロッパ北部の大陸性気団が現在のドイツ南部、オーストリア、チェコ、ハンガリー、ルーマニアまで南下し、気団に覆われた地域では寒さの厳しい乾燥した気候が支配していたと推測される。大陸性気団の影響は、イタリア北部のポー川流域やギリシャにまで及んだ。一方、大西洋気団が支配するヨーロッパ北西部にあたるフランスでは冷涼ながら湿潤な気候であった。ところが紀元前三〇〇年以降、地中海気団が北上し、ヨーロッパ南部のほとんどの地域で、暑く乾燥した夏と降水量の多い冬という地中海型の気候となった。ヨーロッパ内陸に由来する植生と地中海産の植生の分布から、気候区分の境界を厳密に線引きするのは難しい。クラムレーはおおよその目処として、地中海気団はフランスではブルゴーニュ地方北部、ヨーロッパ中部ではユーゴスラビアやハンガリー平原からドナウ川下流を結ぶ地域まで北上したと推測している[1]。

二八〇〇年前から前進してきたアルプス氷河は、二三〇〇年前頃を過ぎると後退を始めた。気候は寒冷化傾向がおさまり、温暖な時代に入った。気候年代でいえばサブボレアル期からサブアトランティック期に移行し、現在に至っている。紀元前二一八年、カルタゴのハンニバルはローマを打倒すべく、象軍を引き連れて南仏ローヌ川を北上し、開通したばかりのアルプス高地の峠を越えて北部イタリアの地に現れた。一方、紀元前一世紀になると、今度はユリウス・カエサルがイタリア側からアルプスの峠を越え、ガリア全域の支配に乗り出していった[2]。

北部ヨーロッパでは紀元前三世紀以降は湿潤な天候となり、暴風雨がたびたび到来するようになった。顕著な例としては、紀元前一二〇年から紀元前一一四年の間にヨーロッパ北部で起きたキンブリアン洪水がある。北海に暴風雨が吹き荒れ、デンマークからドイツにかけての海岸線を後退させ、ケルト系民族やゲルマン系民族が南方に移動したと記録に残っている。北大西洋で発生した低気圧の移動経路が、それ以前とは異なってきたことを示している。ユリウス・カエサルの『ガリア戦記』にも、ブリテン島に渡航する際に暴風雨でしばらく待機せねばならなかったと記されている。

ローマが共和制から帝政へと移行する紀元前二〇年から七五年にかけて、グリーンランド中央部の氷床コアによる気温推定では温暖であり、文献記録でも湿潤傾向が示されている。太陽活動の活発化と火山噴火の鎮静化がその理由とされている。ヨーロッパ東部の山岳地帯では積雪が少なかった。このことは、五賢帝の一人であるトライアヌスがダキアを侵略する際に、ドナウ川のユーゴスラビアとルーマニアの国境沿いにある鉄門峡に大橋をかけたことからも推測できる。このトライアヌス大橋は、紀元一〇一年から五年の歳月をかけ、ダマスカスの建築家アポロドトスによって建設されたもので、全長一一五三メートル、高さ二七メートルという大きさであった。大橋はゲルマン系民族の侵入によって破壊されるまで、一七〇年間使用され続けた。近世に建設された後継の橋の場合、数年に一度起きる豪雪の年に高地の氷がドナウ川に流れこみ橋梁を破壊するため、トライアヌス大橋のように百年以上の間、橋が維持されることはなかった。[3][4]

地中海の南側でも、今日とは気候が違ったと推測される。一二七年から一五一年にかけてのアレクサンドリアの天気について、天動説で有名なクラウディウス・プトレマイオスが記録を残している。当時、八月以外には毎月雨が降り、七月八月の暑さは厳しかったとある。この天候パターンは亜熱帯に属するものだ。現在のアレクサンドリアでは雨は冬季しか降らず、夏は暑いとはいえ地中海対岸のヨーロッパ大陸から北風や北西風が吹き、気温を下げる役割を果たしている。[5]

地中海式農業の広がりと東西交易の活発化

ローマ軍は地中海性気候で栽培される食材をアルプス以北でも用いた。そして、この時代の温暖化によって耕作適地が北方まで広がり、ヨーロッパのほぼ全域にローマ式農業が普及した。一世紀から二世紀になると、ローマ帝国の防砦リメスの外側にあるゲルマンの地域でも小規模ながら耕作地を作るために森林が開墾されていった。エンマコムギは一月の平均気温が一度の地にまで、さらにヒトツブコムギの場合、一月の平均気温が零下六度まで下がる地域でも栽培された[6]。

極端な例として、ブドウ畑がフランスで広まったため、帝国内でのワインが生産過剰になってしまった出来事がある。一世紀後半にローマ皇帝ドミティアヌスは勅令を発し、アルプス以北の植民地ではワインの生産禁止措置が取られたと記録されている。ワイン製造はイングランドやドイツにも普及し、三世紀になるとブリテン島でワインを自給できるようになったため、地中海からの輸入が減少し、本国イタリアの生産者が苦しくなったことによる措置であった。この勅令は、二八〇年に皇帝プロブスにより廃止されるまで続いた[4]。

シルクロード交易の活発化の背景にも温暖な天候があった。中国では、前漢の武帝の時代から西域経営に関心が集まり、後漢に入るとローマと長安を結ぶ交易路が整備された。交易路が活発化したのは、東西の両大国の物資輸送が拡大したからだけではない。背景として、中央アジアで降水量が増えたことにより遊牧民の生活が向上し、中継地点である各地のオアシス都市が発展したことがあった。シルクロード交易は紀元前一五〇年頃から三〇〇年頃までの四〇〇年以上の間、活況を呈した。そして、その後の東西交易の衰退は、寒冷化によって内陸部で干ばつの発生する時代と重なる。

悪天候が阻んだゲルマンの地

寒冷化や干ばつは、食糧不足を生じ、為政者への反乱や民族移動による衝突を起こす。歴史を変えるに至った気候の変動とは、これまでみてきたような五〇年、一〇〇年、あるいは数百年といった単位で起きるものだ。しかし、ときに数年の異常気象、さらにはある一日の極端な気象現象により、歴史が塗り変えられることがある。特に戦争のように、短く凝縮した時間の中でその後の社会のあり方を問う場合、極端な気象現象が闘いの帰趨を決めるケースがある。ウェザーファクターとよばれるもので、紀元九年、ローマ帝国がゲルマン系民族に完敗したトイトブルク森の戦いで大きな要素となった。

初代皇帝アウグストゥスの時代、ゲルマニア総督であったウァルスは三個師団二万人を率いてライン川を越え、ゲルマン系民族の住む地域の制圧に乗り出した。ローマ帝国の国境を、ライン川より東方のエルベ川まで広げようという構想があったからだ。

しかし、ドイツ北西部ニーダーザクセン州のカルクリース近郊に侵入したローマ軍は、対するケルスキー族の王子アルミニウスの巧妙な仕掛けにより、森の中へと誘いこまれた。同年九月、進軍するローマ軍の縦列は一五キロメートルにも伸び、声が届かないほど長くなっていた。森にはアルミニウスの率いる一万人あまりの兵が隠れていたのだった。カシウス・ディオの『ローマ史』第五六巻によれば、このとき、激しい雷とともに暴風雨が到来し、アルミニウスはこの悪天候を利用して戦闘を開始したのである。雷を恐れるローマ兵は混乱し、加えて森の中の戦闘となったために、ローマ軍の武器である弓矢や投石器は無力となった。ヴァルスは戦死、ほとんどの兵士も殺戮された[7]。

トイトブルク森の戦いは、歴史の分岐点であった。その後もローマ軍は数年にわたってライン川を渡河し、七年後にはエルベ川まで達したものの、ティベリウスはローマ帝国の勢力をライン川西岸にとどめるための防砦リメスを築いた。こうして偶然襲った雷雨がラテン文化圏を定め、ドイツとフランスを分けることになったのである。トイトブルク森の戦いは、十九世紀以降、ドイツで民族主義の象徴として扱われるようになる。一八七五年、領邦国家のドイツを統一した首相ビスマルクは、戦地に近いグローテンベルクにアルミニウスの像を建設した。

気候悪化の中での内憂外患

二世紀に入ると、ヨーロッパの気候は次第に寒冷化の傾向を示すようになる。一五五年から一八〇年にかけて、アルプスの夏の平均気温は次第に低下していった。三世紀初めに太陽活動は低下傾向に転じた。さらに、グリーンランド中央部の氷床では硫黄酸化物の含有量が増加しており、火山噴火の活発化を示すものだ。ヨーロッパ内陸部の気候が寒冷化すると、カスピ海を含む中央アジア内陸部で気候が乾燥化し、降水量が減少するという関係がある。二〇五年から二九五年にかけて、ノルウェー西部で氷河が前進する頃、カスピ海の水位が低下し、アジア内陸部の気候が乾燥化した。この干ばつは貿易路を衰退させただけでなく、草原の砂漠化によって遊牧民の生活基盤を崩していった[3][8]。

そして内陸部の気候の変化が、ゲルマン系民族の移動のきっかけともなった。二世紀後半以降、ライン川沿いに築かれた防砦リメスを破りローマ領土内への侵入を企てたゲルマン系民族は、ローマ帝国に隣接していた部族ではなかった。ゴート族、ブルグント族、サルマディア族といった北海にほど近いドイツ北東部の奥地に住んでいた部族が南西方向に移動してきたのである。

四世紀後半になると、ヨーロッパ東部に騎馬民族のフン族が現れ、領地を奪われたゲルマン系のゴート族、ヴァンダル族などは、押し出されるようにライン川やドナウ川を越えてローマ帝国に流れこんだ。フン族が混乱の根源であることは、当時の歴史家マルケリヌス・アミナヌスも喝破していた。もともとフン族はモンゴル高原にいた匈奴の一部が西進し、カザフスタンを越えてヨーロッパに現れた一族である。エルズワース・ハンチントンは著書『アジアの鼓動』の中で、フン族の西進は内陸部の乾燥化が引き金であり、これを受けて遊牧民が玉突きのように近隣地に移動したのではないかとの仮説を立てている。

ローマ帝国の衰亡について、一般的な歴史の教科書では、皇帝の乱立や市民の階層化、さらには小作制の拡大というような内的理由を重視し、その上で蛮族の侵入という外的要因が論じられている。ゲルマン系民族の圧力は常にあったもので、内政さえしっかりしていれば帝国内を蹂躙されることはなかったと考える。しかし、気候変動という要因を加えることにより、はるかにわかりやすい構図が描けるのではないだろうか。

ともあれ四世紀以降、周辺地域での民族の大移動が活発の度を増すと、ローマ帝国はゲルマン系民族の侵入に国力を挙げて対処しなければならなくなり、同時に首都ローマを中心とした自然災害による損害や、地中海一帯での農業の不作による経済活動の衰退に悩まされることになった。アルプス山麓ツェルマットの年輪をみると、三〇〇年代後半まではまだしも安定した気候であったが、四〇〇年から四一五年にかけては変動が大きくなり、寒冷期の様相が顕著になっている[9]。

ローマにとって内憂外患という状況は、かつてこの国を育んできた温暖な気候が変わり、寒冷化に転じる気候変動の中で起きたのである。

2　東アジアの混乱

後漢の滅亡と倭国大乱

ローマ帝国が異民族の侵入と自然災害に悩まされはじめる二世紀後半以降、東アジア諸国でも洪水や干ばつの頻度が増し、冷涼な気候に襲われて政治的な混乱が生じた。中国での洪水や干ばつの発生件数をみると、一〇〇年から一五〇年の間と、二五〇年から三四〇年にかけての、二度の期間に頻発している。後漢は、一四四年から冲帝と質帝と幼少の皇帝が続けて即位する中、内蒙古を拠点とする北方民族の鮮卑の略奪によって大きな被害を受け、その国家体制が揺らいでいった。太平道が農民の支持を集め、教祖の張角が一八四年に起こした黄巾の乱をきっかけに、後漢は二二〇年に滅亡し、魏、呉、蜀による三国分立から長い国家分裂の時代に入る。

三世紀に入っても寒冷な気候が続き、二二五年に淮河が凍結したと歴史書にあり、二八〇年から二八九年の一〇年間の平均気温は現在よりも一度から二度低かったと推定される。農作物も不作で、二八〇年から二八九年に「連年穀麦不収」との記録がある[10]。

中国だけでなく、朝鮮においても気候の悪化が明らかで、『三国史記』によれば、一五〇年から二〇〇年にかけて寒冷化と多雪化の記述が増え、韓、高句麗でも抗争が激化していった。

倭国大乱とは中国の歴史書で日本の内乱を指す言葉だが、年代的には二度に分かれる。最初が『後漢書』東夷伝に書かれたもので、「(後漢皇帝の)桓・霊の間、其の国、本亦男子を以って王と為す。住あるところ七、八十年にして倭国乱れ、相攻伐して年を歴。乃ち共に一女子を立てて王と為し名づけて卑弥呼と曰う」とある。桓・霊の即位年代は一四七年から一八九年にあたる。二度目が『魏書』倭人条に書かれた記述で、最初の戦乱は卑弥呼の登場により収束するが、その死後に「更に男王を立てしも国中服さず。復た卑弥呼の宗女の台与、年十三なるを立てて王と為し、国中遂に定まる」と記されている。卑弥呼の後継者をめぐる抗争であり、二四〇年代と考えられる。[11]

遺跡にみる戦争の爪あと

二世紀半ば以降に日本で戦乱が激化したことは、吉野ヶ里遺跡を含め弥生時代中期以降の遺跡から発掘される人骨の中に、石鏃(せきぞく)の刺さったものや首が欠落したものが多数あることから明らかだ。

遺跡から石鏃、石匕(せきひ)、石槍が大量に出土しており、石鏃の大きさをみると、狩猟の道具が武器に変わっていった歴史がわかる。弓の先の鏃にする石は、シカやイノシシを獲るためには二グラムより軽いものが優れており、縄文時代以降、長い間このサイズであった。しかし、弥生時代中期以降になると、これが二グラム以上、大きいものでは五グラムと対人殺傷用のものが現れ、金属性の鏃も増えている。[12]

また、大阪湾一帯から瀬戸内周辺にかけて、高地性集落が形成されるのも弥生時代中期からだ。高地性集落とは、見晴らしのいい高地や丘陵に位置し、周辺を柵、濠で囲んだ集落で、山城のような軍事的な防御設備が施されたものである。稲作農業を行うなら、低地に拠点を置くのが理にかなっていたろう。西日本に高地性集落が形成された理由は、開墾が容易な耕作地が少なくなる中で一世紀半ばから気候の悪化が到来し、土地や水利をめぐって集落の間の抗争が激化したためと考えられる[13]。

また、気候の悪化は低地の湿地化を招いた。河内平野にある旧大和川流域の地表下四メートルから発掘された瓜生堂遺跡は、紀元前後からの一〇〇年間が最も繁栄し、方形周溝墓が七〇基も発見された大きな集落であった。ところがその後、周辺が沼沢化したことで放棄されており、人々は小集団ごとに南部あるいは高地に移動したとみられている[14]。

一般的には、倭国大乱は日本が国家統一をしていく過程での、部族間抗争であると考えられている。戦闘規模も、せいぜい部隊の単位は部族あるいは部族連合程度であったろう。しかし、東アジア全域での政治混乱と時期を同じくしている点は注目されていい。尾瀬ヶ原泥炭地の花粉分析では、二四六年以降に寒冷化傾向を示しており、日本海南部の海底コアから、二七〇年の気温低下の幅は十四世紀以後の中世の寒冷な時期よりも大きかった可能性が指摘されている[15]。

古墳の時代の大量移民

五世紀の古墳時代にも、東アジアに寒冷化傾向は現れた。阪口豊名誉教授は、この時代から飛鳥時代までを「古墳寒冷期」と命名している。この時期にも大陸から大量に人々が渡来している。二八〇〇年前からの弥生系渡来人と同様、大陸での自然環境が厳しくなると、押し出されるように難民が日本列島に移住する状況が再び起きた。

『日本書紀』には、崇神天皇の即位直後に疫病が流行したとあり、多民族が入り混じったことを推測させる。また、『古語拾遺』には、四世紀末の応神天皇の頃に「秦公が祖弓月、百二十県の民を率いて帰化せり」とあり、百済から日本に大量の渡来人が渡ってきたことを想像させる記述がある。[16]

現在の日本の人口が一億人であることから、難民といっても数万人であれば比率的に小さいと思われるかもしれない。しかし、小山修三名誉教授の人口推計（第2部第2章（4））によれば、縄文晩期の七万六〇〇〇人から弥生期には六〇万人と大幅に増加している。人口増加の多くが、大陸からの移民によってもたらされたのではないか。新しい技術を持った少数のグループが渡来人として移住したというよりも、大人数の集団が何度も海を渡り、人口のまばらな地域に押し寄せてきたとみた方がいいだろう。[17]

3　「謎の雲」がもたらした古代の終焉

世界中の文献に記された大飢饉

『日本書紀』第一八巻に不思議な記述がある。

「宣化天皇一年五月詔

食者天下之本也。黄金万貫、不可療飢。白玉千箱、何能救冷。

三国屯倉、散在懸隔。……聚建那津之口、以備非常、永為民命、令知朕心。」

五三六年五月のものとされるこの詔の中で、宣化天皇は「食は天下の本である。黄金が万貫あっても、飢えを癒すことはできない。白玉が千箱あっても、凍えから救われることはできない。食糧倉庫は遠く離れている。那津の港に集めて、非常の場合に備え、人民の命の糧となるよう、早急に郡県に命令せよ」と伝えている。深刻な食糧不足を示す内容であり、緊迫した状況であったことがうかがえる。五三六年に始まる異変は、『日本書紀』だけでなく、世界中で三〇以上の古文書にみることができる。

東ローマ帝国将軍ベリサリウスの秘書官プロコピウスは、著書『ヴァンダル戦記』の中で、五三六年冬からの天候について「冬の間カルタゴに滞在したが、恐ろしい出来事の前触れのようなことが起きた。その後一年の間、太陽は輝きを失い月のように弱々しかった。そして太陽ははっきりと見えず、日蝕のようだった。それ以来、誰もが戦争、疫病により死んでいった」と記している[18]。

イタリアにいたカッシオドールズは、五三六年の晩夏から太陽はいつもの陽光ではなく青く光り、正午になっても自分の影ができず、月も同じくたとえ満月でもいつもの輝きがなかった、と書き残している。また、エフェソスのヨーアンネースによる『教会史』第二巻には、「太陽が暗くなり、その暗さは一年半も続いた。太陽は毎日、四時間くらいしか照らなかった。人々は太陽が以前のように輝くことは二度とないのではないかと恐れた」

とある。さらに、東ローマ帝国の首都コンスタンティノープルでは、ザカリーヌ・スコラティコスが、昼の太陽は暗くなり、そして夜の月も暗くなったと歴史書に記述した。

天候異変にともなう飢饉の到来も、日本だけではなかった。南北朝時代の中国では、『北史』に、五三六年九月各地で雹が降り大飢饉になったとあり、『南史』には、五三七年七月に厳寒、八月でも雪が降ったとの記録がなされている。その後も天候異変は続き、『北史』では五四八年に干ばつ、『南史』には飢饉が五四九年、五五〇年に発生し、長江南岸で住民が人肉を食べたとある[19]。

古文書の記録だけではなく、天候異変の痕跡は世界各地の年輪に刻まれている。年輪の示す気温の低下は、一八一五年のタンボラ火山の噴火よりも大きい。スカンジナビア半島のカシと米国カリフォルニア州ホワイトマウンテンのブリストルコーンパインの年輪幅から、〇・五度近い気温の低下が推測される（図2－10）。シベリアのハタンガのマツから、五三〇年代から五四〇年代の二〇年間は、過去一九〇〇年間の中で極端に樹木の生長が遅れた時代と区分される。

南半球でも、同様の気候の激変の痕跡が発見されている。タスマニア島の針葉樹は五四六年から五五二年にかけてあまり生長せず、この時期の気温は六世紀の中で最低であったと推定される。チリのフィッツロイというスギの年輪分析から、五三五年から五三七年に気温が急低下し、五四〇年は過去一六〇〇年間で最も寒い夏であったと推定される。その

図2-10　六世紀の気候変動

注：上から、スカンジナビア半島の夏の平均気温（5年平均）、ヨーロッパでのカシの年輪幅、カリフォルニア州ホワイトマウンテンのブリストルコーンパインの年輪幅、カリフォルニア州シエラネバダ山脈のフォックステールパインの年輪幅

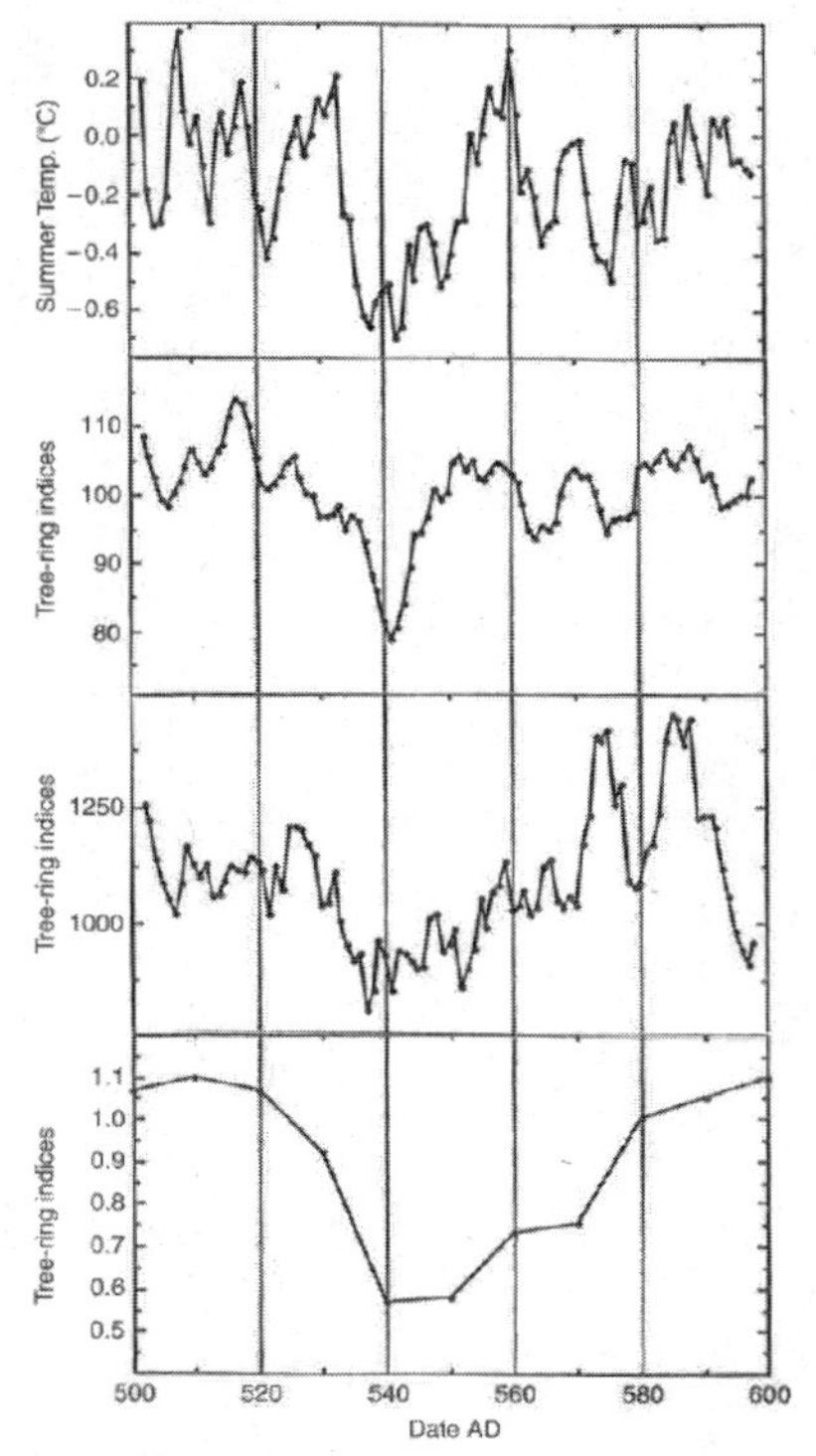

出典：W.Burroughs「Climate Change Second Edition」(2007)（原典はBaillie 1995）

他にも、ペルーのケルッカヤ氷河の氷床コアから、五四〇年から五七〇年頃に干ばつがきっかけとなる猛烈な砂嵐が発生したことがわかる。[20]

急激な気温低下の原因は何か

こうした世界各地の気候の激変の背景では、一体、何が起きていたのであろうか。五三六年の前後の一八カ月にわたってローマから中国まで「謎の雲」（mystery clouds）に覆われ、太陽が霞んでしまった原因は何か。NASAゴダート宇宙飛行センターに在籍していた気候学者リチャード・B・ストーザーズが一九八四年に六世紀の気候変動を科学雑誌《ネイチャー》に発表して以降、世界各国で研究が進められてきた。[21]

「謎の雲」とは、大気に濃い塵が散乱したものと考えられ、巨大火山の噴火か、地球圏外からの天体の衝突が候補として浮かぶ。中国の歴史書『南史』には、五三五年一一月中旬から一二月下旬にかけて「黄色い塵が雪のように降ってきた」とあり、火山灰が降り注いだことを思わせる。巨大火山の噴火となれば、大量の硫酸エアロゾルが大気中に滞留したであろう。[22][23]グリーンランド中央部の氷床コアから、この時代に酸性雪が降ったとの結果が出ている。

エアロゾルとは、大気中に細かな塵として浮遊している状態の微小粒子のことで、浮遊粉塵、大気粉塵ともいう。化石燃料の使用などにより発生する人為的なエアロゾルは、地球の平均気温を変える重要な要素として扱われている。ただしエアロゾルの中では、砂嵐や森林火災、海面からのしぶき、そして火山灰といった自然現象に由来する比率が現在でも大きく、全体の九割を占める。エアロゾルは水蒸気が凝結するための核となるため、雨滴の形成に大きな役割を果たしている。

巨大な火山噴火は、気温に対してプラスにもマイナスにも作用する。火山噴火による二酸化炭素の放出自体は、二酸化炭素が温室効果ガスであることから、大気中の気温の温暖化を引き起こす要因になる。一方で、火山灰による大量の硫酸エアロゾルが大気中に撒き散らされて成層圏にまで到達した場合、強い温室効果を持つオゾン層を薄くするため、寒冷化させる要因にもなる。

とはいえ、最も大きな影響は成層圏に浮遊するエアロゾルが二〇メートルから一五〇メートルの雲の層を形成するものであり、この雲の層が太陽日射を地球圏外に反射するため、日傘のように地球全体の太陽日射を遮ることだ。地上での日射量の減少による寒冷化であり、日傘効果とよばれる。いわゆる「火山の冬」である。

果たして、巨大火山噴火はどこで起きたのか。近年有力視されているのは、中米エルサルバドルのほぼ真ん中に位置するイロパンゴ湖だ。このカルデラ湖の面積七二平方キロメートルと十和田湖を少し上回る大きさで、噴出物は八四立方キロメートルの噴出物があったと推定されている。過去八〇〇〇年間で五本の指に入る大きなものである。放射性炭素による年代測定によれば、噴火時期は二回あり、一五〇年から三七〇年と四〇八年から五三六年のものとされている。テフラの総量について、八四立方キロメートルと見込まれている。[24][25]

世界最初のペスト大流行

大量のエアロゾルが大気中に滞留したことによる日照時間の不足と気温の急低下は農作物の不作による大飢饉だけでなく、アフリカ東部を発祥とするペストが、地中海を経てヨーロッパ西部にかけて大きな惨禍をもたらすことになる。ペストが最初にヨーロッパを襲うのはこのときである。古代ギリシャのペロポネソス戦争の時代や帝政ローマ初期にもペストが発生したとの記録もあるが、今日ではペストではなく天然痘であったと考えられている。

最初に感染が発見されたのはナイル川三角州のペルシウムという貿易中継港で、五四一年七月のことだ。もともとペスト菌はネズミが保有しており、ノミを介して人間に感染する。ネズミがどこから来たのか。宗教家・歴史家のエフェソスのヨハネスは、エチオピアに由来するとしている。ただし、近年は中国からインド経由での交易路によるとの見方もある。

いずれが原産にせよ、天候異変で干ばつが起きると、ネズミにとって天敵である大型哺乳動物の数が減る。このことでネズミの数が増え、山野から人間の住む場所へと棲息域を拡大したのだ。そして、象牙交易の船に潜んだネズミが、エジプト北部のアレクサンドリアを経由して五四一年にペストをコンスタンティノープルにもたらした。翌年になると、ペストはバルカン半島やスペインまで広がった。

プロコピウスは、コンスタンティノープルでは一日に最大で一万人が病死し、皇帝ユスティニアヌス一世（四八三－五六五、在位五二七－五六五）ですらペストに罹患したと記録した。宗教家・歴史家のエフェソスのヨハネスは、コンスタンティノープルで大量の病死者が海に投げ込まれた様を目撃し、農村でも人が消えてしまったと報告している。

東ローマ帝国はユスティニアヌス一世のもとで改革を進め、北アフリカからイタリア半島へと領土を拡大した矢先であった。五三六年には将軍ベリサリウスがローマ市を奪還した。六年の歳月をかけてコンスタンティノープルにハギア・ソフィア大聖堂が完成し、五三七年に献堂式が催されている。まさにユスティニアヌス一世は栄光への道のりにあった。この時、地球の反対側で巨大火山が噴火し、思いもよらぬペスト禍の発生により、東ローマ帝国は人口減少に直面したのだ。天災以外のなにものでもなかった。ペスト禍を原因とする農村人口の減少は致命的であり、税収の激減をまねき、深刻な財政赤字に陥った。五四二年から五四三年にかけて、貴金属の含有量を減らす貨幣改鋳も実施しているのは偶然ではない。そして、大軍を維持するための財源がままならなくなる。[26][27]

「火山の冬」による寒冷化や乾燥化は、ユーラシア大陸内陸の草原地帯に住む騎馬民族にも大打撃を与えた。現代のウマに通じる優良な品種の改良に加え、あぶみ等の馬具を開発していたアヴァール族は、同じ騎馬民族の突厥に追われて西に向かい、ヨーロッパ平原に押し出されて東ローマ帝国にとって大きな脅威となった。東ローマ帝国は、一四九二年にオスマン・トルコのメフメット二世によるコンスタンティノープルの陥落まで九〇〇年間生き残るが、ユスティニアヌスのペスト以降、国力を復興させることはなかった。

ペストはヨーロッパ西部にも広がり、フランスの地では五四三年にアルル、五七一年にリヨンで多数の死者が出た。さらにブリテン島にも上陸し、五四九年にローマとの交易が盛んであったケルト人の住む南西部で大流行することになる。[28]

そして、歴史の頁は変わる

かくして、歴史の区切りとしての古代は終焉を迎える。

ペストにより国力を弱めた東ローマ帝国は、覇権を失い領土を急速に縮小させていった。中東では干ばつが続き、メソポタミア文明以来続いてきた灌漑システムが放棄され、多くの農耕地が荒廃し、ササン朝ペルシャで社会不安が広がった。この間隙を縫うように、七世紀にかけてムハンマドが終末的な雰囲気を漂わせるイスラム教の布教を始め、イスラム帝国は中東からアフリカ北部、そしてイベリア半島まで勢力を急速に拡大していった。

ヨーロッパ西部において、フランスや英国といった今日の国家が固まるのも六世紀後半である。フランスという名前の由来は、ゲルマン系の一部族であるフランク族の名から発するもので、この部族は五七三年にブルターニュやプロヴァンスを含むフランス全土を支配し、メロヴィング王朝を起こした。メロヴィング王朝は北部のパリを首都に選ぶが、この地はローマ帝国時代からの主要拠点として発展していたアルルやリヨンのようなペスト禍を受けていなかった。

六世紀の初め、ブリテン島には東部にアングロサクソン人、南西部にケルト人と棲み分けがなされていた。六世紀後半のペストは、地中海等との交易を広げていた南西部の都市で流行し、ケルト人の都市で人口が大幅に減少した。一方で、相対的に武力を温存できた東部のアングロサクソン人は領土を広げ、ブリテン島全土を支配するに至った。現在、英国といえばアングロサクソンの国家であり、ケルト人の文化は西部のウェールズなどの地方色として残るだけだ。

東アジアに目を向けると、北周の将軍であった楊堅が五八一年に皇帝として禅譲を受け、隋が誕生し、五八九年には南朝の陳を亡ぼして、黄巾の乱以降分裂した中国を三〇〇年ぶりに統一した。

日本の仏教公伝（伝来）の時期には諸説がある。一番有力な説は、『上宮聖徳法王帝説』や『元興寺伽藍縁起并流記資財帳』にある戊午年に渡来したとの語句を重視するもので、五三八年（宣化三年）と特定している。仏教公伝のきっかけは、百済の聖明王が日本の朝廷に布教団を派遣したことによる。金銅製の釈迦仏像一体、仏像のための天蓋、経論若干巻とともに、どんな祈願もかなえられると仏教の功徳を賞賛した上表文が送られている。『日本書紀』での五三六年五月の飢饉についての記述から、天災に困窮した大和朝廷が新しい宗教に飛びついた可能性がある。その後、日本の歴史では蘇我氏と物部氏との間で崇仏論争が起こり、最後は戦争にまで発展するが、仏教国としての日本は「謎の雲」による五三六年の天候異変の直後に始まる。

かくして、世界史的な時代区分は、古代から中世に移る。日本史の場合は、仏教公伝以降が大和朝廷を中心とした記述となり、教科書の章立てが変わる。五三五年から五三六年にかけて、世界のどこかの地で巨大火山の噴火のもたらした「謎の雲」による気候変動が、古代の幕を閉じたといえるのではないだろうか。

第3部

中世・近世編

気候変動が歴史を動かした

第1章 中世温暖期の繁栄

九世紀から十三世紀にかけて世界各地で気温が上昇した。この時代は中世温暖期（MWP：Medieval Warm Period）あるいは中世気温高偏差（MCA：Medieval Climate Anomaly）とよばれる。

この章では、

- 中世の前半、気候は本当に暖かかったのか
- 温暖な気候は、ヨーロッパにどのような経済発展をもたらしたのか
- 気候の温暖化による恩恵は、地域によって必ずしも一様ではない。赤道に近い地域では猛暑にあえぐことになる。温暖化は南北差の大きい日本列島の各地で、どのような影響を及ぼしたか

などの、中世温暖期をめぐる歴史を語っていきたい。この時代に、ヴァイキングがグリ

ーンランドに移住している。グリーンランドでの生活とは、どのようなものであったのか。

1 温暖な時代の発見

ヨーロッパの古文書から

中世が温暖であったのではないかとの仮説は、ヨーロッパの古文書研究から始まった。まず、ヨーロッパ北部地域や山岳地帯に広がったブドウ畑の分布が注目された。ライン川東方でのブドウ栽培は、八一七年にカール大帝の指示によりラインガウの南向き斜面にリースリングなどの改良種が植えられて以降、北方地域に広がった。ブドウ畑は、九三七年にチューリンゲン、一〇五〇年にエルベ河畔、そして一一二八年には北海沿岸のポンメルンに達している。ブドウ栽培の地理的な北限という意味では、二十世紀と比較して三〇〇キロメートルから五〇〇キロメートル北上したことになる。[1]

ドイツでの耕作地の高度をみても、現在は海抜五六〇メートルが限界であるのに対し、当時は海抜七八〇メートルの高地で栽培されていた。標高差にして二二〇メートルとなる。一〇〇メートル高度が上がると気温は平均して〇・六度低下する気温減率からみても、中世温暖期の気温は現在より一度から一・四度高かったとする推測が成り立つ。品種が違うとの意見もあろうが、中世に栽培されたブドウの品種が、現代のものに比べて耐寒性があ

図3-1　中世温暖期の繁栄

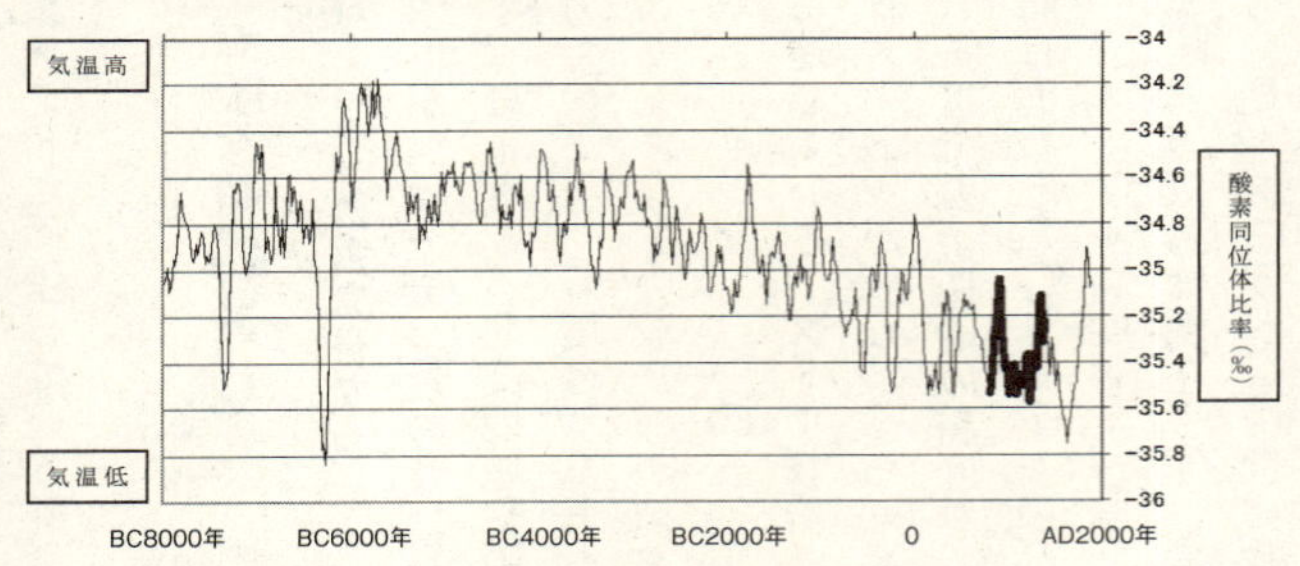

出典：Greenland Ice Core Chronology 2005（GICC05）

ったとは想定しづらい。また、商業的な観点で現代では高地栽培が行われていないだけだとの意見もあるが、今日でも糖度の高い白ワインとなるブドウは、霜害に細心の注意を向けながら高地で栽培されている。

一二〇〇年頃になると、ヨーロッパ中部の高地の森林限界は現在よりも一五〇メートル高くなり、ブリテン島ではスコットランド北部まで森林が北上した。イングランド南部では五月に霜が降りることがなくなり、フランスからのワインの輸入が禁止されたことをきっかけに、ブドウの栽培が広がった。航空写真や発掘調査により、七つの地域で、四〇〇〇本のブドウが栽培されていたことが発見されている。これらのブリテン島でのブドウ畑は、十四世紀以降に気候が寒冷化すると、教会用などの宗教用の栽培を除き、ほぼ壊滅し

図3-2　オーストリア・スパンゲル洞窟の石筍に含まれる酸素同位体比から推定する気温推移

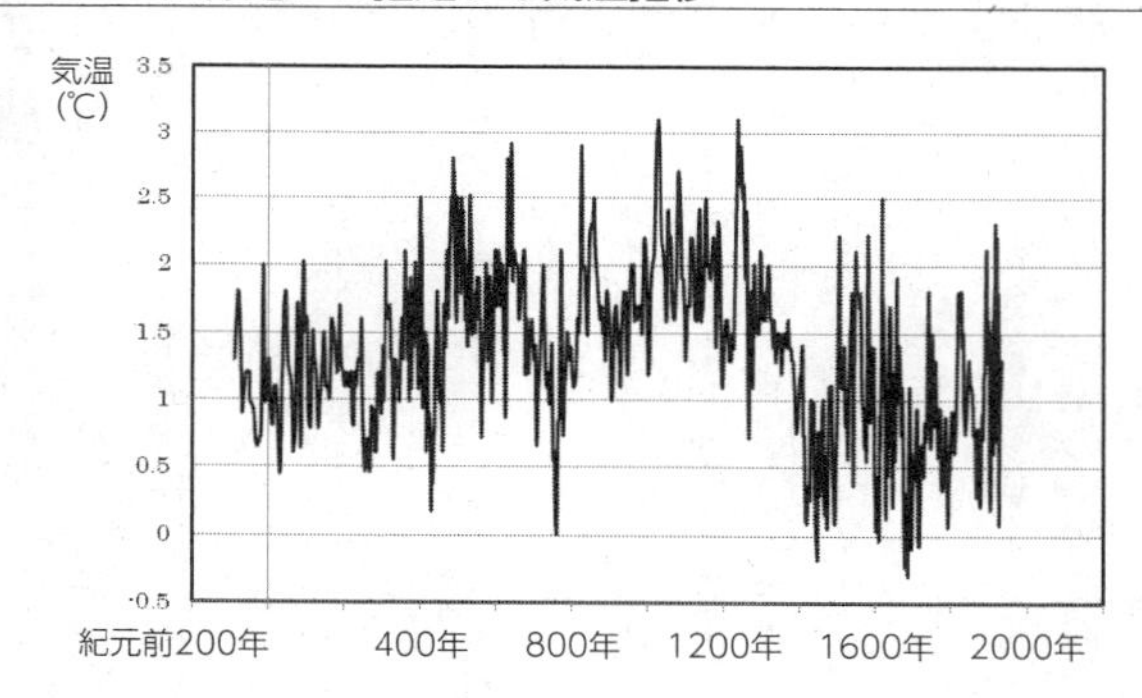

出典：Mangini et al.（2005）

ていった[2]。

ブドウ畑ばかりではない。オーストリアのホーヘ・タウエルンなどの金鉱山は古代に開発され、その後氷河の前進により放棄されていたが、中世温暖期に再び発掘されるようになった。ヨーロッパ大陸内部にある高気圧がより北極側に移動したためか、アルプスの山岳地域では降水量が減り、十世紀から十一世紀初期にかけて干ばつが発生するようになる。アルプス最大のアレッチ氷河では雪融け水が利用できなくなり、高所から麓の谷間まで水道が整備された。気温の上昇により、それまで氷河で封鎖されていた鉱山が採掘可能となったのだ。これらの鉱山は、寒冷化していく一三〇〇年代になると、地下水が増えて採掘が困難に陥り、再び閉山に追いこまれていった[3]（図3－2）。

世界各地の古気候分析から

気候の温暖化を示す証拠は、ヨーロッパだけではなく世界各地で発見されている。米国東岸では、ニューヨーク市にほど近いハドソン川下流のピアモント湿原の堆積物から、八〇〇年から一三〇〇年にかけての五〇〇年間に干ばつがあったことがわかる。八〇〇年以前には多かった湿潤な気候を好むブナ科の広葉樹の花粉が減少し、乾いた土地を好むマツ、クルミなどの花粉が増えたのだ。そして、一三〇〇年以降になるとトウヒやドクゼリの花粉の占める割合が高くなり、湿地を好む植物の花粉が再び増加するようになる。ロッキー山脈西側のカリフォルニア東部や、ネバダ州とユタ州の間にあるグレート・ベースン盆地の樹木年輪や湖底コアから採取された木炭の分析によると、九〇〇年から一三〇〇年の四〇〇年間に、厳しい干ばつが発生し、乾燥した気候が続いたことがわかる。[4][5]

カリブ海サルガッソー海域の海底コアから、一〇〇〇年前頃の海水温は現在よりも一度程度高かったと推定され、首都ワシントン東側の海底コアに含まれる有孔虫などのマグネシウムやカリウムの分析によると、四五〇年から一〇〇〇年にかけての北大西洋では温暖な状態が続き、海水温の変動も少なかったことが示されている。[6]

温暖化の傾向は、欧米の中緯度地帯だけではない。アラスカの氷床コアによる酸素同位体分析によると、八五〇年から一二〇〇年の間、紀元〇年から三〇〇年の間および一八〇〇年以降と同様に、温暖な時代だったとの結果が出ている。また、南極半島の東部ブランスフィールド海盆で採取された海底コアの場合、一〇〇〇年間の堆積物が八七センチメートルに圧縮されているために分析が困難であるものの、有機炭素と生物由来のケイ素について高解像度分析を実施したところ、中世の温暖な時代とその後の寒冷化という気候変動を示す結果が得られた[7]。

このように古気候分析から、中世には地球規模で気候が温暖であったことが確認できる。原因としては、太陽活動の活発化と、九〇〇年から一一〇〇年にかけて大規模な火山噴火が長期間発生しなかったことが挙げられる。とりわけ太陽活動について、IPCC第四次評価報告書は過去一二〇〇年の入射強度を推計し、中世温暖期の時代は二十世紀中と変わらない高い水準にあったとしている[8]。

果たして現在よりも温暖であったか

中世温暖期は、現在と比べてもより暖かい時代であったか、という議論がある。このテーマの論争は、単純に二つの時代の気温を比較するというよりも、二十世紀以降の地球温暖化が、果たして人為的な要因によるものかといった論点と関係するため、複雑な展開をみせている。仮に中世温暖期の気温が現在よりも高く、それが太陽の活動が活発化したためであれば、二十世紀の地球温暖化は人為的な要因よりも、太陽活動を中心とした自然現象による要因が大きいのではないか、といった考え方に発展する可能性があるからだ。

中世温暖期という発想は、ヒューバート・ラムが一九六五年に書いた論文に始まる。ラムは西ヨーロッパの古い文献記録から、一一〇〇年から一二〇〇年にかけて乾燥した夏と寒さの和らいだ冬があったとし、当時の気温は一九〇〇年から一九三九年の平均と比較して一度から二度高かったのではないかと推測した。これが、現在よりも暖かい時代（ラムの言葉では「中世の高温：Medieval High」）が中世にあったとする説の発端である。

その後、樹木の年輪から氷床コアを含め、多くの代替資料による古気候の再現が飛躍的に進んでいった。研究結果は増えていったものの、中世温暖期と現代の二つの時代ではどちらが暖かかったのか、結果は二分されている。カナダ北部の湖沼コア、グリーンランドの氷床コア、北部スウェーデンやウラル山脈北部の年輪では中世温暖期の方が暖かかった分析結果が出ており、一方でシベリア北部のタイミル半島やモンゴルの年輪によれば、現代の方が温暖だとしている[10]。

IPCC第四次評価報告書の語る中世温暖期

IPCCでは、過去四回の報告書の中で、中世温暖期とそれに続く小氷期とよばれる寒冷な時代について、そのつど意見を変えてきた。一九九二年の第一次評価報告書では、過去一〇〇〇年間の気候変動についてはわずか一頁にも満たない分量でのみ触れており、小氷期については地球規模で起きた現象としつつも、中世温暖期に関しては言及しなかった。

一九九五年の第二次評価報告書になると、各地の氷床コア分析による一二〇〇年以降の気温変動を再現したグラフが示され、地球規模での温暖化とその後の寒冷化があったと受け取られるものであった。ただし、留意事項として中世温暖期についての分析は限定的であり、はっきりした結論ではないと付記された。

ところが二〇〇一年の第三次評価報告書では、中世温暖期、小氷期とも地域的な現象であり、北半球や南半球といった規模、あるいは地球全体での気候変動は認められないと一蹴し、あたかも過去一〇〇〇年間の気候変動がわずかなもので、二十世紀に急激に気温が上昇したとみてとれるようなグラフが掲載された。このホッケーのスティックのような折れ線グラフは、年輪分析を専門とするマイケル・マンが中心になって作成したものであった。しかし、彼らのグラフについて、データ処理の点で疑義が唱えられ、あるいは再現性に欠けると批判され、「ホッケースティック論争」とよばれる激しい議論に発展し、米国議会で公聴会が開かれるまでに過熱した。二〇〇六年にマンらは科学雑誌《ネイチャー》に投稿し、分析方法に誤りはないとしつつも、広範囲かつ高解像度の分析がなければ信頼できる確かなことはいえないと語っている（図3－3）。

二〇〇七年の第四次評価報告書になると、マイケル・マンによるホッケースティック状の気温の長期変動グラフは参考レベルで掲載されているものの、多くの古気候分析の結果をプロットしたグラフに置き換えられた。新しいグラフは、過去一〇〇〇年間の気温変動

図3-3　IPCC第3次評価報告書（上）と第4次評価報告書（下）での平均気温推移（1961〜1990年比）

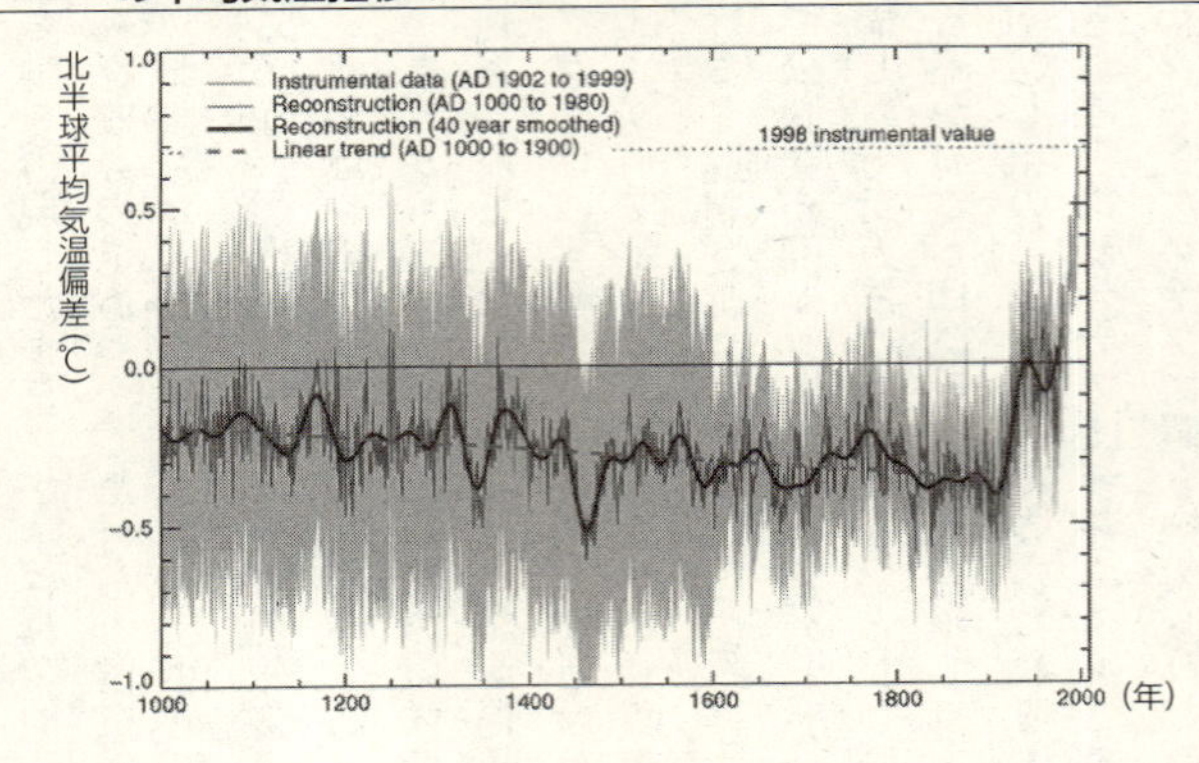

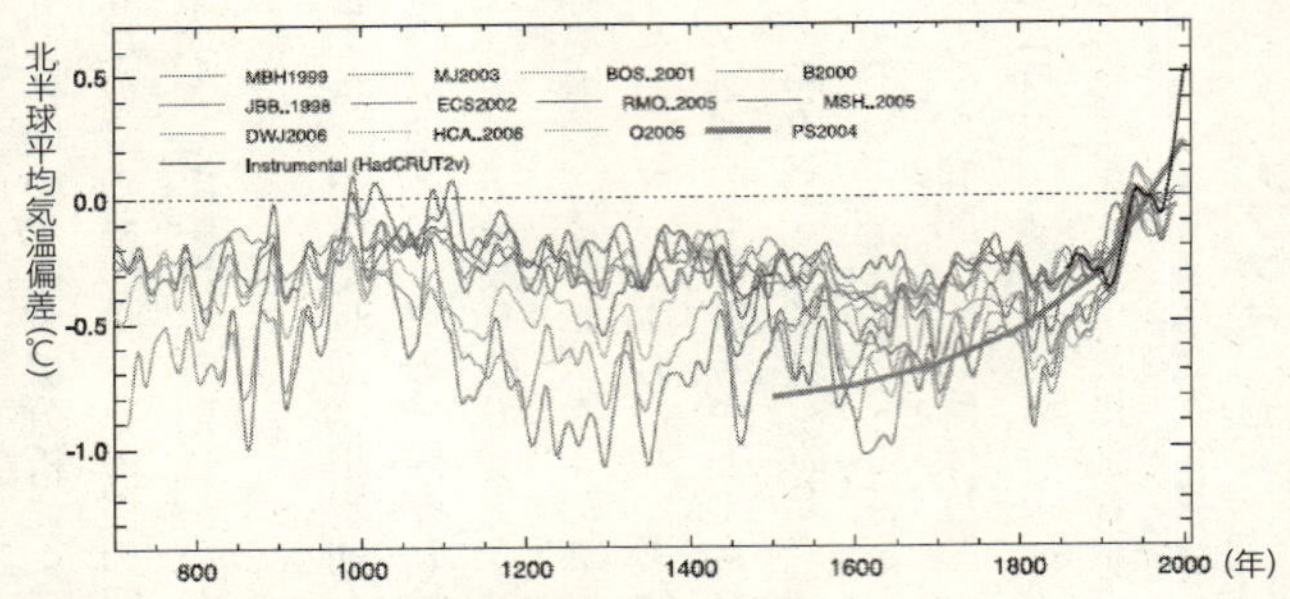

出典：上；IPCC第3次評価報告書 Figure 2.20
　　　下；IPCC第4次評価報告書 Box6.4

がけっして安定などしていなかったことを示している。報告書には、分析結果は地域により違いがあり地球規模で時間的に一致した温暖化や寒冷化があったとはいえないとし、第三次評価報告書を踏襲する表現も残っている。一方で、中世温暖期の時代は十七、十八、十九世紀よりも明らかに暖かい時代であったと明言し、過去一〇〇〇年間の気候変動の大きさを認める表現に変わった。そして中世温暖期と二十世紀との比較については、「二十世紀以前に最も暖かかった時代は九五〇年から一一〇〇年であった可能性が高い。ただし、一九六一年から一九九〇年の平均気温と比べるとおそらく〇・一度から〇・二度低かったであろうし、一九八〇年以降と比べると明らかに低かった」としている[10]。

一九八〇年代以降は中世温暖期よりも暖かい

中世温暖期と現代のいずれがより温暖であったかとの議論は、現在でも残っている。特に、中世に温暖化したのは北半球中緯度のヨーロッパを中心とした一部地域だけではないかという意見もある。もっとも、ヒューバート・ラムが最初に中世温暖期という概念を提唱し、その時代の気温が現在よりも一度から二度高かったと考えた際の現代の気温とは、西ヨーロッパでの一九〇〇年から一九三九年の平均であった点は留意していいだろう。二十世紀初頭は気温が次第に上昇する時代ではあったものの、一九六一年から一九九〇年の平均と比較すると約〇・三度ほど低かった。

二十世紀の約一〇〇年間で、地球全体の平均気温が〇・七八度上昇していることを勘案すると、二十世紀全体での平均気温は中世温暖期とほぼ同等のレベルであったと考えるのが自然ではないか。さらにいえば、一九八〇年代以降を採り上げれば、中世温暖期よりも温暖化が進んでいるというのが現段階でのコンセンサスといえよう。人為的な温室効果ガスが要因とみられる全球平均気温の急上昇が顕著になったのも一九八〇年代からである。[1]

ちなみに中世温暖期で広がったブリテン島のブドウ畑は、一九五〇年以降に復活しており、白ワインについては品質の高いものも生産されはじめている。こうした事実は、中世温暖期と二十世紀半ばの平均気温がほぼ同じであることを裏づけるものだろう。

2 ヨーロッパでの人口の増加とゴチック建築の栄華

未開の土地の消失

中世温暖期に北大西洋海流の流れも強くなった。北大西洋海流は、地球規模での暖かい時代に強まる傾向があり、熱帯域の熱をそれまで以上にヨーロッパへ輸送することにつながる。海流の循環が強化されただけでなく、北大西洋にあった高気圧はドイツ北部やスカンジナビア南部に位置するようになる。この結果、高気圧の西側にあたるヨーロッパ北西部に、大西洋から暖かい風が流れこんだ。

こうした自然環境の中で、ヨーロッパ各国は経済的な発展を遂げるのである。ノルウェーでは八〇〇年から一〇〇〇年にかけて森林が伐採されて農村が広がり、八八〇年頃には北緯六五・五度のフィヨルドのマランゲンでも大麦が耕作されるようになった。

ブリテン島では、かつてないほど高地での耕作地が広がった。スコットランドの国境に近いイングランド北東部のノーザンバーランドでは標高三〇〇メートルから三二〇メートル、イングランド南西部のダートムーアでは海抜四〇〇メートルの地域まで開墾され、一三〇〇年になるとスコットランド南西部のケルソー・アビーで海抜三〇〇メートルでも農業が行われた。いずれも二十世紀では農耕が不可能な高地だ。一二八〇年にはスコットランドのノーサンブリア地方で、農耕地が高地に広がったために牧草地を奪われたとし、ヒツジ飼いが訴訟を起こしたという記録も残っている[12][13]。

中世ヨーロッパは農業に依存した社会だった。一〇〇〇年頃、一平方キロメートルの農地で養える人数は二〇人から三〇人程度であり、人口増加に対応するためには森林を伐採し、畑や牧草地に変えていく必要があった。フランスでは八〇〇年から一三〇〇年の間に森林は三〇〇〇万ヘクタールから一三〇〇万ヘクタールに減り、森林面積は国土の四分の一に過ぎなくなる。ドイツや中央ヨーロッパの場合、森林面積は九〇〇年頃に全土の七〇パーセントであったところ、一九〇〇年になるとわずか二五％へと減少した。大規模な森林伐採が中世温暖期において特徴的に行われた[14][15]。

フランス南部の地中海に面するラングドック地方において、修道院や聖ヨハネ騎士団は、一〇五〇年以降、開墾であれば樹齢数百年の樹林の伐採を許可している。そして、教会内の敷地に作られた開墾地に集落が建設されていった[16]。

ヨーロッパ東部でも、エルベ川以東のそれまで未開であった土地が農耕地に変わっていった。エルベ川以西からの植民は、一一八六年にバルト海沿岸のリヴォニア（エストニア）、一二〇一年にリガ（ラトビア）へと北上し、内陸では一二四〇年にはオーデル川流域からシレジアまで延びた。この時代に新たに農耕地となった地域は、現在のドイツの国土の三倍に相当し、結果としてヨーロッパ東部で開墾できる未開の土地はなくなった[17]。

ヨーロッパでの人口増加

農地の拡大や経済の発達により、ヨーロッパ全土での人口が急増した。ヨーロッパ全体の人口は、五〇〇年頃およそ二七五〇万人と推定され、その後、第2部第3章で扱ったペスト禍で六五〇年には一八五〇万人まで減少していた。しかし、中世温暖期での農耕地の拡大と温暖な気候により、一〇〇〇年には三八五〇万人そして一三四〇年には七三五〇万人と、七〇〇年で約四倍に増加した。

地域別にみると、ギリシャ、バルカン地方、イタリア、スペインといった地中海沿いの

表3-1 中世ヨーロッパの人口推移

(人数：百万人)

(年)	500	650	1000	1340	1450
ギリシャ・バルカン	5	3	5	6	4.5
イタリア	4	2.5	5	10	7.3
スペイン・ポルトガル	4	3.5	7	9	7
南欧全体	13	9	17	25	18.8
フランス・ベネルクス	5	3	6	19	12
ブリテン島など	0.5	0.5	2	5	3
ドイツ・スカンジナビア	3.5	2	4	11.5	7.3
中欧・西欧全体	9	5.5	12	35.5	22.3
東欧	5.5	3.5	9.5	13	9.3
ヨーロッパ全域	27.5	18	38.5	73.5	50.4

出典：Josiah C. Russell, Population in Europe:, in Carlo M. Cipolla, ed., *The Fontana Economic History of Europe*, Vol. I: The Middle Ages (Glasgow : Collins/Fontana, 1972)

ヨーロッパ南部では、六五〇年に九〇〇万人、一〇〇〇年に一七〇〇万人、一三四〇年に二五〇〇万人と、三倍弱であるのに対し、フランス、ブリテン島、ドイツおよびスカンジナビアというヨーロッパ中部および西部では、六五〇年に五五〇万人、一〇〇〇年に一二〇〇万人、一三四〇年に三五五〇万人と、六倍以上の増加を示している。また、ヨーロッパ東部でも、六五〇年に三五〇万人、一〇〇〇年に九五〇万人、一三四〇年に一三〇〇万人と、およそ三・五倍になった[20](表3－1)。

中世というとペスト禍と寒冷化による飢饉の頻発といった印象で語られることが多く、通期にわたって人々が困窮した暗い時代と思われがちだ。しかし、中世前期にあたる九〇〇年から一三〇〇年にかけては温暖な気候による繁栄があり、その結果の人口の急増があったのである。

そして、人口が飽和状態になったからこそ、十四世紀以降の気候悪化での農業生産力の低下が、より深刻な事態を引き起こすことになる。

気温上昇の光と影：ゴチック建築にみる経済発展と内陸部の干ばつ

中世温暖期になると、ヨーロッパの各国では国力が増し、イスラム教国の支配するイスラエルを奪還すべく十字軍の遠征が行われ、文化的にもスコラ哲学の誕生をみた。当時の文化の繁栄を知る事例にゴチック建築がある。

フランスやブリテン島そしてドイツ北部を中心に、十二世紀から十三世紀は建築家や石工、大工が活躍し、つぎつぎと空を突き刺すような尖塔を持つ大聖堂が建造されていった。フランスでは、一一三〇年のサン・ドニ修道院、一一五九年のパリにあるノートルダム寺院、そして一二二〇年のシャルトル大聖堂が代表的なものだ。ブリテン島では、一一七四年のカンタベリー大聖堂、一二九八年のブリストル大聖堂、そしてウェストミンスター寺院と続く。ドイツでは、一二四八年にケルン大聖堂の建設が開始された。これらの巨大な建築物は、温暖な気候がもたらした経済発展の象徴といえる。

ただし、中世温暖期が地球規模で人類全体に繁栄を及ぼしたかといえば、一概にそうとはいえない。確かに気温の上昇は、北半球の中緯度から北部に住む人々にとっては偉大な恩恵であったろう。一方で、低緯度に位置する北米南西部、アフリカ、東南アジアでは、長期間に及ぶ厳しい干ばつが発生し、人々は飢饉の中で生活圏の移動を迫られた。ユーラシア大陸内陸部のモンゴル高原では、干ばつの発生により牧草が不足し、とりわけ干草ではなくタンパク質の多い生きた草を好むウマの飼育に困窮した。モンゴル高原の古代松の年輪から、十二世紀に干ばつが頻発したことがわかる。遊牧民にとっての環境の悪化が、チンギス・ハーンを世界侵略に向かわせる背景となったのかもしれない。[19]

温暖な時代は人類に繁栄をもたらしてきたとし、現代の温暖化を肯定すべきという主張がある。しかし、これらはヨーロッパなどの中緯度から北方にかけての一部地域に限られたことであり、アジアやアフリカの内陸部や熱帯に住む多くの人々にとっては、災禍となるケースが少なくない。ブライアン・フェイガンは著書の中で、長期間の干ばつを「静かなる殺戮者」とよんでいる。[20]

3 日本の場合：平安時代の国風文化の発展と東日本の台頭

観桜御宴が記す桜の開花時期

日本の古文献の中で天候に関係する連続した記録として、八〇〇年代の『日本後紀』などの観桜御宴がある。観桜御宴は嵯峨天皇の時代、八一二年（弘仁三年）二月一三日より開始しており、『日本後紀』には「花宴ノ節此レニ始レリ」と記され、この日付はグレゴリウス暦では四月二日にあたる。ただし、この初回の観桜日は極端に早いもので、『日本後紀』『文徳天皇実録』『三代実録』などに記録された八〇〇年から九〇〇年にかけての観桜開催日を平均すると、グレゴリウス暦では四月一〇日頃である。

十四世紀以降、気候が寒冷化した室町時代となると、三条西実隆の『実隆公記』等に記された宮中関係の花宴や観桜日では、平均すると四月一七日と平安時代と比べて七日も遅くなった。現在、京都の桜の満開日を観測する標本木は、中京区にある京都地方気象台管内にある。観桜が今日でいう満開日頃に行われたと仮定すると、二十世紀の満開日の平均が四月一〇日であるので平安朝の時代とほぼ変わらず、二〇一一年以降での平年値（三〇年平均）は四月五日であり、当時よりも五日ほど早いことになる。早くなった要因としては、まず都市化によるヒートアイランド現象があり、次にベースとしての地球温暖化が考えられている[21]。

このように書くと、桜は種類によって開花時期が異なるため、当時と今との開花時期を単純には比較できない、との意見も出てくるだろう。確かにカンザクラやエドヒガンはソメイヨシノよりも早く、ウコンザクラは遅いというように、開花時期にずれがある。なにより江戸時代に開発されたソメイヨシノは、平安時代には存在しなかった。とはいえ、宮廷人が観賞した桜はヤマザクラであり、ヤマザクラとソメイヨシノでは開花時期に違いはないとされることから、開花日の比較は可能であろう。ヤマザクラの場合は、一斉に開花するというよりも個体差で開花日も散る時期もばらつくという傾向があるものの、平安時代の満開日から勘案される気温は、ヒートアイランド現象を除いた二十世紀後半とほぼ同水準であったみていいのではないか。[22]

朝廷勢力の東北への拡大

世界史でいう「中世」の温暖期は、ちょうど中央集権国家として日本の体制が固まる時期であり、今日の都道府県の配置はこの時代の仕切りが現在も続いているところが多い。朝廷勢力が本州全域に及んでいった背景には、温暖化による農業および林業の生産力の向上があったに違いない。

奈良時代から平安時代にかけて、荘園制度による開墾の活発化や東北地方への朝廷勢力の進出により農耕地が拡大した。この時期は、ヨーロッパでの経済発展の開始と時期が一致する。千葉の古代集落の発掘調査によれば、八世紀後半の遺跡から掘立建物や墨書土器が出土され、集落の場所も、それまで台地上にあったものが沖積平野に移っている。関東で条理制が施行されたのもこの時代からだ。

太平洋側での朝廷の勢力範囲は、七世紀には福島県と宮城県の県境であったのに対し、七一四年には仙台市以南まで郡が整備され、七二四年には多賀城が築かれ、七六五年になると男鹿半島の北部にまで延びていった。七八〇年には坂上田村麻呂が蝦夷軍のアテルイを破り、岩手県水沢の胆沢城で奥六郡の統治を行うようになった[23][24]。

気候の温暖化が東北地方に恩恵をもたらした象徴的なケースとして、奥州藤原氏の繁栄が挙げられる。奥州藤原氏は、前九年・後三年の役の後に平泉を拠点として陸奥と出羽に一大勢力を築いている。一般的には奥州藤原氏の繁栄は、金の生産により国力が大幅に高まったためとみられ、中尊寺金色堂がその象徴として紹介される。金鉱山の採掘には膨大な労働力を必要とし、背景には温暖化による農業生産力の向上が大きな要因としてあったことは間違いない。一一二六年の中尊寺落慶供養に際しての藤原清衡の願文には、三〇年の間平和を保たれ、「年貢の勤めを欠いたことがない」と豊作が続いたことが記述されている[25]。

京都大学教授であった故鎌田元一博士は、当時の村落の数や村落種籾の貸借時の利子に相当する出挙稲の記録から、その当時の人口を推定している。鎌田博士によれば、八世紀前半の北海道、東北地方北部と沖縄を除く日本の人口は、八世紀前半で五〇〇万人、九世紀末は六〇〇万人、十二世紀前半は六九九万人という。これは小山修三名誉教授が推計した弥生時代の人口の一〇倍に相当する[26]。

北海道北東部ではオホーツク文化

さらに、北海道の北東部沿岸で、オホーツク文化とよばれる先立つ縄文期ともその後のアイヌの時代とも異なる文化が発展したのもこの頃だ。一九一三年にアマチュアの考古学者により網走でモヨロ遺跡が発見されて以降、根室半島から稚内までの沿岸部や利尻島、礼文島に、サハリンや千島の文化と関連づけられる遺跡が多数みつかっている。竪穴住居の大きさは平均すると八〇平方メートルで、熊の骨偶が数多く発掘されている。

オホーツク文化は、四世紀から五世紀の寒冷期にサハリンなどの北方民族が温暖な地域に南下し、北海道に移住したことがきっかけと考えられる。遺跡から口唇装具と思われるものもみつかっており、アラスカのイヌイットの文化との親近性も指摘されている。文化圏としては千島列島、サハリン、北海道北東部と、オホーツク海を囲む三角形の形状で、クジラ漁など漁撈により食糧を得ていた。

中世温暖期には、冬季に北海道沿岸に流氷が漂着しなかったのではないかとの仮説もあり、マスコミでも報道されることがある。しかし、遺跡から発掘される魚骨は夏季のものが中心であり、タラなどの冬の魚は少ない。また、流氷が運んできたと考えられるアザラシの骨も、いくつかの遺跡で確認されている。こうしたことから考えると、道北端に流氷が漂着しないほど温暖な年が続いたとはいえないようだ[27]。

ともあれ、一年を通して自然環境に恵まれる中でオホーツク文化は十三世紀まで続き、東北地方北部の太平洋側で本州との交流も行われた。オホーツク文化は十四世紀に入ると擦文文化にとって代わるように消えていった。オホーツク文化が持っていたクマ信仰については、アイヌ文化の中核として受け継がれていったのではないかという説もある[28]。

西日本では猛暑と干ばつ

中世温暖期において、緯度の高いヨーロッパでは気温上昇の恩恵を受け、一方で内陸部や赤道に近い地域では干ばつに苦しんだと先に触れた。こうした南北地域での様相の違いが端的に現れたものとして、平安時代末期の日本での南北格差が興味深い。

気候が温暖になったことで、西日本では猛暑と暖冬が続いた。平安時代の京都がいかに暑かったかについて、『延喜式』『三代実録』の記述からうかがうことができる。当時の宮中では一年間に七八トン、盛夏には一日あたりおよそ八〇〇キログラムの氷が食糧の腐敗を防ぐため、あるいは直接食用として消費されていた。醍醐天皇の命により十世紀半ばに書かれた『延喜式』には、氷が張るように毎年十一月に祭を開催し、五色薄絁各五寸、木綿一両、麻二両などを捧げると定められている。また、暖冬で氷が薄い年には氷池風神の九カ所に五色薄絁各一尺、米一升、酒二升、海藻一斤、雑魚二斤等を捧げるようにとし、尋常の寒さであればこの措置は不要としている。こうした対応が明記されていることから、暖冬で氷が張らない暖冬の年が少なくなかったと推察される。『日本三代実録』では、暖冬の年には気温が氷点下に下がらず、周辺の池に氷が張らないため氷室が元日でも空であったとある[29]。

日本周辺で黒潮の流れや珊瑚礁分布の北上が確認されたとの研究結果がある。千島列島南部の海底コアの分析によれば、黒潮は現在よりも北に寄り、冬季の海水温も高かった。海面水位も上昇したようで、鎌倉幕府でも初期に造られた港はより東側の若宮大路に位置し、大阪湾は現在よりも内陸に入りこみ、京都南部までの形状は淀川流域というよりも内湾化していた。菅原道真が大宰府に流される道中記には、山口県の防府一帯に海が広がっていたため船で渡ったと記されている[30][31][32]。

西日本では、春から夏にかけての熱波や干ばつ、そして秋には大雨や洪水と、自然災害が多発し、凶作が連続したことで社会基盤が脆弱になった。平清盛が没した一一八一年（養和元年）には春から夏にかけて干ばつ、秋には大雨により凶作となり、近畿地方以西の平家領地の被害が大きく、平家没落の一因と考えられる。この年の日照りによる飢饉については、『方丈記』にも詳しく描かれている。西日本ではその他にも、一二二七年（安貞元年）から一二三一年（寛喜三年）にかけては長雨、一二五二年（建長四年）から一二五九年（正元元年）には干ばつ、長雨、大雨による凶作が起き、疫病も大流行した[26]。

天災、疫病によって、天台宗、真言宗などの従来信仰されていた仏教の祈祷、あるいは密教系の呪術の効果に疑問符がついた。こうした不安が背景となり、極楽浄土を求める新しいタイプの鎌倉仏教が、人々の支持を集めていった[33]。

一方、東日本では「日照りに不作なし」といわれるように、気候の温暖化が農業生産力を向上させ、経済的な発展をもたらしている。温暖化すると高緯度側の東日本では農業生産力の向上という恩恵を受け、低緯度側の西日本では猛暑による干ばつに悩まされている。地球規模の環境変化が日本列島に縮図として現れているかのようだ。

日本の政権が交代する推移をみると、中世温暖期には鎌倉幕府が築かれ、一方で気候が寒冷化する十四世紀以降には北関東を拠点としていた足利氏が幕府を京都へと移す。そして十六世紀後半から十七世紀前半の寒さが小休止した時代に江戸幕府が開かれ、再び厳寒期となる十八世紀後半以降に東日本の経済力が低下し、西日本の薩摩や長州による倒幕が果たされる。

もちろん、政権の拠点は社会構造などさまざまな要因が関係しており、単純に気候だけで決まるわけではない。しかし、千年以上の間、東日本と西日本の間での政治の中心の移り変わりは、気候変動と不思議に一致している。

4　ヴァイキングのグリーンランド移民

赤毛のエイリークの伝説

アイスランド・サガとよばれるヴァイキングの伝承を集めた一連の物語集の中に、一六章からなる『赤毛のエイリークのサガ』という短編がある。グリーンランドの発見と開拓をめぐる逸話が書かれたもので、コロンブスがアメリカ大陸発見となる西方への航海に出る前に熟読したと伝えられている。

九六〇年頃、赤毛のエイリークの父親であるトールヴァルド・アスヴァルドソンは、暗殺事件にかかわったため、故郷のノルウェー南部のヤーレンからアイスランドへの移住を余儀なくされた。このとき、およそ一〇歳であったエイリークも父とともに母国ノルウェーを離れた[34]。

ヴァイキングというと「海賊」という印象が強いが、ほとんどの人々は母国で農業を営んでいた。船を操る少数の人々が世界各国との交易を行い、その延長としてヨーロッパ沿岸部や島々を植民地として開拓していた。当時のノルウェーは、気温の上昇が顕著であった上に改良型の鋤の導入もあり、農業生産性は向上したものの、もともと国土のほとんどが険しい山地で、農耕適地は陸地の三％しかなかった。八世紀前半には耕地の制約から、人口の増加に農業生産量が追いつかなくなっていたのである。ヴァイキングが積極的に海外に移住した理由はここにあった。六〇〇〇年頃に手漕ぎの船から帆船へと技術革新が起きたことに加えて、中世温暖期に入ると海面水温が上昇して流氷が減少し、遠方への航海が容易になったため、海外移住が加速した[35]。

ヴァイキングの海外進出について、古くは七九二年六月八日に、イングランド北東部沖合にあるリンディスファーン島の修道院を襲撃したと記録がある。彼らはブリテン島周辺のオークニー諸島、フェロー諸島と植民地を広げ、北方のアイスランドに船を進めていった。アイスランドは、北大西洋海流の暖流の恩恵により、高緯度としては暖かい気候が特徴である。しかし、『定住の書』によれば、初期のヴァイキング航海者であったフロキとその一行は、島に上陸して小高い山に登ってみた際に、フィヨルド一面に海氷が浮かんでいるのを眺めた。まだ中世の温暖化が始まった当初であったためか、アイスランドに大量の流氷が押し寄せていたのである。フロキはこの島を「氷の島」と名づけ、これが国名となった。移民は八七四年に始まり、最初に定住が行われた場所はその地に住んだ家族の名前を取ってレイキャビクと命名され、現在の首都となっている[36]。

「氷の島」との名前に反し、プレートテクトニクスにより地殻が割れる北大西洋海嶺の北端近くに位置するアイスランドは火山活動が活発であり、大規模噴火も数十年おきに起きている。火山島ゆえ、現在では多くの家庭の暖房は地熱によっている。国土の中で氷河が占める割合は一〇%しかないものの、島全体に大量の火山灰が積もっていることから土壌は農業に適しているとはいえず、ブタ、ウシ、ヒツジ、ヤギ、ウマの放牧が中心の生活が行われていた。

トールヴァルドとエイリークの父子がアイスランドの地を踏んだのは、移民が開始されてからおよそ一〇〇年を過ぎた頃にあたる。エイリークは父親の死後、有力者の娘のショーズベルトと結婚し、三人の息子を持ち、それなりに豊かな生活を送っていた。しかし父親から気性の荒さを受け継いでしまったようだ。エイリークが三二歳のとき、トールゲストという男が貸した椅子の脚柱を返さなかったという諍いから、トールゲストの二人の息子を殴り倒し、仲間を引きこんだ大きな争いに発展してしまう。当地の裁判所は争いを鎮めるため、エイリークとその仲間を三年間アイスランドから追放するとの判決を下した。

エイリークはアイスランド北部に隠れていたが、トールゲストが復讐すべく執拗に追いかけてきたと聞き、長旅の用意を整え船に乗って西に逃れることにした。エイリークはかつて、グンビョルンという男が航路を遠く西にはずれた際、それまでみたことのない土地があったと語っていたのを覚えていたのだ。エイリークは、その「グンビョルン岩礁」とよばれた島を目指すことにしたのだ[37]。

氷山に注意しながらも航海は順調に進み、水平線の先に雪で覆われた高い山を発見すると、ほどなくしてグンビョルン岩礁東岸のブラサークいう氷河に到着した。船はその陸地に沿って南下し南端ファーベル岬を回ると、そこには放牧に適した草原と魚の溢れる川があった。エイリークの一行は、陸地の南端から西側の海岸沿いを周り、数カ所に居留地を置き、二年続けて越冬した後にアイスランドに帰国した。アイスランドでエイリークは、発見した陸地を「グリーンランド」と名づけて人々の移民を勧誘していった。命名の理由について、『赤毛のエイリークのサガ』では、次のように彼が語ったとある。「なぜなら……、その陸地がいい名前を持っているほうが、皆は移民する気になるだろう」。かくし

図3-4　ヴァイキングのグリーンランド入植地

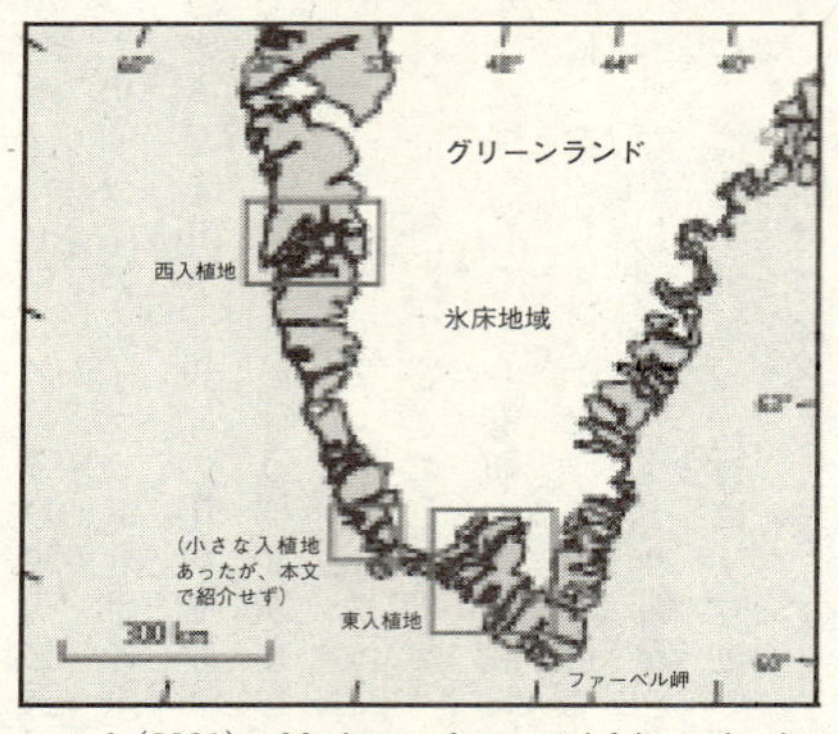

出典：Mikkelsen et al（2001）：Marine and terrestrial investigations in the Norse Eastern Settlement, South Greenland. Bulletin of the Greenland Geological Survey（189）：65-69

てエイリークは、耕地の不足に悩んでいたアイスランドの住民を引き連れ、二五隻の船団で緑の島と命名された新しい大地への移民を開始したのだった。

グリーンランドへの移民団は、フィヨルドの入り江二カ所に拠点を構え、それぞれ東入植地と西入植地とよばれた。東西といっても、実際は東入植地がグリーンランドの南端に位置したのに対し、西入植地は西というよりも東入植地の北西四八〇キロメートルと高緯度側にあった。このため、後世の調査では西入植地の場所の確認が遅れた。そして、この位置関係からわかるように、気候が寒冷化する時代に西入植地が先に打撃を受けることになる（図3－4）。

ヴァイキングが訪れた北米大陸はどこか

エイリークによるグリーンランド入植の時期は、ちょうど北欧諸国でキリスト教が普及した時代であり、アイスランドでは九九九年に全島の国教をキリスト教にするとの決議がなされた。エイリークの息子のレイフ・エリクソンは、ノルウェー国王からの要請を受け、グリーンランドにも教会を開くべく島に向かって船を進めた。

ところが、航路は南にそれてしまう。彼らは野生の小麦が生え、ブドウやカエデが茂った新たな土地に上陸した。サガではこの地をヴィンランド（Vinland）とよんでいる。ワインと関係している印象があり、野性のブドウが繁殖していたとする者もいるが、当時のスカンジナビア語での「ワイン」は「牧草」という意味に転じており、草の生えた湿地帯といったところが妥当だ。

レイフの話を聞いたアイスランドの商人トルフィン・カトルセヴニは、一〇一〇年頃にヴィンランドへの探索の航海を企てた。二隻の船が北風を利用して進路を南に取り、森の茂ったマルクランド、そしてレイフの発見したヴィンランドに到着した。グリーンランドと違い冬季も雪に覆われることなく、家畜の放牧にも適していたため、三年の間滞在した。しかし、その地には先住民が住んでいた。当初こそトルフィン一行と先住民は物々交換を行ったが、剣や槍を買いたいとの先住民の希望を一行が拒否したことで、友好関係は崩れた。トルフィンらが「スクレリング」と名づけた先住民は、居留地に向けて大きな石をカタパルトで飛ばし、棍棒を持って襲いかかってくる事態となってしまう。トルフィンとその仲間は、熟慮の末に決断する。「豊かで居留地としては適していたとしても、ここではいつも襲撃を受ける心配をし、戦争に備えていなければならない」。彼らは、グリーンランドに戻る決断をした。

以上が、『赤毛のエイリークのサガ』にある北米大陸への上陸にまつわる物語だ。その後も木材を求めて入植が行われたと考えられ、一一二一年に、司教エリック・グブヌソンがヴィンランドを訪問したとの記録も残っている。

今日では、マルクランドはラブラドル半島、ヴィンランドはニューファウンドランド島の北端にあるランス・オ・メドーとされている。欧米の歴史家には長い間、グリーンランドはともかくとして、コロンブス以前に北米大陸にヨーロッパの人間が到達したことを認めたがらない風潮があった。しかし、一九六〇年、ノルウェーの考古学者イングスタット夫妻がこの地で遺跡を発見したのだが、その中には鍛冶場もあった。当時のイヌイットは製鉄技術を持っていなかったため、ヴァイキングがこの地まで入植していたと決着がついた。一〇〇〇年頃の八軒以上の家屋と家畜小屋の存在が確認されており、ランス・オ・メドーは一九七八年に世界文化遺産として登録された。

さらに米国メイン州ピノボスト湾で、当時のヨーロッパで流通していた貨幣が発掘され、メイン・ペニーとよばれている。ただし、メイン・ペニーの場合、ランス・オ・メドーよりさらに南に船を進めたヴァイキングが落としたものか、あるいはイヌイットがヴァイキングの住居から手に入れ南方に運んだものかは定かでない。

グリーンランド入植地の発展：輸出品はセイウチの牙

北米大陸への移民は断念したものの、ノルウェーのヴァイキングによるグリーンランドでの入植は順調に発展した。最盛期には東入植地には四〇〇〇人から八〇〇〇人、西入植地には一〇〇〇人から一七〇〇人といった規模で人々が生活していた。

現在では想像もつかないが、当時のグリーンランドは牧草が豊富で、柳を燃料として使うことができたため、家畜の放牧ではノルウェーやアイスランドよりもはるかに適していた。母国の痩せた土地で多くの人と押し合うような生活を余儀なくさせられるよりも、島の生活は魅力的であったのだ。気候も温暖で、九八五年に三キロメートルの遠泳が行われた記録が残っている。この海域の海水温は現在よりも四度程度高かったとの推定がある。[38]

入植地では穀物栽培も行ったが、より重点を置かれたのは畜産であった。入植者はブタ、ウシ、ヒツジ、ヤギを放牧した。ブタはスカンジナビアの伝統的な社会ではもっとも人気が高くステータスのある家畜であったが、初期の入植以降はみられなくなる。おそらくグリーンランドの環境と合わなかったのだろう。そして二番目にステータスの高いウシは、零細な農家であっても数頭は必ず飼育された。肉として食べるというよりも、乳を搾り、ヨーグルトを作るのが目的であった。

一二六二年にノルウェーの統治権を受け入れたが、その理由はノルウェー国王ホーコン四世が毎年二隻の大型帆船による交易船の運航を約束したからだ。北欧への輸出品のセイウチやアザラシの牙とホッキョクグマの毛皮であった。セイウチの牙は高級品とされ、ノルウェーへの十分の一税を物納するだけでなく、鉄製品、船の道具、木材、そして家畜を輸入するために交換された。取引例として、八〇二キログラムの牙が七八〇頭の牛と等価との一三二七年の記録がある[39][40]。

グリーンランドには先住民のイヌイットも住んでいた。ヴァイキングがセイウチを狩猟するために入植地より北に向かった際、少人数のこぜりあいがあったのとの記録は残っている。とはいえ、生活圏の棲み分けがなされ大きな摩擦は生じなかった。

ヒツジやウシの放牧は、三〇〇年以上続けられた。現在のグリーンランドの生活は、イヌイットの独自の文化圏を除くと外国が支払う漁業権と海外援助により成り立っていることから、当時の気候が現代よりも温暖であったと思わせるものがある。もっとも、現在のグリーンランドでヒツジの放牧が行われないのは、気候条件が適さないというよりも土壌浸食を避けるためとされており、どちらの時代がより温暖であったかについて、安易な決着はつけられない。

ともあれ、ヴァイキング移民は順調に定着していった。しかし、一二〇〇年代に入ると北大西洋の流氷が増えはじめ、ノルウェーとグリーンランドを結ぶ交易船の渡航も困難を極めるようになる。そして、気候の寒冷化が進む中で、グリーンランドに移住したヴァイキングには厳しい運命が待っていたのである。

第2章

寒冷な時代の到来

十三世紀に入ると、寒冷化を予兆させる気候の変化が現れた。そして「小さな氷河期」、すなわち小氷期（LIA：Little Ice Age）が到来した。

- 寒冷化はどのような形でヨーロッパ各国の天候を悪化させ、社会混乱を招いていったのか。グリーンランドの移住者たちは、果たして生き延びることができたのか
- 小氷期という時代は、太陽黒点をめぐる先駆的な研究成果により裏づけられた。どのような研究者たちが、いかにして太陽黒点がなかった時代を発見したのであろうか
- 小氷期における気温の低下は、地球規模でみてどのような特徴があったのか

第2章では、これらの点について触れていきたい。小氷期での寒冷化は、日本を含めアジア社会にも深刻な影響を与えていった。

1　寒冷化の予兆

天候異変：飢饉、疫病、戦争

ヨーロッパでの寒冷化は流氷の変化から現れた。アイスランドの港湾に現れる流氷は、一二〇〇年代の半ばからその数を増し、一月から三月だけでなく一年のほとんどでみられるようになった（図3－6）。アイスランドでは、一三六二年にエーライバヨクトル火山が噴火し、以後、住民にとって「氷と火との千年に及ぶ闘争」が始まる。そして、一二八〇年代からウォルフ極小期という太陽活動の低迷期に入った。

アイスランドの人口は、納税記録によると、一〇九五年に七万七五〇〇人であったのに対し、一三一一年には七万二〇〇〇人と減少傾向を示し、寒冷化が厳しくなる一七八〇年代には三万八〇〇〇人と半減した。平均身長も八世紀には一七三センチメートルであったが、十八世紀になると一六七センチメートルと低くなっている。身長の低下は動物性タンパク質摂取が不足したためと考えられる。歴史の解釈では、アイスランドの窮乏は、宗主国であったノルウェーあるいはデンマークの圧政に由来するとされる。しかし、自然環境の悪化という要因も忘れてはならないだろう。

ヨーロッパ大陸でも、気候は寒冷化していった。十三世紀になると、アルプス山脈の氷河が高原地帯を越えてカラマツの繁る森林域まで前進した。また、英仏海峡から北海にか

図3-5　寒冷な時代の到来・小氷期

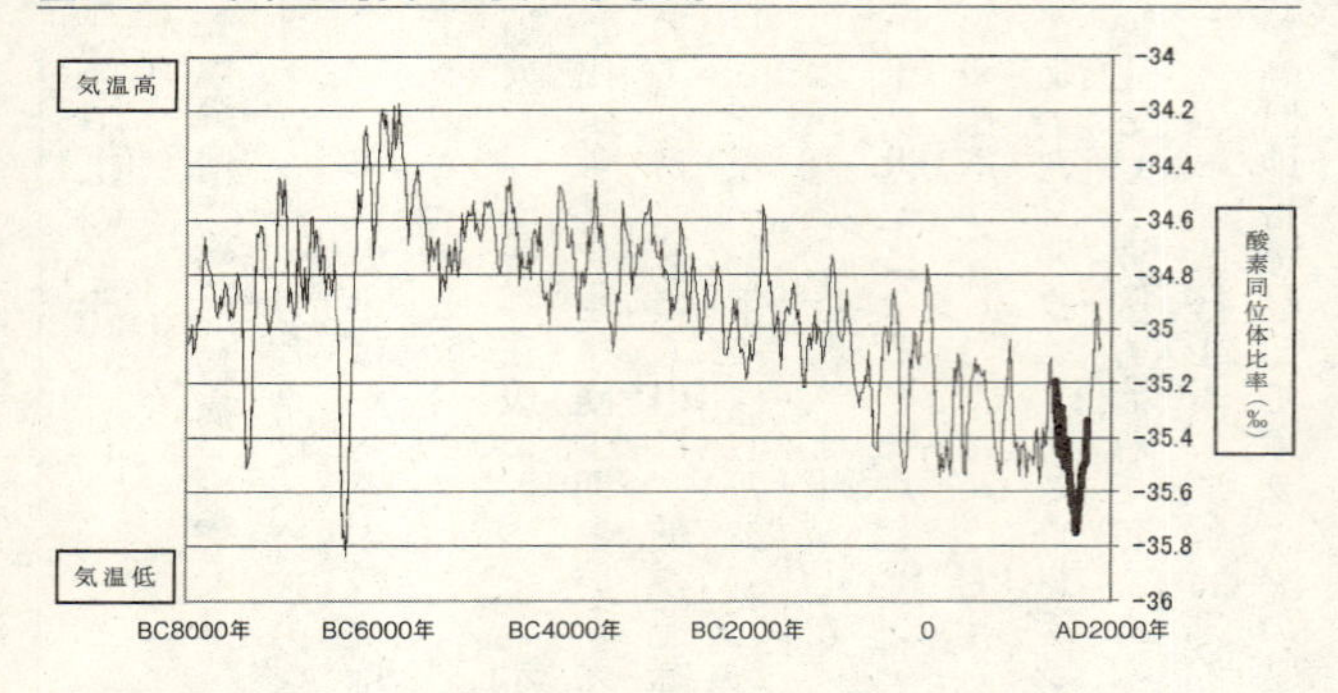

出典：Greenland Ice Core Chronology 2005（GICC05）

図3-6　アイスランド海岸に漂着する流氷推移（20年平均）

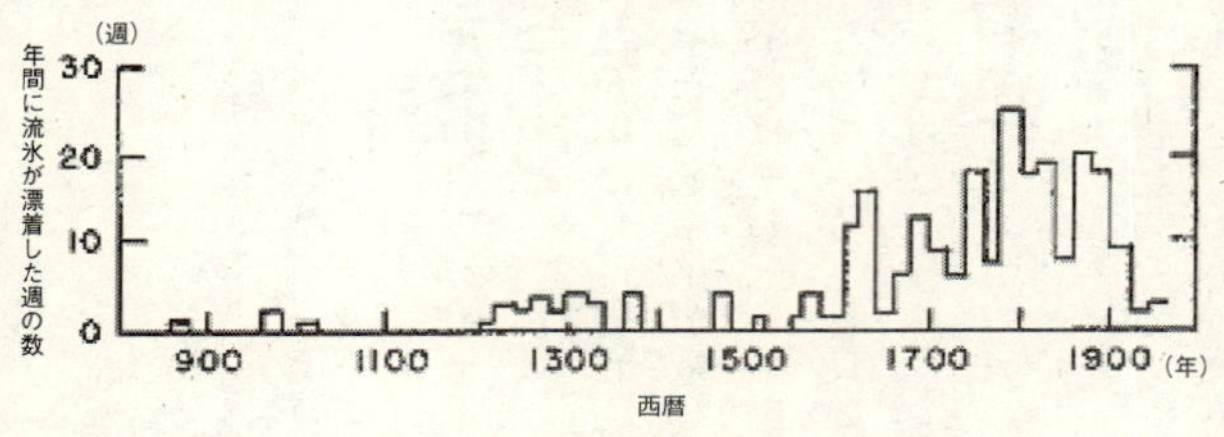

出典：Hubert H. Lamb「Climate, History and the Modern World」（1995）

けては発達した低気圧が暴風雨をもたらし、オランダからドイツ沿岸部で一〇万人ほどが溺死する自然災害も起きている[1]。

一三一五年には、ヨーロッパ全土に大飢饉（the Great Famine）と歴史上語られる凶作が到来する。イングランドのベネディクト修道士のジョン・トロケローの記録によれば、食糧不足は五月に始まり、夏は長雨が続いて穀物は実らず、秋になって一部の地域では食糧が出回ったものの、クリスマスに向かって状況は悪化していったという。貧者は餓死し、裕福な者でもいつも空腹であったと伝えている。イングランドだけでなく、ヨーロッパ大陸のフランドル地方でも夏に毎日のように大雨となり、異常気象は西ヨーロッパ全体に及んだ[2]。

そして、一三一六年初冬になると食糧不足となり、ヨーロッパの人々は黴の生えた小麦やトウモロコシだけでなく、ペットや鳥の糞まで食用にした。ついには死体にも手を伸ばした。アイルランドでは深夜にシャベルで墓地を掘り返し、骨から肉を剥がす音が聞こえたという。イングランドでは囚人の肉が対象となり、ドイツでは自分の子供を食べたとの記録がある。ヨーロッパ中央部のシレジア地方では、死刑囚の死体が食用にされた[3][4]。

中世温暖期の農業生産力の向上により、ヨーロッパ全土の人口が、一〇〇〇年の三八五〇万人から、一三〇〇年には二倍近くに増加したことが、事態をいっそう厳しいものにした。一三一五年からの数年間で、ヨーロッパの穀物生産量は三分の二に落ちこみ、湿潤な天候により九割近くの家畜が牛疫や肝臓ジストマで死んだため、大量の餓死者が出た。一三一五年から一三二一年にかけて、飢饉と疫病により、一五〇万人以上が死亡したとの推測がある。[5]

飢饉の中で、農村では口減らしのための子捨てがヨーロッパの全域で行われた。グリム童話の「ヘンゼルとグレーテル」は、継母（原典では実母）に棄てられた兄妹が魔女に捕まったものの、隙をみて魔女を殺し宝石を持って実家に帰るという物語である。この筋立てを生んだ時代背景には、一三一五年から一三一七年の大飢饉での農村の惨状があったと考えられる。

一三二〇年代後半に農業生産は持ち直したものの、一三四七年になるとペストが全世界的に大流行する。六世紀の「ユスティニアヌスのペスト」の場合、アフリカ東部が発祥の地であるとされるのに対し、十四世紀のペストの発端は中国あるいはモンゴルと考えられている。そして、クリミア半島を経て一三四七年に黒海からイタリアに至り、ヨーロッパ全土へと伝染していった。ヨーロッパでは、一三四七年から一三五〇年間の間に当時の総人口のおよそ三分の一に相当する二〇〇〇万人が病死した。この後、ペストは黒死病（Black Death）とよばれるようになる。[6]

一三三七年、イングランドとフランスの間で、スコットランドの支配をめぐる争いを端緒に百年戦争が勃発し、飢饉、疫病、戦争と、悲劇の時代の三拍子が揃った。この時期から、ヨーロッパ各地で農民反乱が起きるようになる。一三五八年にフランスでジャックリーの乱、一三八一年にはイングランドでワットテイラーの乱が発生し、十五世紀に入ると一四三一年のドイツでのウォルムスの農民反乱へと広がっていった。

苦難をテーマにする宗教美術

大飢饉の発生とペストが蔓延した十四世紀半ば以降、人々の生活基盤は根底から覆された。一三四八年、中世温暖期には住民で溢れたフランス南部のラングドック地方では、他の地域と同様に三割から五割が死亡している。生き残った人々も猜疑心が強くなり、ユダヤ人を虐殺し、浮浪者を怪しい薬を持っているからという理由で拷問したとの記録が残っている[7]。

今日、美術館に展示されている宗教画というと、苦難に耐える人々の姿がイメージに浮かぶ。フランスの美術史家エミール・マールは、宗教美術の変遷について、次のように語っている。

「十三世紀に作成されたキリスト教美術では、『ベアトゥス黙示録注解』の写本に描かれたように、勝利者であるキリストの栄光を表現し、善良さ、優しさや愛を反映したものであり、ギリシャ美術のような明朗さがあった。

ところが、宗教美術は一三八〇年頃から変容していき、十四世紀になると作品の大半が暗い色調に転じていった。『ロアンの時祷書』写本挿画のピエタのように、裸身で血にまみれたキリストは教えを説かず、苦しむ姿ばかりが描かれるようになり、以後、受難がキリスト教美術の核心になっていった」

気候の悪化を契機にした大飢饉、疫病と戦乱が、美術の主題までを愛から苦難に変え、宗教心まで変容させてしまったかのようだ[8]。

世界各地で確認された寒冷化

十四世紀から始まる寒冷化の証拠はヨーロッパ以外の地でもみつかっている。アフリカの場合、エチオピアの山岳地帯では冬期の数カ月間雪に覆われるようになり、赤道直下に位置するアフリカで二番目に標高の高いケニア山では、一四〇〇年以降から十九世紀まで氷河が拡大した。雨の降る地域も変化し、チャド湖の降水量は一三〇〇年以降減少していった[9]。

北米大陸の内陸部では厳しい乾燥化が起きている。中世温暖期には、内陸部の降水量は多く、ブナ、ナラといった広葉樹林が生い茂り、草原が広がるミッシシッピー川沿いのセントルイス郊外に位置するカホキアに、四万人が住む大集落が形成されていた。トウモロコシの栽培が大規模に行われ、集落の中央には、面積がエジプトのピラミッドよりも大きいモンクス・マウンドとよばれる人工の丘陵が建造された。ところが一二〇〇年以降は降水量が減少し、プレーリー平原の広葉樹林は縮小してしまう。アイオワ州の先住民の遺跡には動物の骨が残っており、その変遷をみると、狩猟の対象が森林に棲息するものからバイソンなど草原で生活する動物に変わったことがわかる。

土地の乾燥化が進む中、カホキアの人々は一三〇〇年頃から次第に南方へと移住していき、一四〇〇年代になると文化は衰退していった。十八世紀にフランスの貿易商人が訪れたときには、まばらな先住民の居留地だけが残る状況であったという[10]。

日本では一三五四年に近江で農民反乱が起き、「土一揆」という言葉が『東寺百合文書』の中で初めて用いられた。フランスでのジャックリーの乱と時期を同じくする出来事である。そして、農民一揆の本格化は一四二八年（正長元年）に始まる。前年から続く天候の悪化で農作物が不作となり、「大飢饉天下人民多数死」「人民多く死亡、骸諸国に充満す」との事態に陥り、近江の坂本から山城にかけて正長の土一揆が勃発する。以後、借金を棒引きとする徳政令を求めて、農民や地侍による土一揆が山城・大和をはじめとする関西圏を中心に頻発した[11]。

2　グリーンランド入植地の困窮

途絶えた交易船

寒冷化の始まりは大西洋では早く現れた。北欧とグリーンランドを結ぶ航路では一一五〇年頃から流氷が増え始め、一二四〇年頃から急増した。一二八〇年代を過ぎると流氷が非常に多くなり、交易船の難破も増加した。このため、一三〇〇年を過ぎる頃からそれまでの北緯六五度の海域ではなく流氷の少ない南方へと海路を変更したが、航海の日数が増したことで交易船の渡航回数は減少した[12]。

一三六八年には、最後の勅許船の出帆がグリーンランドとノルウェーとの間で約束されたものの、翌年に沈没してしまい両国間での正式な交易は途絶える。一二四〇年以降、ドイツのハンザ同盟がロシアとの間でシベリア産の毛皮貿易を開始し、十字軍の遠征でアフリカ産の象牙がヨーロッパに流入した。海路の悪化だけでなく、グリーンランドの輸出品であるセイウチの牙とホッキョクグマの毛皮の魅力が減じたことが交易船中止の背景にあるだろう。これ以後、民間船によるグリーンランドへの渡航は、一三八一年、一三八二年、一三八五年、一四一〇年の四回を数えるだけだ。ノルウェーからの勅許を得ておらず、いずれも海況の悪化を理由に偶然をよそおった渡航であったが、実際は海外物資に困窮した移民者の足下を見て、暴利を得ようとした民間の商人によるものだった[13][14]。

交易船が途絶えると、鉄製品や木材だけでなく、新たに家畜を輸入することもままならなくなった。一二五〇年頃を過ぎても、大きな農場の農家でこそ牛肉を食べていたが、規模の小さい零細農家ではアザラシやカリブーの肉食に依存していった。狩猟も行う農民ではなく、農業もする狩猟者へ変容したのだ。人骨に含まれる炭素同位体と窒素同位体の比率から、食生活の変化を知ることができる。海洋性哺乳類によるタンパク質の摂取の比率をみると、初期の入植者では一五パーセントから五〇パーセントであったのに対し、末期の入植者では五〇パーセントから八〇パーセントに及んだ。魚を食べた形跡はない。おそらく木材が欠乏していたため、小舟ですら建造できなかったためだろう[15]。

入植地の運命

東入植地よりも、緯度にして三度北極側に位置していた西入植地は、一三五〇年頃に放棄された。コロラド大学の気候学者リサ・バーロウらは一九九七年に西入植地の終焉を論文にまとめており、多くの書で紹介されている。住居には牛舎や羊小屋から出た糞が積もっており、若い家畜の骨と大型狩猟犬の頭骨が残されていた。入植者が最後に訪れたのは、晩冬か初春か。彼らは一頭ずつ家畜を食用にし、最後に狩猟犬までを食べた後、いずこかに消え去ったのだ[16]。

交易船が途絶えると、グリーンランドはヨーロッパにとって手の届かない国となった。

一四九二年にローマ教皇アレクサンドル六世は、長い間その地に司教がいない点を憂慮し、次のように書きとめている。

「グリーンランド東端の地に住む人々は、パン、ワイン、オリーブがないために乾燥魚を食べ、家畜の乳を飲んで生活している。強風のため島の海岸まで船がたどり着かず、めったに訪れることもできない。航海が可能なのは八月の一カ月だけだろう。おそらく八〇年は消息が絶たれ、教会の司教も不在が続いている」[17]

東入植地は西入植地が放棄された後、一〇〇年近く維持されたものの、一五〇〇年頃には滅亡したと推測される。埋葬された成人の遺骨からすると、栄養状態が悪いためか平均身長は成人男性で一六〇センチ、成人女性で一三七センチになっていた。三〇歳を超えた人骨はわずかであり、硬い物を齧ったせいか、子供の歯も磨耗が甚だしかった。[18]

一七二一年、ノルウェーの宣教師が「ノルウェーからグリーンランドへの希望」と名づけた船に乗ってグリーンランドを訪れた。三〇〇年近くに渡って音信の途絶えていた入植者の子孫と会い、彼らをプロテスタントに改宗するのが目的であった。しかし、イヌイットが宣教師を案内した場所には、積み重ねた石が崩れた教会の壁だけが残っていた。

イヌイットの選択：生き残るための道

グリーンランドの気候の悪化を受けて、イヌイットも同様に生活様式の変容を迫られていた。中世温暖期、イヌイットはカナダ北東部からグリーンランド沿岸にまで活動する地域を広げ、石や鯨骨を建材とし、壁には芝土を塗った一年中居住できる家屋に住んでいた。農業は行っていなかったものの、狩猟犬を駆使した高度な狩猟採取生活を営み、ホッキョククジラを目当てにした大規模な捕鯨も行っていた。

縦長の家屋のものはドーセット文化、その後に現れる不規則な形の住居はチューレ文化のものとされる。チューレ文化の人々は十四世紀以降、グリーンランド南部へと移動している。気候の寒冷化に加えて、ヴァイキングの入植地の衰退がその理由と考えられる。クジラが捕獲できなくなると、夏季にはカリブー、冬季には海氷の隙間の呼吸穴からアザラシを狩猟する生活に変えていった[19]。

イヌイットが石造りの家を捨て氷上のドームに住むようになったのは、十五世紀に顕著となる気候の寒冷化以降である。そして、ヨーロッパ人の目を通して、「イヌイット＝氷の家に住み続けた貧しい人」との連想が定着することになる。しかし、氷上のドーム生活は、実際には極寒の時代に生活様式の変化を強いられた結果であり、長い歴史の中で、イヌイットが氷の家の中で生活を続けていたわけではなかった[20][21]。

寒冷化という自然環境の変化に対して、ヴァイキングの末裔とイヌイットの処し方の違いには興味深いものがある。ヴァイキングの場合、ヨーロッパの生活慣習を捨てず、銛やカヌーといったイヌイットの漁猟技術を採り入れることを拒み続けた。東西の入植地の跡から、イヌイットの文化を示すものは何一つ発見されていない。そして、ステータス・シンボルとして、貧弱なウシを飼育し続けた。一方のイヌイットの選んだ道は、後世からみると「文化の衰退」と映るかもしれないが、環境を見据えた柔軟な対応とみることができる。生き残ったのは後者であった。

3　消えた太陽黒点

十九世紀の天文学者がみつけたもの

ベルリン生まれの天文学者グスタフ・シュペーラー（一八二二－九五）は、一八七四年にポツダム天文台の観測員に採用されたが、着任した際に天文台はまだ建設中であった。シュペーラーは一八八二年に観測主任としての業務に就くまで、太陽黒点観測のプログラムを作成するかたわら、十七世紀の太陽黒点観測の文献を読んでいた。そして、一七世紀半ばから一八世紀初頭にかけて、太陽の表面に黒点がほとんど現れなかったという異常な状態が続いたことに気づき、一八八九年に文献記録をまとめた論文を発表した。

シュペーラーの論文にただ一人注目したのが、ロンドン王立グリニッジ天文台の太陽部監督官の職にあったエドワード・W・マウンダー（一八五一－一九二八）であった。マウンダー自身も過去の文献を渉猟し、一六七一年の『ロンドン国立協会哲学会報』でジョバンニ・カッシーニが二〇年振りに黒点を発見したとの報告を読み、一六七五年の初代グリニッジ天文台長ジョン・フラムスティードはたった一個の黒点をみるまでに七年もかかったと記述していることを発見した。十七世紀の観測機器は、ガリレイの時代と比較して格段に進歩していたにもかかわらず、かつて記録されたような多数の黒点が観測できなくなっていたのである。

黒点が増加する時期には太陽放射が活発化し、オーロラが観測される頻度も多くなる傾向がある。反対に黒点が減少し太陽活動が低迷すると、オーロラの観測数も減少する。オーロラについても、一六四五年から一七一五年の七〇年間には、スカンジナビア地方ですらほとんど出現していなかった。一七歳から天体観測を始めたエドモンド・ハレーは、一七一六年三月、六〇歳になって初めてオーロラを見たと告白していた。

マウンダーは一八九四年に『王立天文学会誌』に「長期にわたる黒点縮小」という論文を発表し、その中で一六四五年から一七一五年にかけて、太陽黒点がほとんどみつかっていない事実を紹介した。マウンダーは論文の中で、太陽の周期がまどろんでいたようであり、七〇年間の観測によって得られる太陽黒点の合計数は、十九世紀中の黒点極小期の一年分にほぼ等しいと書いている。しかし、マウンダーが着目した太陽黒点の異常は、シュペーラーの論文と同様におよそ八〇年間、世の中の注目を集めることはなかった。[22]

二十世紀の太陽物理学者が注目したもの

時代が下って一九七〇年代、太陽物理学者のジャック・エディは、研究者として失職中であった。彼は一九七三年から臨時研究員のような立場にあり、NASAのスカイラブ計画についてのレポートを執筆していたものの、暇を持て余していた。エディは、太陽活動の研究に関係する古い論文を読んで時間をつぶしているうちに、エドワード・マウンダーの論文に目をとめた。そして一九七六年、エディは自分自身でも過去の観測結果を調べ、数十年単位で太陽の黒点数は大きく変動する傾向があり、太陽活動そのものが変動しているとの仮説を立てた[23]。

エディは太陽黒点の増減だけでなく、日食観測からも太陽の活動が低下していたと推測した。一六四五年から一七一五年にかけて六三回あった皆既日食の中で、コロナについての記録は一件もなかった。コロナは太陽の活動が盛んなときに多く現れ、低調なときは赤道付近にわずかに二、三本吹き出す程度になる。エディは、七〇年間の観測結果は、見落としではなく、太陽表面からコロナ自体が出ていない可能性が高いと考えた。

発表当初、多くの研究者はエディの仮説に懐疑的であった。しかし、太陽黒点数の変動が太陽活動の強弱を表す放射性炭素比率と一致したため、太陽黒点が少なかった時代があったこと、その時代に太陽活動そのものが弱かったことが認知されるようになる。かくして一四二〇年頃から一五三〇年頃のおよそ一一〇年間の太陽活動の極小期は、ポツダム天

図3-7 放射性炭素含有率から分析した太陽活動の強弱期

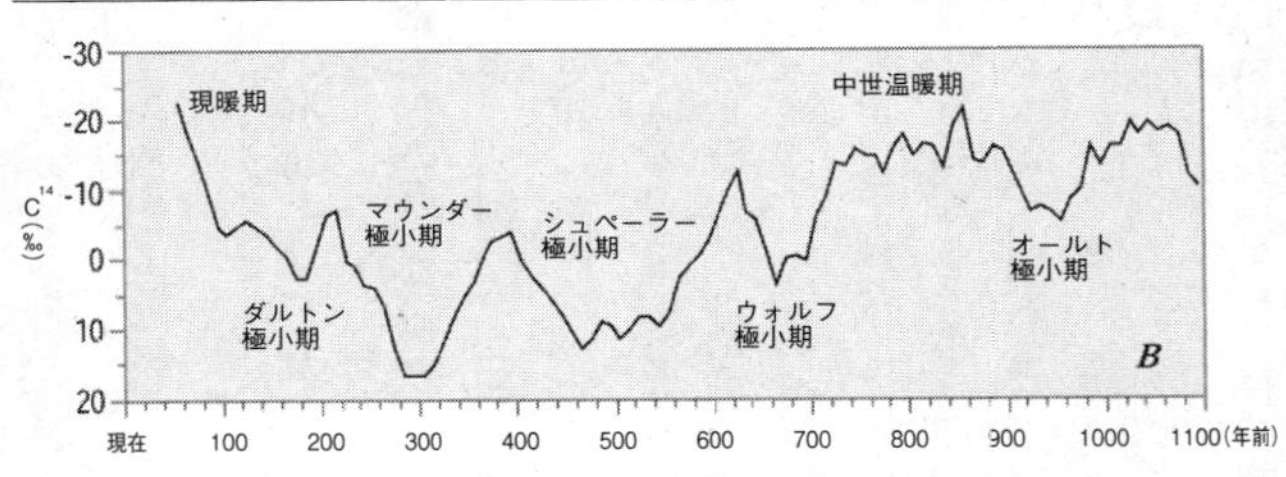

出典：U.S. Geological Survey「The Sun and Climate」
http://pubs.usgs.gov/fs/fs-0095-00/fs-0095-00.pdf

文台の観測主任の名前からシュペーラー極小期、一六四五年から一七一五年までの七〇年間の極小期は、ロンドン王立天文台の監督官の名前にちなんでマウンダー極小期と名づけられた。

太陽黒点数は、どのようなメカニズムで変動するのか。エディの研究グループは、マウンダー極小期の十五年前にあたる一六三〇年に出版されたクリストフ・シャイネルの『ローザ・ウルシーナ』と、この極小期に入ったばかりの一六四七年に出版されたダンチヒの天文学者ヨハネス・ヘベリウスの『セレノグラフィア』に描かれた太陽表面の写生図を見比べた。そしてエディら三人は黒点が太陽表面を通過していく日時の推移から、黒点がなかった一六二〇年代と比べて、黒点が復活していく一六四二年から一六四四年にかけては赤道付近の自転が速くなっていたのではないかとの仮説を導きだしている[24]。

エディの先駆的な研究以降、マウンダー極小期、シュペーラー極小期だけでなく、その前後においても太陽黒点が少なかった時代が特定されていった。これらの太陽黒点の減少期は、いずれも寒冷化が進んだ時代と一致していたのである（図3－7）。

4　小氷期とはどのような時代だったか

寒冷化の原因は何か

「小さな氷河期」（little ice age）という単語は、地質学者のフランソワ・マサスが、一九三九年に米国地球物理学連合の氷河委員会への報告書の中で用いたことに始まる。このときの報告書では小文字で表記されており、時期も完新世の気候最適期と比較して四〇〇〇年前以降に氷河の前進などから気候が相対的に寒冷化したことを表現する単語であった[25]。

その後、「小さな氷河期」は小氷期（Little Ice Age）と大文字で記述されるようになり、数千年単位ではなく、中世から近世にかけての寒冷化した時代を表現する言葉として使われるようになる。小氷期が始まった時期について、中世温暖期の発見者であるヒューバート・ラムは、明確な寒冷期の開始を一五五〇年とした。しかし、一般的にはもう少し幅を広く取り、一四世紀初頭から始まったとする意見が多い。小氷期は十九世紀後半まで、五〇〇年以上続いた。グリーンランドの氷床コアやカリフォルニアのブリストルコーンパインの気温分析から、長期的な傾向として、中世温暖期が四〇〇〇年間続いた後、五〇〇年を超える寒冷化傾向が示されている（図3－2、図3－8）。

小氷期の中でも、特に寒さが厳しくなった時期は四回あり、それぞれ太陽黒点数が減少した時期と一致している[26]。

- 一二八〇年頃～一三四〇年頃：ウォルフ極小期
- 一四二〇年頃～一五三〇年頃：シュペーラー極小期
- 一六四五～一七一五年：マウンダー極小期
- 一七九〇～一八三〇年：ダルトン極小期

ただし、小氷期において気候が寒冷化した要因は、太陽活動の低下だけではない。火山噴火の活発化という自然要因も大きかった。一四五二年のヴァヌアツ諸島のクワエ火山、一六〇〇年のアンデス山脈のワイナプチ火山、一六四一年のフィリピンのパーカー火山、一六六〇年のニューギニアのロング島火山、そして十八世紀後半にはアイスランドのラキ山、浅間山、さらには一八一五年のインドネシアのタンボラ火山と、巨大噴火が相次いで起きている。

また、小氷期にはフロリダ沖の海水の塩分濃度が一〇％ほど大きいことから、北大西洋海流が弱まっていたと考えられる。このことは、ヤンガードリアス期ほど極端ではないにしても、亜熱帯地域からヨーロッパ北部への熱の輸送が弱まったことを意味している。北大西洋北部だけでなく、上層の海水が沈降するもう一つの海域である南極のウェッデル海

図3-8　代替資料の示す小氷期

A. グリーンランド氷床コア

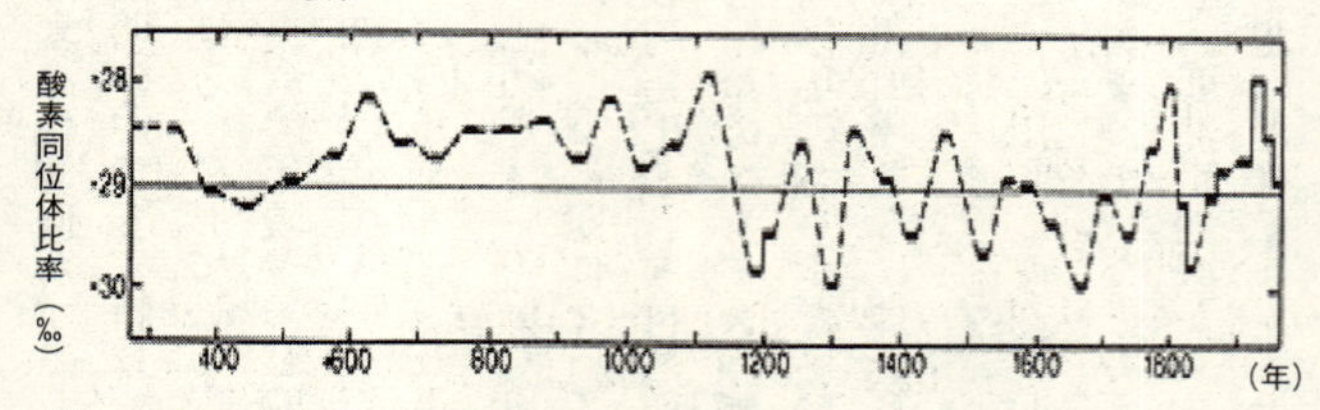

出典：H.H.Lamb「Climate, History and Modern World」(1995)

B. カリフォルニア州ホワイトマウンテンのブリストルコーンパイン

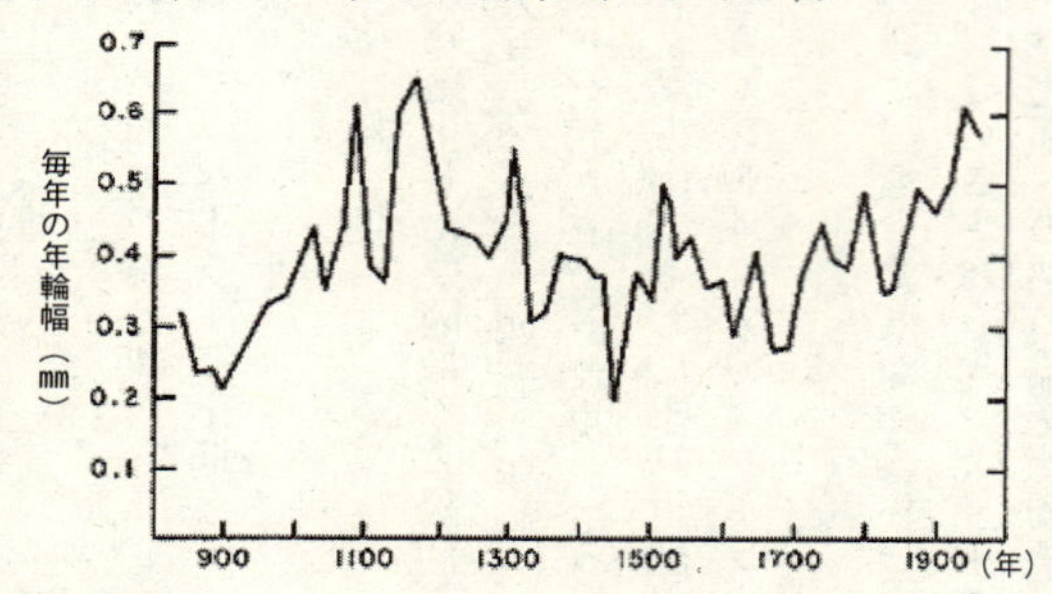

出典：Tkachuk,1983

域でも、通常と比べて沈降速度が遅くなっており、海洋の上層と下層の混合が不活発であったとの研究報告がある。[27][28][29] 小氷期の寒冷化は、大気と海洋の複合的な要因で起きたとみるべきであろう。

IPCC第四次評価報告書は過小評価か：寒冷化すると気候変化は大きくなる

小氷期の寒冷化を軽視する意見もある。五〇〇年あまりの北半球平均気温の低下は、局地的な現象であり、二十世紀と比べて一度未満という数字は、ごくわずかだとする立場だ。IPCC第三次評価報告書（二〇〇一年）にそうした姿勢がみられ、「北半球での一度未満の緩やかな寒冷化」「全球規模の現象とは認められない」としている。

第四次評価報告書では、「過去一〇〇〇年間の中で数百年単位での北半球の気温変動度は第三次評価報告書よりも大きい」とし、十二世紀から十四世紀および十七世紀と十九世紀を低温の期間だったと書き換えてはいるものの、過小に評価する傾向は変わらない。[30][31]

一方で、小氷期での寒冷化が、北半球のみならず南半球にもあった証拠が二十一世紀に入ってから発見されており、寒冷化がグローバルな現象であったと考える見方もある。南極半島の東部ブランスフィールド海盆の海底コアで、北半球と同時期の寒冷化の証拠が発見され、南アフリカ共和国のマカサバンスガ渓谷にあるコールド・エア洞窟の石筍（鍾乳石）の酸素同位体分析からも、一〇〇〇年から一三〇〇年の中世温暖期の存在とともに、その後の一八〇〇年までの五〇〇年間の寒冷化が確認されている。この論文によれば、現代と比較して中世温暖期には三度ほど気温が高く、小氷期には一度低かったと推定され、気温の推移は北半球でのシュペーラー極小期とマウンダー極小期と一致している。さらに、この石筍に含まれる放射性炭素やベリリウム10の分析から、中世温暖期と小氷期の主因とされる太陽活動の強弱の変化も確認されている[32][33]。

次に、地球全体の平均気温の低下幅が現在と比べて一度未満という数字については、大きな気候変化ではないとの意見があるかもしれない。短期的な変動では毎月の平均気温は平年対比で一度以上振れることは珍しくないからだ。しかし、平均一度未満の低下といってもそれが五〇〇年以上続いたのであり、低温が長期間続く影響の大きさは、冷蔵庫で物を冷やす際の時間の効果を考えれば容易に想像がつく。

最後に、小氷期の寒冷化が「緩やか」であったという点について、図3－9は、左側が米国中西部のワイオミング州にあるフレモント氷河、右側が南米アンデス山脈のケルッカヤ氷河から採取された、酸素同位体の含有率の変化を示している。これらのグラフから、小氷期には、酸素同位体比率の振れ幅が現在よりも大きく、気温の変動が激しかったことがわかる。イングランドとオランダの冬季の気温の変動について、小氷期の極寒な時代と二十世紀初頭を比較すると、変動幅を表す標準偏差でみて小氷期の頃は二十世紀よりも五〇％以上大きかった。

図3-9　ワイオミング州フレモント氷河高地とアンデス山脈ケルッカヤ山頂での酸素同位体分析による気温の変動幅

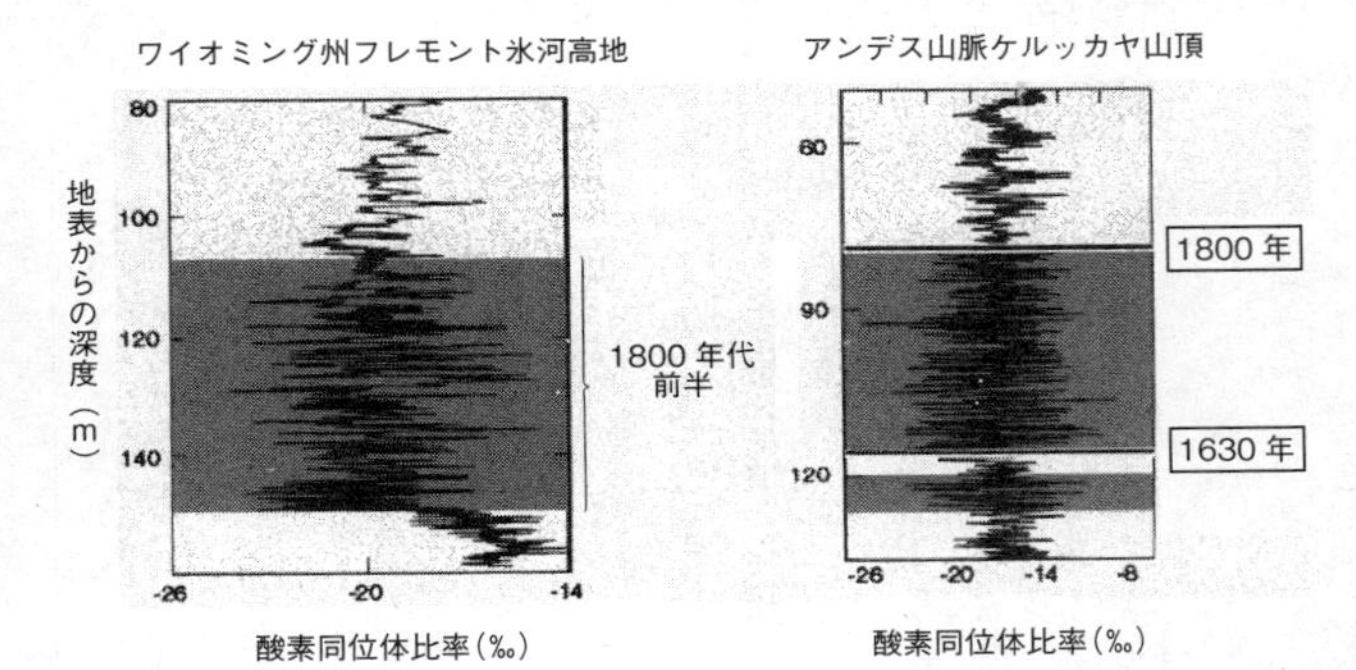

出典：M.M. Ready et al "Ice-Core Evidence of Rapid Climate Shift During The Termination of The Little Ice Age"
http://wwwbrr.cr.usgs.gov/projects/SW_corrosion/icecore/images/ice-core.jpeg（原典は、L.G. Thompson et al："in Climate since A.D.1500"〈1992〉）

第1部で述べたが、一万一七〇〇年前頃まで続いた最終氷期は、小氷期以上に激しく気候が変動する時代であった。総じていえば、気候は温暖化すると安定し、寒冷期になると短期的な変動が大きくなる傾向がある。

小氷期にもこうした特徴が現れており、けっして緩やかに気温が低くなっていたのではなかった。長期的な寒冷化傾向に加えて、二十世紀に匹敵する暑い夏の直後に厳冬が到来するといった数十年単位での激しい気候変動が、世界各地に大飢饉や疫病の流行をもたらしたのではないだろうか。

第3章

小氷期の気候と歴史

第3部の最後の章では、シュペーラー極小期、マウンダー極小期、ダルトン極小期という、小氷期の中でも気候が厳しくなった時代を扱う。

●小氷期の時代、世界各地の気候はどのように変化したのか

●気候が寒冷化する要因には、太陽活動の低下とともに巨大火山噴火がある。小氷期の間に起きた火山噴火はどのように気候に影響を及ぼしたのか

●気温の低下は、人類に深刻な災難をもたらした。自然変動による環境悪化を克服するため、当時の人々はどのような努力を行ったか

これらの視点で、小氷期の極寒の時代に迫っていきたい。

1 広がる草原、前進する氷河：シュペーラー極小期（一四二〇年頃〜一五三〇年頃）

森林は草原に変わった

十五世紀に入ると太陽活動は低下し、気候は激しく変動しながら地球規模での寒冷化が進んだ。ヨーロッパ中部の高地では森林地帯が急速に後退しており、アイスランドでは中世温暖期に広がった森林は消失した。スコットランド南部の高原でも、森林地帯から今日あるような牧草地に変わった。スコットランドでは一四三〇年代から厳冬が続き、小麦の栽培が困難になったことで農地を捨てた農民が暴徒となった。スコットランド王ジェームズ一世が一四三七年にパース近郊で狩猟中に暗殺されたのも、こうした社会不安が背景になったと考えられる。ジェームズ一世の暗殺を機に、スコットランドでは王宮をパースからエジンバラに移し、今日に至っている[1][2]。

ヨーロッパ大陸でも一四三〇年代に農作物の不作が続き、一四三七年から一四三九年にかけては夏の豪雨による飢饉が頻発した。この時期フランスでは、三〇〇〇以上の村が廃村になっている。ヨーロッパ東部では食糧不足からまたも食人が行われた記録があり、ロシア西域からドイツに向かって大量の難民が流入した。森林地帯が減少したため、飢えたオオカミが山を下り、ロシアのスモレンスクからイングランドまでの広い地域で家畜を襲う姿が人の目に焼きついた。童話「赤ずきん」の初出は一六九七年にフランスで出版された『ペロー童話集』のものだが、これらの童話に登場する悪者としてのオオカミ像が作られた原景がここにある。[3]

一四三〇年代に続き、一四五〇年代も寒冷化がみられ、ザルツブルクの大司教領では一四五六年から一四五九年にかけて凶作と記録されている。ブリテン島の年輪分析でも、一四一九年から一四五九年にかけては生育幅が狭く、気候の悪化が示されている。こうしてシュペーラー極小期という、小氷期の中で低温傾向が顕著な時代に入った。

もっとも、いきなり寒い時代に突入し、寒さが継続したわけではない。十六世紀当初は寒冷化がいったんは緩み、中世温暖期に戻ったような時代がしばらく続いた。イングランドでは一五二〇年代に五年連続、さらに一五三七年から一五四二年の六年間も、豊作との記録も残っている。一五四〇年代後半以降になって、低温傾向が本格化した。[4]

十六世紀、温度計などの気象観測機器がまだ生まれておらず、気候の変化については、年輪分析とともに、教会や港湾会社の記した流氷や風向といった古文献による代替資料から推定するしかない。十六世紀全般の傾向としては、ヨーロッパ中部では二十世紀前半の一九〇一年から一九六〇年と比較して、冬と春は〇・五度低く、秋の降水量は二十世紀前半と比べて五％ほど多くなっており、夏から秋にかけて低温多湿であった。[5]

十六世紀後半になると寒冷化が顕著になる。ヨーロッパ大陸では夏は低温で多湿、冬は寒さが増し、十六世紀前半までと比べて年平均気温は一度低下した。英国では一五六七年の厳冬はグレート・ウィンターとよばれている。気温の低下により農作物の栽培期間は以前と比べて一カ月ほど短くなり、農耕可能な土地もノルウェー高地では中世温暖期と比較すると、標高にして一五〇メートルほど低地に下がり、他の地域でも一〇〇メートルから二〇〇メートル低下した[6][7]。

ドイツでは、一五五〇年代後半から西側高地の斜面で行われていたブドウ栽培が危うくなった。スイスでも一五六〇年代以降不作が続き、一五七〇年から一六二九年にかけての半分以上の年で、収穫量はそれまでの三分の二以下となる。ベルンのブドウ栽培はほぼ全滅し、スイスでは新たなブドウ畑の開墾が行われなくなった[8]。

アルプス氷河は一五七〇年代以降、再び前進を開始した。エマニュエル＝ル＝ロワ・ラデュリの丹念な検証によれば、ブドウの収穫日が遅かった年と氷河が最大になった年に一致がみられるという。氷河は、アルプス、アイスランド、ロシアの各地で一キロメートル以上低地に進み、一五九九年から一六〇〇年が最も前進した時代となる。この時期に延びた氷河は、十九世紀半ばまで残った[9]。

風景画に描かれた小氷期

オランダの画家ピーター・ブリューゲル父の風景画は、小氷期の気候を描いているといわれる。「雪中の狩人」（一五六五年）、「鳥わなのある冬景色」（同年）は、シュペーラー

図3-10　欧州絵画に描かれた小氷期

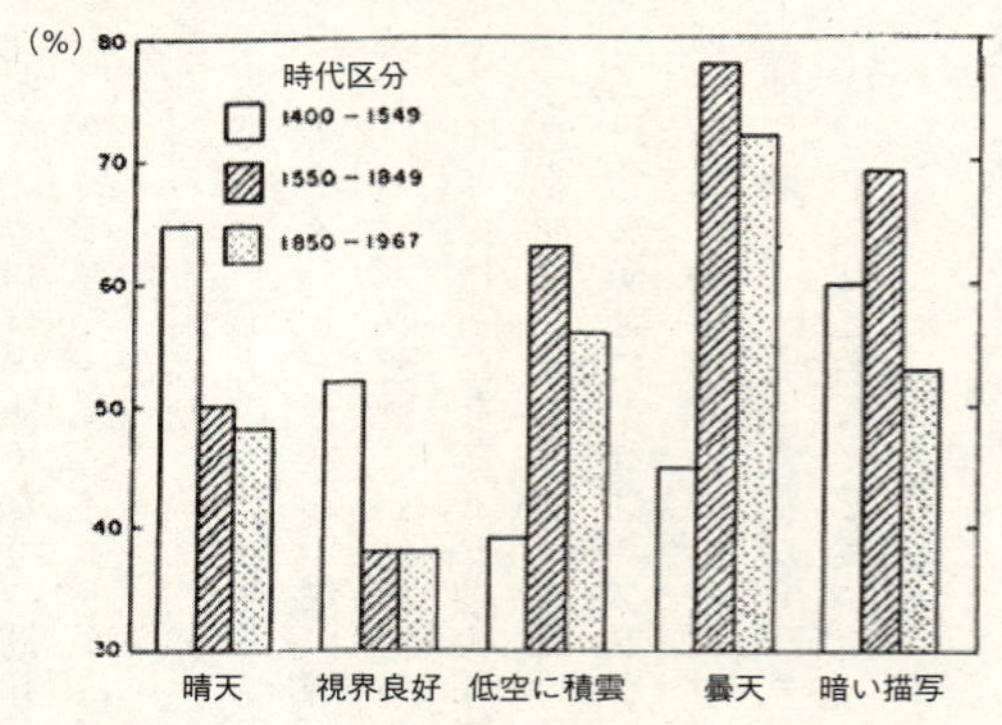

出典：Hans Neuberger「Climate in Art」(1970)

極小期に描かれたものだ。

ペンシルバニア州立大学教授であったハンス・ニューバーガーは、一九七〇年に米国とヨーロッパ九カ国の一七都市にある四一の美術館に集められている一二八四枚以上の絵画を対象とし、背景に描かれた天候を定量的に調べていった。図3－10が調査結果をまとめたものであり、晴天、視界良好、低空に積雲、曇天、暗い描写と、五つの分類で頻度を棒グラフに示している。

一四〇〇年から一五四九年にかけては、青空または視界良好が過半を占め、低い高度の積雲や曇天の比率が極めて低いのに対し、一五五〇年から一八四九年のシュペーラー極小期の末からダルトン極小期にかけては、積雲や曇天の比率が急増している。そして小氷期が終わると、積雲や曇天の比率は少なくなった。また、暗い風景の絵は、一五五〇年から一八四九年にかけて突出して比率が高い。[10]

魔女狩りはアルプス以北で流行した

気象災害が頻発する中で、被害にあった人々の間では「気象魔術」に関心が集まるようになった。聖書の「エペソ人への手紙」には、大気の王が悪魔であるという記述がある。トマス・アクィナスは、人間に試練を与えるために厳しい気候がもたらされると記しており、キリスト教では大気圏は悪魔・悪霊の活動領域と考えられていた。そして気象災害が頻発するようになると、人々は気象魔術の使い手が災難をもたらしたと考え、魔女裁判へと発展していった。[11]

ジャンヌ・ダルクがイングランド軍に捕まり、ルーアンの地で火刑に処せられたのは一四三一年だが、アルプス以北の地で魔女狩りが本格的に増加したのは、一五六〇年代からだ。魔女裁判での処刑者は、イングランドで一五六六年から一六八四年の間に一〇〇〇人、スコットランドでは一五九〇年から一六八〇年の間に四〇〇〇人、スイスのベルン周辺でも一五八〇年から一六二〇年にかけて一〇〇〇人以上を数える。魔女狩りの犠牲者は、ドイツ、スイス、フランスを中心に四万人に上っている。

一方で、アルプス以南での犠牲者は少ない。イタリアなど、地中海一帯の比較的温暖な地域ではあまり行われなかったことは、魔女狩りの起きた背景には寒冷な地域での気候の悪化のあることを示唆している。また、魔女狩りが多く行われた町の隣町で裁判が全く行われないなど、地域内でも必ずしも一致した傾向はない。このことから、魔女裁判は異端審問所で実施されたものの、ローマ教会が主導したわけではなかったと考えられる。魔女狩りは気象災害が大きかった地域で、民衆の怒りのはけ口として自然発生的に広がっていったとする説が、現在では有力視されている[12]。

熱帯収束帯の位置が違っていた可能性

ヨーロッパ以外の地域に目を向けると、カナディアン・ロッキーで一五〇〇年以降の二〇〇年間で氷河が前進し、十六世紀の一〇〇年間の平均気温は、一九六一年から一九九〇年の三〇年間と比較して〇・六度ほど低かった。

チベット高原では十六世紀に入ると気温が低下し、ヒマラヤ西部の年輪で推定した春季の平均気温は一四三五年から一四五四年の二〇年間が過去七〇〇年間で最も低く、氷河も大きく前進した。中国では、一五五〇年代から北部の黄河流域では乾燥化、南部の長江流域では湿潤多雨といった傾向が顕著になった[13]。

気候の変化が激しかったのは、中緯度地域ばかりではない。北アフリカは湿潤傾向となり、シナイ半島での年輪分析によると、一五〇〇年以降の一五〇年間は、降水量が現在の二倍以上であった。死海の湖面水位も十六世紀がピークとなっており、大陸性気団と地中

図3-11　ケニア・ナイヴァシュ湖の水深の示す中世温暖期と小氷期

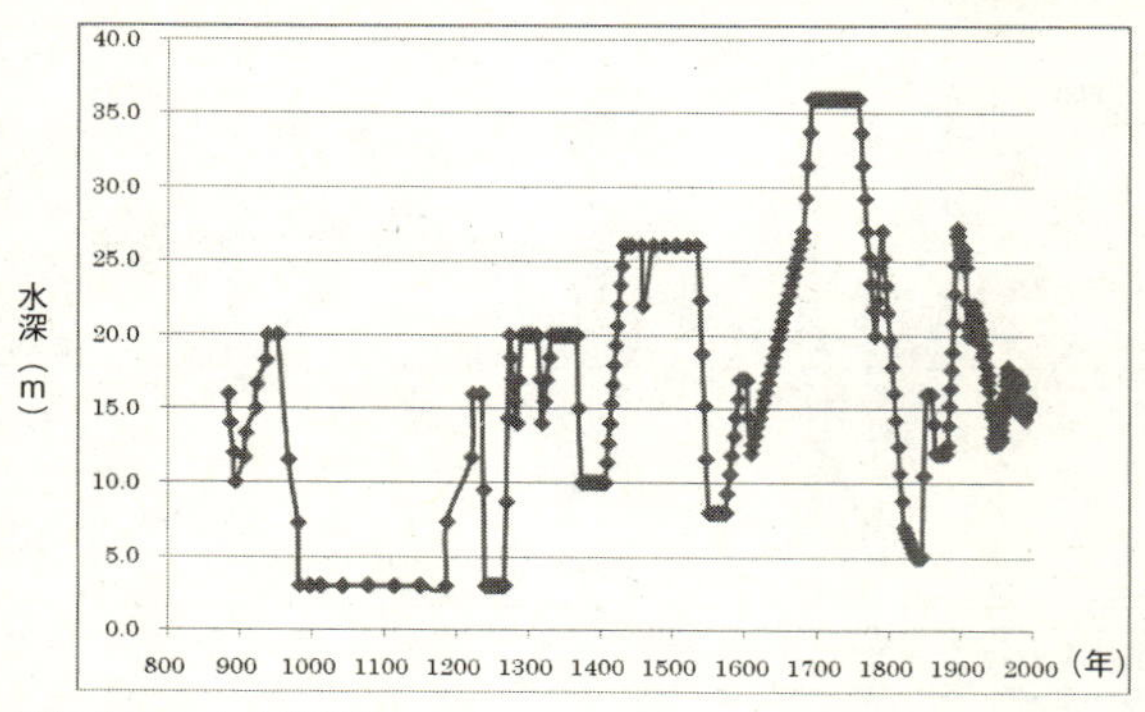

出典：Vershuren et al (2000)

海気団の境界にできる前線が気候の寒冷化の中で中東地域まで南下し、降水量を増加させたと考えられる。

また、アフリカ大陸ケニアにあるナイヴァシュ湖の水深を復元したところ、中世温暖期では今日よりも乾燥化していたのに対し、小氷期の中の黒点極小期では、水深が高くなったことがわかる（図３－11）。

一方、アラビア半島のイエメン、チベット西域、東シナ海沿岸、中央アメリカでは、今日よりも乾燥しており、赤道から亜熱帯にかけての地域において、湿潤な場所と乾燥した場所が今日とは異なっていた。各地での温度の違いから、熱帯収束帯の位置が、現在とは異なっていたと想像させるものがある（図３－12）。

また、熱帯から亜熱帯にかけての熱帯収束帯の雲量が増加したことで、太陽日射を反射し、

図3-12　小氷期における熱帯収束帯周辺の気候

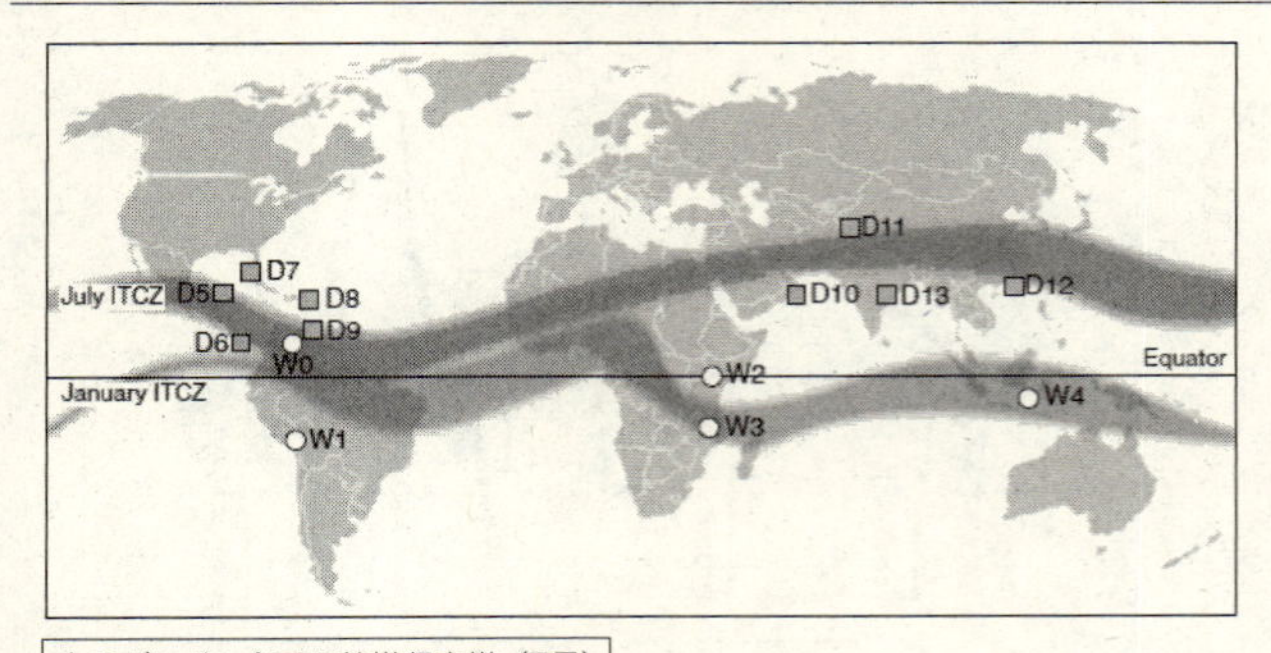

上のバンド：今日の熱帯収束帯（7月）
下のバンド：今日の熱帯収束帯（1月）
□の地点：今日よりも乾燥化
○の地点：今日よりも湿潤化

出典：Jasper Kirkby「Cosmic Ray and Climate」(2008)（Springer Magazine 2008 Feburuary、原典は、Newton et al 2006）

地球全体のアルベドが大きくなり、ひいては寒冷化を増幅した可能性も指摘されている[14]。

日本の場合：東南アジアへの大量移民

シュペーラー極小期の時代、日本でも天候不順が頻発し、特に一四五九年から一四六一年にかけて起きた長禄・寛正の飢饉は、被害甚大であった。近畿地方の集落に、濠が巡らされるようになるのはこの時期である。環濠垣内集落とよばれるもので、大和郡山市の稗田はこの典型といわれており、航空写真でみると四角の濠で囲まれた集落であることがよくわかる。

一四五九年（長禄三年）、春先の三

月の田起こしをする時期に雨が降らなかった。太陽が二つに見え、「妖星が月を犯す」と記録にあり、火山噴火か彗星の飛来を思わせる。夏を過ぎると九月に台風が京都を襲って賀茂川が氾濫を起こし、米価が急騰した。翌年一四六〇年は、春から初夏に干ばつとなって田植え時に水不足が生じ、集落同士で争いが勃発する。秋になると再び大雨が降って近江の水田は水浸しとなり、イナゴが大発生した。備前・美作・伯耆ではこの頃から食糧不足となり、「人民相食む」と記録に残っている。

翌年に食糧不足は全国に及び、一四六一年の一月から二月にかけて、京都では餓死者が大量に出た。京都東福寺に残る『碧山日記』には、死者を弔うため小さな木片で卒塔婆を八万四〇〇〇本作ったところ、二〇〇〇本しか残らなかったと記録されている[15]。

春から夏の干ばつと秋の大雨は、一五〇〇年代前半の古文書の記録にあるだけではない。木曽ヒノキの年輪からも夏の降水量が減少したことがわかる。また、木曽のヒノキや屋久杉の年輪、そして尾瀬沼の湖沼コアの古気候分析によれば、十六世紀が全般的に低温傾向であった[16]。

十六世紀から、日本人の東南アジアへの移民が歴史的に活況になり、鎖国前の一六〇〇年から一六三〇年にかけて移民者数は一〇万人規模になった。タイのアユタヤやヴェトナムのホイアンなど、各地に日本人町が建設されている。もっとも、その地の日本人は土着したというよりも華僑に雇われた傭兵や貿易商といったところで、山田長政もタイのソンタム国王の傭兵隊長といった身分でしかなかった。飢饉で離農した難民が自主的に移民したか、あるいは奴隷として売られたというのが実態であろう[17]。

2 北大西洋振動と北極振動

小氷期を通してみると、ヨーロッパとアジアでは極端に寒くなる年代に一〇年から二〇年の時間的なずれがある。また、アラスカやフィンランド北端のラップランドといった北極圏に近い地域は、ヨーロッパ大陸と比較して一五八〇年前後まで寒冷化傾向が緩やかであり、寒冷化の進展に地域的なずれもある。アジアでも、十七世紀の中国江西省では霜害により柑橘類の栽培に大きな被害があったのに対し、日本では諏訪湖の御神渡りの日付からの推定でいえば、十七世紀の寒冷化はそれほどでもない[18]。

このような寒冷化した時期の時間的なずれ、あるいは地域的な違いが、ＩＰＣＣ第三次評価報告書にあるような、小氷期は地域的な現象であり、地球全体を同時期に襲ったものではないとの主張につながっている。とはいえ、ヨーロッパとアジアという北半球の東西での気候変化の相違や北極圏一部で寒冷化が遅れた点は、気圧配置を考えることで、ある程度の説明がつく。北大西洋振動（ＮＡＯ：North Atlantic Oscillation）と北極振動（ＡＯ：Arctic Oscillation）について述べていきたい。

ギルバート・ウォーカーのもう一つの発見

第2部冒頭で、エルニーニョ現象の先駆的な研究となるギルバート・ウォーカーの南方振動の発見を紹介した。ウォーカーはインドから英国に帰国した後の一九二四年、アイスランドとスペイン沖のアゾレス諸島の気圧配置に着目して、北大西洋振動も発見している。

南方振動がタヒチとダーウィンという太平洋赤道付近での東西の海域の気圧を比較したのに対し、北大西洋振動は大西洋海域での南北での気圧配置の違いを表現したものだ。北大西洋振動はNAOインデックスという指数で表現される。北極圏に近いアイスランド近辺に低気圧が位置し、北緯三三度付近のアゾレス諸島が高気圧に覆われることで南北での気圧差が大きくなるパターンを、NAOインデックスでは正（プラス）とよぶ。反対に北極側が高気圧下に入り、低緯度側に低気圧ができることから南北の気圧差が小さくなるパターンを、NAOインデックスで負（マイナス）という。

第二次世界大戦前後の時代、大気の循環について精力的に研究を続けた気象学者にスウェーデン生まれのカール・グスタフ・ロスビー（一八九八－一九五七）がいる。母国ではヴィルヘルム・ビャークネスの下で研究を開始し、後に米国に移住してマサチューセッツ工科大学助教授からシカゴ大学の教授に就任している。今日では、一カ月から数カ月の気象変化に大きな影響を与える大気波動であるロスビー波の発見で、研究史に名を残した人物である。

彼は一九四七年に大気循環についての論文を書き、その中で大西洋からヨーロッパに進入する低気圧の経路が重要だと発表した。一般的に低気圧は、スコットランド南部からデンマーク、そしてスカンジナビア半島北部の地域へと北東に進む経路を取る。しかしロスビーは、上空のジェット気流の影響でこのコースが変わる、と主張したのである。

気候が温暖化すると、北極圏を回るジェット気流はさらに北側に移動し、このため低気圧も一般的なコースよりも高緯度側のアイスランドからラップランドを通りコラ半島に至る進路を取ることになる。このため、進路の南側のヨーロッパ大陸は、夏に海洋性の高気圧の支配する気候になる。反対に寒冷化した場合、ジェット気流が南方に下がるため、低気圧は北緯五六度から六〇度にかけての北海からバルト海に抜ける傾向がみられる。この気圧配置から夏でも気温が上がらず、農作物の収穫は減少し、冬に氷河が前進することになる。[19]

気圧配置の違いがもたらす天候の変化

ロスビーが発見したように、低気圧が進む経路は気圧配置と密接な関係があり、気圧配置の変化が、ヨーロッパの気候を変える基本的な要因であった。北半球では、高気圧の風の流れは時計回りに回転し、低気圧の風は反時計回りに動く。簡単にいえば、高気圧の西は南風が吹き、東側では北風が吹く。ＮＡＯインデックスが正の場合、ヨーロッパ大陸中

図3-13　ロンドンおよびイングランド東部での南西風の頻度

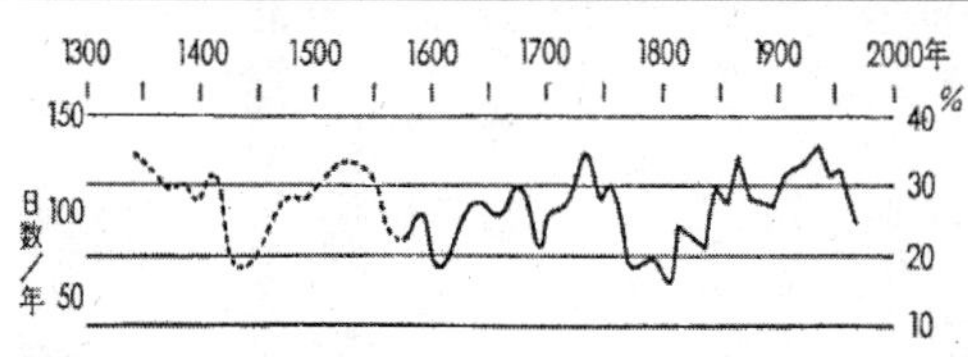

注）点線は間接資料による推定
出典：H.H.Lamb「Climate, History and Modern World」(1995)
（山本武夫『気候の語る日本の歴史』より転載）

央部に高気圧が位置することでヨーロッパ西部の地域では南西風が吹き、この南西風が大西洋赤道域からの暖かい空気を運ぶため、フランスからブリテン島、ひいてはスカンジナビア地方まで温暖な気候となる。反対にNAOインデックスが負になると、アイスランド付近に冷たいブロッキング高気圧が居座るため、高気圧の東側にあたるヨーロッパ大陸では北西風が吹き、北極圏からの冷たく乾燥した空気が運ばれる。このとき、アイスランドの西側に位置するグリーンランドでは南西風が吹くことで、寒さは緩和される。

図3－13は、ロンドンおよびイングランド東部で南西風が吹いた日数を古い観測記録からたどったもので、一三四〇年から一九七八年までが示されている。南西風の日数が減少した年はNAOインデックスが負となる気圧配置が多かったと推測され、小氷期の間でも極寒の時代と一致している。一六〇五年のオランダ船長の記録にオランダから南西方向にあるスペインに向かう航海は、北東方向に戻る帰路よりも一日半短かったとあり、ヨーロッパ大陸西岸は南西風よりも北東風

の日が多かったことがわかる[20]。

さらに、NAOインデックスが負の場合は、高気圧西側の南西風が高緯度まで届かず、風成循環（第1部第3章）での北大西洋海流が弱まる。このことで熱帯から北極圏への海水による熱輸送も減少し、北部ヨーロッパの寒冷化が促進される。

北極振動による寒暖の地域差

北大西洋振動はギルバート・ウォーカーの論文以降注目され、一九〇〇年頃から正確な観測が行われてきた。一方、一九九〇年代に入って、北極振動という気候パターンが提唱されるようになった。北極点の上空から北半球を眺めると、上空大気の気圧は年輪のように環状に回っている。北極振動を指数化したAOインデックスでは、北極の気圧が低く中緯度での気圧の差が平年と比較して大きい場合を正のパターン、反対に差が小さい場合をAOインデックスが負のパターンとよぶ。

ジェット気流は南北の気圧差が大きいと風を起こすエネルギーが大きくなるため、正のパターンでは風速が強まると同時に直線的になる。このときに中緯度地帯では低気圧が発達するものの、北極圏の寒気の南下は、ジェット気流が壁となって妨げられる。一方、AOインデックスが負の場合、ジェット気流の風速が弱まり蛇行するようになる。ジェット気流が蛇行し山谷ができるようになると、山型の地域の南側では暖かい大気が北上し温暖な冬となるが、谷型の北側では北極からの寒気が南下し厳冬となる[21]。

近年、日本では暖冬なのに地球の反対側のヨーロッパでは厳冬が到来し、あるいはヨーロッパのスキー場は雪不足だが米国東海岸では大雪といった気象状況の違いが報道されることがある。これらの東西の経度による天候の違いは、北極振動の動きの中での幅と山谷の大きさ、そして位置が関係している。太平洋北端のアリューシャン列島とアイスランドの低気圧の勢力を比べると、シーソーのように強くなる時期が交互に現れる関係があることが知られている[22]。

北大西洋振動と北極振動という二つのインデックスは正・負のパターンが一致することが多く、研究者の間で両者が同じものなのか、議論がわかれている。同じものだとすれば、NAOインデックスが大西洋の中緯度から北極圏までを南北に眺めているのに対し、AOインデックスが北半球冬季の環状の流れに着目しているとみるのだ。小氷期の時代には、NAOインデックスは負のパターンの頻度が高くなった可能性が高く、この場合AOインデックスも負となってジェット気流が蛇行するため、同じ緯度帯に位置していても、地域によって寒暖の傾向や降水量の大小が異なるといった、天候の地域差が顕著に現れたと考えられる。

3 深刻な飢饉と農業革命：マウンダー極小期（一六四五年〜一七一五年）

小氷期の中で最も寒かった時代

一六〇〇年二月一七日、ペルー南部のワイナプチ火山が噴火した。テフラ（火山灰、火砕流などの噴出物）の総量は三〇立方キロメートルと一八一五年のタンボラ火山の五分の一、一九九一年のピナツボ火山の三倍に相当する。この地域の火山噴火では硫黄成分が多いため「火山の冬」の影響は大きかった。中央ヨーロッパでは一六〇一年から一六〇二年に厳冬が訪れた。ロシアでは一六〇一年から一六〇二年にかけて五〇万人以上が死ぬ歴史上最大の飢饉となり、フランスでも一六〇一年のワインの収穫は一五〇〇年から一七〇〇年の間で七番目に遅く、ドイツではワイン製造が過去七五年間の平均の五％以下に落ち込み産業そのものが破綻した。スイスでは一六〇〇年と一六〇一年は一五二五年から一八六〇年までの三三五年間においてもっとも寒冷な年であった。中国でも浙江省杭州市で桃の開花が二七日遅れ、日本の諏訪湖の御神渡りは五〇〇年間以上の記録の中でもっとも日付の早い四回のうちのひとつだった[23]。

さらに、十七世紀には火山噴火が多発した。一六四〇年代初頭になると、フィリピンのミンダナオ島にあるパーカー火山が噴火し、以後も一六六〇年代後半、一六七五年、一六九八年と大規模火山が続いた。日本でも、北海道南部で駒ヶ岳が一六四〇年と一六九四年の二回、有珠山が一六六三年、樽前山が一六六七年に噴火しており、アイヌの部族間の抗争を誘発している。

大規模火山噴火の頻発だけでなく、十七世紀半ばから太陽黒点が消えるマウンダー極小期となり、再び太陽の活動が低下した時代に入った。太陽の活動は、近年の観測において、一一年の黒点周期でおよそ〇・一％変化しているのに対し、マウンダー極小期においては現在の平均値よりも〇・二％低下したとされる。とりわけ紫外線の変動幅は大きく、小氷期において現在よりも〇・七％少なかったと推定されている。成層圏の酸素およびオゾンは紫外線を吸収するため、地球の温暖化に寄与する。このことから、マウンダー極小期での紫外線量の減少は、地球全体の気候を寒冷化する要因になったのではないかという見解がある。[24]

黒点が消えた期間は一六四五年から一七一五年までであり、このうち一六八〇年から一七三〇年にかけては小氷期の五〇〇年間の中でも極端に寒い時代であった。イングランドでは、一六五九年から温度計による気温観測が始まっている。観測記録をみると、年平均気温で比べて十七世紀後半は二十世紀前半よりも〇・九度低く、とりわけ極寒であった一六九〇年からの一〇年間は一・五度低かった。気温の推移から、イングランド中部の積雪日数は現在の二日から一〇日に対し、一六七〇年から一七三〇年の間は二〇日から三〇日であったと推測されている。

一六八三年、イングランド南西部のサマセットで地下一メートルまで凍りついた。同じ年にフランス北岸では幅が五キロメートル、オランダ沿岸から北海にかけては幅二〇キロメートルの流氷が現れ、バルト海では船舶の航行が中止された。一六八八年から八九年の冬にテムズ川はロンドンで凍結し祭りが開催された。一七〇九年の冬にはバルト海が氷結し、海上を徒歩で渡ることができた。

一六九五年は、アイスランドにとって最悪の年となった。冬の間、島全体が流氷で覆われて何カ月も船がたどりつけない状況が続いた。北極圏の冷水が南下するとともに海水温が低下し、アイスランド海域一帯のタラやニシン漁は厳しい状況になった[25]。

アルプス氷河は一六九〇年から一七〇〇年にかけて、さらに前進した。ウンターグリンデルワルト氷河の先端は、一六〇〇年には標高一六〇〇メートルの高さであったのに対し、一七〇〇年になると標高一〇〇〇メートルから一三〇〇メートルの地点まで低地に延びた。以後もアルプス氷河の前進は、一七七〇年代、一八二〇年から一八五〇年にかけても続いた。氷河の前進は北米大陸でも同時期に起きており、アラスカ、ロッキー山脈、さらにワシントン州レーニア山の氷河が低地に進んでいる[26][27]。

寒い気候がブドウの品種を変えた

マウンダー極小期で最も低温な時代になると、ヨーロッパ各地でのブドウ栽培が窮まった。フランスでは一六六〇年代から収穫量が減少した。一六九二年をみると、四月二四日になっても木々に新芽が伸びず、一〇月一八日には早くも霜害が始まり、その九日後にはパリ郊外で一五センチメートルの雪が積もる悪天候となった。翌年も同じ傾向で、一六九三年から一六九四年にかけてワイン生産高は、中世以降で最も少なかった。

気候の変化の中で、寒さに強い品種の栽培が始まる。大都市パリの近郊では、需要に応えるため質が悪いが寒さに強い品種が選ばれ、良質なブドウの栽培は消費地から遠い南部の地域で行われるようになる。今日につながる品種の多くは、この時代にみることができる。シャルドネ種を用いた白ワインではシャブリ、マコン、ピノ・ブランといったものがあり、リヨン北部のボジョレーではガメイ種を用いた赤ワインが生産された。シャンパーニュ地方オーヴィレール村のベネディクト修道院では、ワインを管理していたドン・ペリニオンが醸造技術を改善し、発泡酒ワインを完成させている。

時代は下るが、ドイツでも寒さへの対応が行われている。一七七五年以降、ラインガウのヨハニスブルクでブドウをより長い期間生育させるための遅摘み法が行われるようになり、シルヴァーナとリースリングを混ぜた品種のシュペトレーゼが生産されるようになる。アウスレーゼ、あるいはトロッケンベーレンアウスレーゼといった貴腐ワインの高級品が確立したのもこの頃だ[8]。

減少するヨーロッパの人口

スイスのチューリッヒに、一六八三年以降から現代までの、年間の積雪日数の記録が揃っている。この記録によれば、一六九〇年代には積雪日数が年間およそ七五日もあり、これに対して温暖期に入った一九二〇年代では四二日に減少している。ベルンの近郊まで含めた積雪日数をみると、小氷期の厳寒期には積雪日数は一五〇日にも達しているのに対し、二十世紀では、寒かった時期にあたる一九六二年から一九六三年にかけてですら積雪日数は八六日しかない。積雪日数の推移から、一六八三年から一七〇〇年にかけてのチューリッヒの冬の平均気温は、二十世紀前半と比較して一・五度低かったと推定される。

寒冷化は、ブドウに限らず農業全体に深刻な被害を与えた。一六九〇年代のイングランドでは、一年のうちで農耕可能な日数は二十世紀の温暖な時期と比較して三〇日から五〇日減少した。イングランドだけでなくスコットランド、ノルウェー、スイスなどヨーロッパ一帯で、農作物の収穫が大きく落ちこんだ[28]。

凶作は人口動向に直結する。フランスでは一六九三年に穀物生産量も急落し、同じ年に北フランス一帯では人口の一割が死亡した。とりわけオーベルニュ地方の場合、飢饉による死亡率は二〇%にも達し、フランス全土での死者は全部で二〇〇万人に及んだ[29]。

イングランドでは、一六六〇年代から一七三〇年代にかけて死亡率が出生率を上回って人口が減少し、フィンランドでは一六九七年に飢饉により、人口の三分の一が死亡する事態となった。また、ポーランドでは、十七世紀になると身長が中世温暖期と比較して二センチメートルから四センチメートルほど低くなるなど、体格も貧弱になった[30][31][32]。

アジアの寒冷化と江戸時代の飢饉

アジアに目を向けると、シュペーラー極小期の末から熱帯収束帯の南下により、インドでは北方の冷たい気団が居座るため、夏季の南西モンスーンによる降水量が減少している。このため、干ばつや水不足が深刻となった。オランダ東インド会社の記録では、十七世紀の台湾で北風が強まったとあり、インドだけでなく亜熱帯地方の広い範囲で北方の冷たい大気が南下したと推測される[33]。

中国の直近五〇〇年間について、一六五〇年から一七〇〇年までが最も寒冷であったとの研究論文がある。中国東北部の平均気温は、一五六〇年から一六九〇年にかけて現在よりも〇・五度低かった。中国南部の、華中以南にある主要な湖の十七世紀の結氷回数をみると、長江下流沿いにある太湖で十六世紀と同じく四回を数え、洞庭湖の場合の四回は他の世紀にはない頻度であった。寒冷な天候のため、長江南岸の江西省では霜による被害でマンダリンオレンジなどの果実の栽培が放棄されている[34]。

日本では、江戸時代の十七世紀半ばから寒冷化傾向が顕著になり、厳しい飢饉が何度も起きている。江戸時代の人口について、子午改めをベースにした推計があるが、一七二一年が三一二八万人に対し、一八四六年が三二四二万人とほとんど増加していない。これは江戸中期以降に飢饉が相次いだためと考えられている[35]。

飢饉には諸説があるが、六大飢饉というと次のものとされる。

- 寛永の飢饉：一六四二～一六四三年
- 元禄の飢饉：一六九一～一六九五年
- 享保の飢饉：一七三二年
- 宝暦の飢饉：一七五三～一七五七年
- 天明の飢饉：一七八二～一七八七年
- 天保の飢饉：一八三三～一八三九年

寛永の飢饉はヨーロッパなどで気温が上昇した時期にあたり、西日本の干ばつ、東日本の冷害という組み合わせになっている。東北地方では弘前で七月に梨の花が咲き、秋田で八月に霜が降ったとある。オホーツク海高気圧から吹く冷たい北東気流によるヤマセか、あるいはシベリアからの冷たい高気圧が停滞したのかもしれない。

元禄の飢饉はマウンダー極小期に起きたもので、ヨーロッパで厳寒になった時代と一致する。弘前藩の「天気相の覚」によれば、一六九五年（元禄八年）は正月から降雪・寒気に見舞われ、気温が上がらず冷害となり、七月にヤマセが吹いて長雨が続いた。「元禄八年津軽大飢饉覚」には、「山瀬（背）風」という言葉がある。餓死と疫病による死者は弘前藩と盛岡藩を合わせただけでも一五万人と記録にある。

享保の飢饉はセジロウンカ・トビイロウンカによる虫害が特徴であった。東アジアでは大雨に続いて干ばつが起きる天候で、蝗害（虫害）が発生している。享保の飢饉は寛永の飢饉と同じく気温の低下というよりも暖かい時代のものであり、被害は西日本中心であった。イナゴ害により西日本の石高がそれまでの五年間と比較して二七％減少した。

続く宝暦の飢饉は、東北地方を襲ったヤマセ型の冷害であった。八戸藩で六月から八月にかけて冷たい東北風が吹き、被害は太平洋側で大きかった。盛岡藩で五万人の餓死者が出ている。

天明と天保の飢饉はダルトン極小期で触れたい。六大飢饉の発生した年数をみると、暑い年の干ばつによる飢饉が一年程度で終わるのに対し、関東地方以北を襲う冷害による飢饉は、四年から七年と長く続く傾向がみてとれる[36]。

オランダに始まった農業革命

マウンダー極小期、とりわけ一六九〇年代の寒冷な時代に世界各地で大飢饉が発生し、人々の生活は窮まった。しかし、一方では生き延びる術として、ヨーロッパで農業革命が始まっている。

ヨーロッパにおいて小氷期の寒冷化が大きな打撃となったのは、中世温暖期の人口増加に加えて、ローマ時代から引き継がれた地中海式農業が続けられていたことが大きな原因であった。小麦を栽培するための耕作地がスカンジナビア半島から東欧まで広がり、バルト海沿岸にもワイン生産のためのブドウ畑が営まれていたのである。このような温暖な気候を前提とした穀物中心の農業が、小氷期に成り立たなくなっていた。

天候不順という苦境をしのぐため、技術革新による知恵が各地域で芽生えていった。一七世紀前半にオランダの干拓地で商品作物の栽培が行われるようになり、寒さに強いカブや土壌改良をうながすクローバーが対岸のブリテン島ノーフォークに持ち込まれた。一八世紀には四圃輪栽式のノーフォーク農法へと発展していった。ソバはヨーロッパではほとんど栽培されなかったが、オランダでその耐寒性の高さが着目され、一五五〇年から一六五〇年の一〇〇年間に、農作物の中で大きな位置を占めるようになった。英国では大規模地主が農地を囲いこみ、肥料の利用や排水設備の工夫が進められた。こうした動きは、農業革命とよばれるようになる[37]。

本当の救世主は何か

ただし、英国やオランダを中心とした農業革命は、歴史とりわけ経済史の中で強調され過ぎているきらいがある。ヨーロッパ全土といった広い地域の人々にとって、本当の救世主は、新世界からもたらされた新しい農作物、ジャガイモとトウモロコシであった。

ジャガイモはナス科の多年草で、アンデス高原を原産地とし、先住民のインディオにより六世紀頃に栽培化がなされた。農作物として品種改良が進み、スペイン人が訪れた際にすでに品種は三〇〇種類以上となっていた。

一五七〇年頃、スペインの征服者によりみやげ物としてヨーロッパに持ちこまれ、三年後にはセビリアの病院食として用いられている。ただし、奇妙な形をしていることで、うつ病を起こす植物と噂され、ロシアの牧師は「悪魔の植物」とまで言いきり、ハンセン病やクル病の原因とさえ考えられた。聖書に書かれていない食物であることから、食べると神の罰があたるといった宗教上の意見もあった。このため、ジャガイモがすぐに広い地域で栽培されたわけではなかった[38]。

ところが、ジャガイモの原産地であるアンデス高原は寒冷湿潤であり、同じような気候であった小氷期のヨーロッパは、栽培に適していた。小麦なら一人分の食糧を収穫できる広さの農地で、ジャガイモは二人分の収穫量を得ることができた。単位あたり収穫量だけでなく、少ない労働量で栽培可能であり、栄養分も多く、生育期間も小麦などより三カ月から四カ月も短くてすんだ。

このようなジャガイモの長所が着目され、一六九〇年代の飢饉の時代から、アイルランドやスコットランドでジャガイモ栽培は普及していった。ジャガイモの恩恵により、アイルランドの人口は一七五四年の三二〇万人から、一八四五年には約二・六倍の八二〇万人に増加している。両国の人々が米国北東部に移民した際、ジャガイモは一七一八年に再輸出される形で北米大陸に持ちこまれた。ヨーロッパ大陸でも、プロシアのフレデリック国王をはじめとする各国の国王からジャガイモ栽培は推奨され、ハンガリー政府は一七七二年に国策としてジャガイモの生産拡大を指示した。[39][40]

スコットランド出身の経済学者アダム・スミスは、主著の『国富論』の中で、ジャガイモについて「より多くの労働者を養い、男をより強くし、女をより美しくする」とその効用を説いている。

ジャガイモの普及により、オランダからベルギーにかけてのフランドル地方では一六九三年から一七九一年にかけて、穀物消費量が一日あたり七五八グラムに対して四五八グラムに減少している一方、ジャガイモの消費が穀物の四〇%に相当するまで上昇した。フランスでは一三七一年から一七九一年にかけての四二〇年間に一一一回の飢饉が発生したが、十八世紀については一六回と発生率が大幅に減少しており、ジャガイモの栽培が天候の不順から人々を救ったといえる。

さらに、ジャガイモの高い生産性は、農業に従事しない人口をより多く養うことを可能にし、工業労働者を生み出すことができたという意味で産業革命の進展にとって大きな役割を果たした。[41]

中央アメリカを原産とするトウモロコシは、「スパニッシュ・コーン」とよばれ、一六七〇年代にヨーロッパ南部で栽培が始まった。小氷期の時代の品種は北方の寒冷な気候での栽培に適さなかったため、地中海一帯を中心に普及していき、一七八〇年代になるとスペイン、ポルトガル、イタリアからバルカン半島に栽培が広がった。エジプトの地はトウモロコシの栽培に適しており、ヨーロッパ諸国よりも先んじて定着し、十七世紀中に主要な農産物となっていった[40]。

中国でもトウモロコシは、コメの代替食品として普及していった。十七世紀、中国の農業生産の七〇%がコメであったのに対し、今日ではコメの比率は四〇%以下に低下しており、トウモロコシがその差を埋めている。西アフリカでもキビやエチオピア原産のモロコシ（ソルガム）に代わり、南米産のトウモロコシが栽培されるようになった[42]。

近代的知性の誕生

小氷期は、近代的知性が生まれた時代でもあった。宗教改革を標榜してプロテスタントの生みの親となったマルティン・ルター（一四八三－一五五六）やジャン・カルヴィン（一五〇九－六四）は、シュペーラー極小期に生きた人物であり、一六〇〇年代最初の一〇年間の厳しい寒さが到来した期間に、ガリレオ・ガリレイ（一五六四－一六四二）やヨハネス・ケプラー（一五七一－一六三〇）が地動説を提唱した。二人の天文学者と同じ時代に、イングランドではフランシス・ベーコン（一五六一－一六二六）、フランスではルネ・デカルト（一五九六－一六五〇）と、近代哲学の生みの親が誕生している。

万有引力の理論を構築したアイザック・ニュートンは、一六四二年にイングランド東岸沿いに位置するウールソープ・カスタワースの名士の家に生まれ、一七二七年に八五年の生涯を終えたが、その人生はマウンダー極小期とほとんど一致している。また、シャルル・ド・モンテスキュー（一六八九－一七五五）は、三権分立の考え方や議会制民主主義の基礎を築いた。さらに、アダム・スミス（一七二三－九〇）が「神の見えざる手」との言葉で提唱した市場経済の考え方は、温室効果ガスについての排出権取引につながるものだ。

二八〇〇年前の寒冷期には仏教や儒教が生まれ、ユダヤ教が確立するといった精神革命とよばれるような意識改革があった。六世紀の「謎の雲」がもたらした世界的な気候異変は、イスラム教を世界宗教に発展させ、日本での仏教公伝の契機となった（第2部第3章（3））。小氷期でも同じように、科学、思想の面でのパラダイム・シフトが起きたことは興味深い。現代社会の基礎となる物理学、政治哲学、経済学のほとんどが、小氷期の中でも最も寒かったマウンダー極小期に活躍した人間に由来している。

オーストリアの経済学者ヨーゼフ・シュンペーターは、経済の発展をイノベーションという概念で説明し、不況の時代に技術革新の芽になる発明が生まれ、新技術は景気がよい時代に利用されて社会全体を豊かにするとの経済発展の理論を示した。気候と人類の叡智も、同じような関係にあるといえるのではないか。寒冷期に革新的な発想が生まれ、温暖な時代にそれが普及し、経済や社会が発展する。そもそも農業の開始という最初の革命も、ヤンガードリアス・イベントによる寒冷化で苦境に陥った狩猟採集民が編み出したものであった。

4 火山噴火の頻発と「夏がなかった年」：ダルトン極小期（一七九〇年〜一八三〇年）

変化の激しかった十八世紀の気候

十八世紀前半のヨーロッパは、寒暖の差が激しかった。一七〇八年から翌年にかけては厳冬となり、バルト海は氷で覆われて徒歩で渡ることができた。一七一六年の冬には、ロンドンでテムズ川が再び凍結している。一七一八年になると一転して夏の猛暑と干ばつがヨーロッパ全土を襲い、一七二〇年代から一七三〇年代前半のイングランドでは、一七二五年を除き二十世紀並みに高温となり、北海沿岸でも一七三五年から一七三九年にかけて、その後の二〇〇年間のどの時代よりも温暖となる[43]。

ところが一七四〇年代から一七五〇年代になると、再び寒冷な天候へと戻ってしまう。アイスランドでは一六九五年と同じように、一七五六年に三週間の間、氷で閉ざされる状況となった。フランスでも一七六五年から一七七七年にかけて、またドイツでも一七六三年から一七七六年にかけて、寒冷傾向となる。アルプス氷河は一七七七年から一七七八年にかけて前進している[44][45]。

太陽黒点の数や放射性炭素比率の分析で確認されているように、一七七〇年代頃から太陽の活動が低下し、ダルトン極小期が始まる。ただし、シュペーラー極小期やマウンダー極小期ほどの極端に大きな黒点数の減少はなく、減少期間も四〇年程度とマウンダー極小期の半分程度しかない。もしかしたら、太陽活動の要因だけであれば、小氷期は終わりに向かったかもしれない。しかし、十八世紀後半から一八四〇年代にかけて地球規模で火山活動が活発化し、大規模噴火という自然要因が気候に大きな影響を及ぼした。

ラキ山、浅間山の噴火と天明の飢饉

一七八三年の五月から六月にアイスランドのラキ山が、同じ年の七月八日に浅間山が大噴火を起こした。ラキ山噴火直後の六月、フランス南部では日の出、日の入り時の地平線近くの太陽は、大気に漂う火山灰にさえぎられて見えなかったという。北半球の夏の気温は一・三度下がり、影響は四、五年続いた。このため、スコットランドからヨーロッパ西部にかけての農業生産が大打撃を受けた。北米大陸で、カナディアン・ロッキーの氷河が最も前進したのもこの時代だ。コロンビア氷河の近隣の気温は一七八三年から一七八八年の間、長期平均より一・六度低く、低下幅が二度を超える年もあった[46][47][48]。

浅間山の場合、直接的には溶岩流・火砕流によって吾妻地方で一五〇〇人の死者を出

し、杉田玄白は『後見草』の中で関東地方では土砂崩れにより二万人が生き埋めになったと記した。浅間山の噴火による天候の悪化が天明の飢饉のきっかけとなったと思いがちだが、東日本以北では噴火前の春先から天候不順で、関東地方では春先から長雨が続き、六月でも冬物の衣服を羽織る寒冷な天候が続いていた。あるいはラキ山の影響があったのかもしれない[49]。

青森県八戸市新井田の対泉院には、江戸時代の飢饉の死者を弔う餓死（けがじ）万霊等供養塔があり、その裏面に天明の飢饉の様子が刻まれている。一七七八年（安永七年）の頃から農作物の出来が悪く、一七八三年（天明三年）になると「四月十一日の朝に雷が強く鳴り、ヤマセが吹き、大雨が降りだした」とあり、噴火前から冷夏であったことがわかる。浅間山噴火後、「八月の末まで雨が降り続き、九月一日にようやく晴れた。夏の間ずっと綿入れを重ねて着なければならないほど寒かった。田や畑の作物は実らず、青立ちのままだった。人びとは階上岳へ登りわらびの根を掘り、海草や山草はもちろん、藁も粉にして食べた。それればかりか……」と記され、その後に刻まれた人肉を食べたとの記述は削り取られている。八戸藩士の上野伊右衛門が書いた「天明卯辰簗（てんめいうたてやな）」にも、人肉の話が書かれている。それまで毒があると考えられていたウマの肉が食用になるのは、天明の飢饉以降だ[50]。

各藩の記録によれば、天明の飢饉による東北北部の餓死者数は、弘前藩で一〇万二〇〇〇人、八戸藩で三万一〇五人、盛岡藩で四万八五〇人とあり、仙台藩では餓死と疫病死を合わせて二〇万人以上であった。天明の飢饉の前後で日本の人口は一一万人減少しており、当時の日本の総人口からみて、四・三％減ったことになる。飢饉は一七八七年まで続き、六大飢饉の中でも被害が最も大きく、飢饉を原因とする米騒動や打ちこわしは関東から九州北部へと広がった。[51][52]

フランス革命はなぜ一七八九年に起きたのか

一七八八年の降水量は一二ミリと一七八一年から一七九五年の間でもっとも少なかった。一七八八年の春は高温少雨の天候であり、土壌からの水分蒸発が多かったという要因も加わり、干ばつの様相を呈していた。春小麦にせよ冬小麦にせよ、六月以降に収穫を行う上で四月は生育にとって重要な時期であった。一七七四年から一七八八年にかけての農業生産量の統計をみると、一五年間の平均に対して一七八八年の収穫量は小麦が約六〇％、その他の雑穀が三分の二しかなかった。

凶作は食料価格を上昇させた。下層階級の労働者一人あたりの収入に占める食費がそれまでの五五％から八八％へと跳ね上がった。家計の余裕がなくなったためか、ワインの価格は一七八七年に比べておよそ五〇％も値下がりし、製造業者はこの点で大打撃を受けた。食糧不足が顕在化する年末以降にフランス全土で暴動が広がり、一七八九年七月のバスチーユ牢獄襲撃まで小麦価格は上昇していった[53][54]。

フランス革命は、旧制度（アンシャン・レジーム）とよばれる社会の疲弊によって起きたものであり、気候の変動を主因とするのは行き過ぎだろう。ただし、遅かれ早かれ社会変革が起きたにせよ、なぜ一七八九年という年に革命が勃発したのかとの背景を考える際、前年からの天候悪化によって農民や労働者が窮乏していた状況のあったことを忘れてはならないだろう。

一八一二年に始まる寒冷の極：ナポレオン軍を壊滅させた冬将軍

一七九〇年代半ばから十九世紀初めにかけて、ヨーロッパでは過ごしやすい暖かい夏が戻り、冬季の寒さも和らぐ時代が続いた。しかしその後、一八一〇年代から再び世界各地で大規模な火山噴火が活発化した。火山噴火は、一八一二年四月のカリブ海のセント・ヴィンセント島のスーフリエール山と同年八月のインドネシアのスラウェシ島にあるアウ山に始まる。

各地の噴火が起きる頃から、すでにヨーロッパでは気候の寒冷化の兆候が現れた。フランスとスイスでは、ブドウの収穫日から勘案すると一八一二年からの六年間、気温が低下しており、一七七七年以来の寒冷な時代に入ったと考えられる。また、バルト海沿岸諸国の気温をみると、一八一〇年代前半に平均気温の低下が顕著であった。一八一二年、デンマーク、ノルウェー、フィンランド、スウェーデンでは、農業は明らかに不作であったと記録にある。この気候の傾向に変化が現れた年に、ナポレオンのロシア遠征は行われた。[55][56]

天候異変の兆候は夏場からあった。異常気象のせいかウマが腹痛を起こす疫病が流行り、騎馬隊の行動に支障が出ていた。また、トルストイの『戦争と平和』に、七月一二日の夜から霧に包まれて暴風雨が到来しており、この年の夏は嵐が多かったとある。[57][58]

ナポレオンの遠征の失敗は、第一に大軍を遠征するための兵站に問題があったことによる。七月にスモレンスクを攻略した際、参謀たちはこの地で越年しモスクワへの進軍は翌年にすべきとナポレオンに進言している。しかし、越冬できるだけの兵站支援力がなく、短期決戦を行うしか選択肢がなくなっていた。さらに、ナポレオン自身の戦術指揮の能力にも疑問符がつくことが目立った。近衛兵の投入を出し惜しみ、ロシアの名将クトゥーゾフを捕らえる千載一遇のチャンスを逃してしまう。第二騎兵隊を率いたミューラーは、「もはや皇帝が天才であるとは思えなくなった」と語っており、モスクワから撤退する決断も大幅に遅れた。そして、兵站の支障による飢餓と冬将軍が退却中のフランス連合軍を苦しめた。ナポレオンをひいき目でみると、一八一二年が気候の変化の初年であったゆえ、防寒装備の軽視は仕方なかったのかもしれない。[59]

『戦争と平和』には、一〇月二八日に厳寒が訪れたとある。寒気の訪れが例年になく早く、一一月に入ると気温が零下となり吹雪が舞った。歩兵の日記には、「寒さは厳しく、カラスが凍って空から落ちてくるほどだ」と書かれている。一一月二五日にドニエプル河の支流ベレジナ河にたどり着くが、先回りしたロシア軍により橋が焼かれてしまっていた。このため臨時の橋を架けるために氷の浮かぶ大河を首までつかって渡河せねばならず、多くの凍死者が出た。一二月初旬には気温は零下三二度まで下がり、行軍についていけない残兵は置き去りにされた。遠征開始時に四六万人を動員したが、兵力の損害は三〇万人に及んだ。[60]

タンボラ火山の噴火と「夏がなかった年」

一八一五年四月、インドネシア・スンバワ島のタンボラ火山の大噴火が起きた。タンボラ火山は四月五日から噴火を始め、最も激しくなったのが同月の一一日から一二日にかけてで、三カ月後のタンボラ火山の標高は一二〇〇メートル以上も低くなった。火山の周辺三〇〇キロメートル圏内では三日間にわたり日中も真っ暗になり、火山灰はスンバワ島のサンガールで九一センチメートル、バリ島で三〇センチメートルも積もった。噴火のあったスンバワ島の島民一万二〇〇〇人のうち生存者はわずか二六名であったと、チャールズ・ライエルは『地質学原理』に記録を残している。さらにインドネシアでは、直後の気温の低下と噴火にともなう地震により、餓死者を含め九万二〇〇〇人が死ぬ大惨事となった。[61]

最終氷期以降、五五六〇回以上の火山噴火があったが、その中でタンボラ火山のテフラ

図3-14　グリーンランド氷床コアに含また硫酸エアロゾル濃度

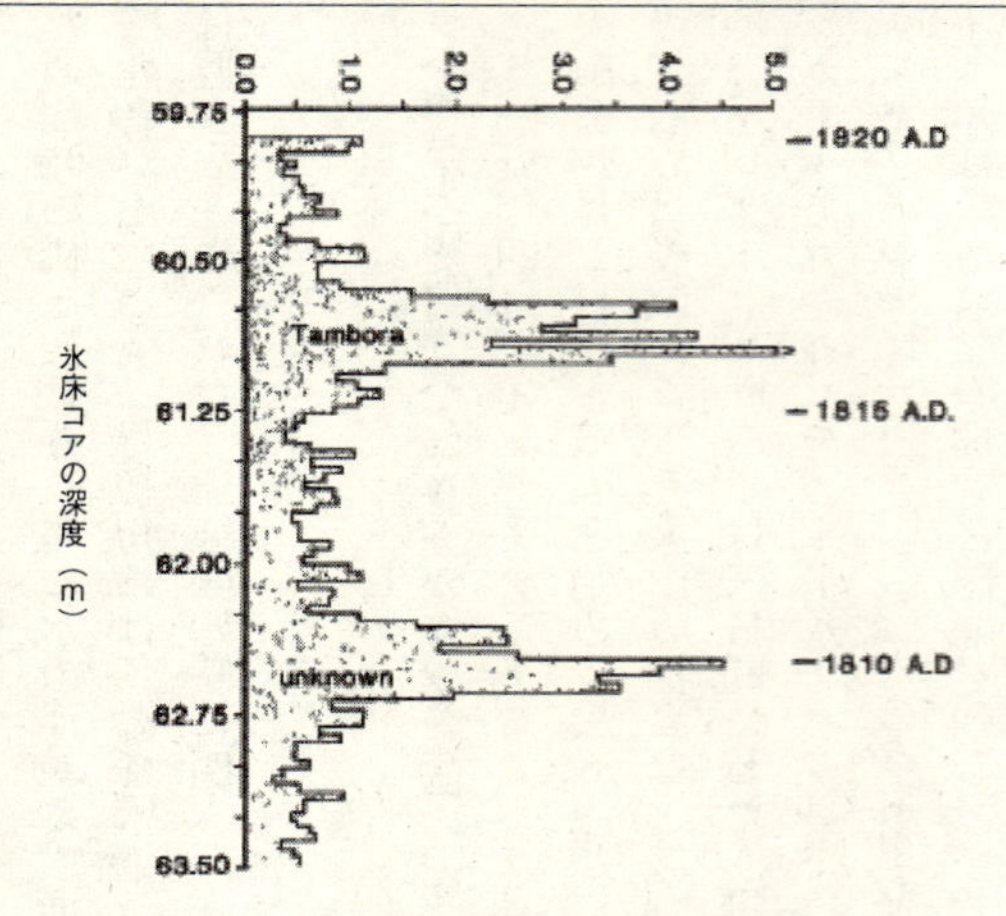

出典：Dai, J., E. Mosley-Thompson, and L.G. Thompson (1991)：Ice core evidence for an explosive tropical volcanic eruption six years preceding Tambora, *Journal of Geophysical Research, vol.96,* pp. 17,361-17,366.

の総量は一六〇立方キロメートルと最大級のもので、クレタ文明衰亡のきっかけとなった紀元前一六二七年のサントリーニ島の爆発をはるかに超える規模であった。二十世紀に起きた噴火と比較すると、一九八〇年のワシントン州セント・ヘレンズ島火山の一三〇倍、一九九一年のピナツボ火山の一四倍に相当する。火山噴火により大気中に排出された硫酸エアロゾルの痕跡は、グリーンランドの氷床コアに明瞭にみることができる（図3－14）。

ロンドンでは一八一五年夏

の夕日は噴火由来のエアロゾルによって赤やオレンジの色が尋常でなく、ヨーロッパの中部と西部では、平均気温が一八一〇年から一八一九年の一〇年間の平均よりも一度から三度低くなった。もともと、一八一二年以降の気温の低下傾向にあった中での火山噴火であり、一九五一年から一九七〇年の二〇年間の平均よりも最大で三度低い。ヨーロッパでは地中海の一部地域が少雨となった以外は降水量が増大した。米国ではコネティカット州で一八一六年六月四日に霜が降り、ニューヨーク州オールバニで六月六日に雪が降った。尋常でない寒冷な天候から、人々の言い伝えとして一八一六年について「夏がなかった年」という表現が長く残った。年輪での分析では大西洋の両岸で噴火による気温低下が大きく、北半球全体でみるとそれぞれ夏季で一八八〇年から一九六〇年の平均値に対して、一八一六年に〇・五一度、一八一七年に〇・四四度、一八一八年に〇・二九度それぞれ低下した。

一八一六年から一八一七年にかけて、ヨーロッパや北米で異常な低温によって凶作となった。フランスのパリ周辺の気温をみると、平年と比較して六月は二・二度、七月は三・五度、八月には二・八度、そして九月には一・六度とそれぞれ低かった。特に七月の平均気温は観測史上最低であり、降水量は平年よりも五〇％も多かった。ブドウの収穫日もアルプス地方で一一月、フランス北部と中部で一〇月末から一一月と遅くなった。米国ニューイングランド州では霜害で穀物は枯死し、ノースカロライナ州でも収穫量は平年の三分の一であった。家畜飼料が欠乏し、この年の冬には大量の家畜が餓死した。カナダでは深刻な食糧不足となり、一八一六年の七月から九月の間、穀物輸出を禁止している。[62][63][64]

一八一六年の六月、天候異変による長雨で、五名の男女がスイスのジュネーブ郊外の別荘に閉じこめられていた。メンバーの中には、英国人の詩人のジョージ・バイロンとその友人のシェリー、後にシェリーと結婚することになる当時一八歳のメアリー・ゴドウィン、そしてバイロンの主治医であったジョン・ポリドリがいた。彼らは雨の多い陰鬱な天気の中で、ドイツのホラー小説を批評し、幽霊の話をしながら時間をつぶしていた。このときの会話から、ポリドリは一八一九年に『吸血鬼（ヴァンパイア）』を書き、その後、ブラム・ストーカーの『ドラキュラ』へと発展した。そして、メアリーは別荘で話し合ったときのメモを元に、一八三一年に『フランケンシュタイン』を書き上げることになる。[65][66]

ヤマセによる天保の飢饉：日本特有の異常気象か

天保の飢饉は一八三三年に始まり一八三七年にピークを迎え、一八四〇年の大豊作まで七年間続いたもので、ヤマセ型の冷害が主因とみられる。一方で、日本海側や九州北部でも凶作の記録が残っている。このとこから、ヤマセ型のオホーツク高気圧による北太平洋の寒気の到来だけでなく、シベリア由来の寒気の襲来もあったと考えられる。[67]

一八三三年（天保四年）、津軽で四月下旬以降日照りで渇水騒ぎとなったが、六月を過ぎて一転して大雨となり東からの強風が吹いた。盛岡付近の場合、五月下旬以降に長雨と低温となり、八月下旬に早くも霜害が始まって、九月一日に大霜が降り大凶作が確定的となった。

一八三六年（天保七年）になると、盛岡藩で「春以来風強く、夏になっても暑気薄く、『悪風』は九月まで続いた」とあり、稲は田植えの段階で苗の根つきが悪く、七月の盆を過ぎても三分の一しか出穂しなかった。

農作物の不作が連続して発生し、作柄をみると全国平均で、一八三三年が五二・五％、一八三五年は五七・二％、一八三六年が四二・四％とおよそ半分に減少しており、奥州ではそれぞれ三五％、四七・二％、二八％と大凶作となった。冷害は一八三八年まで続き、餓死者が大量に発生した。弘前藩では餓死（七万四八六〇人）と疫病死（二万六〇〇〇人）により、藩内人口の半分が死亡した。

天保の飢饉は七年という長期間続いたため、厳しい状況であったとの印象がある。ただし、死者数という面では天明の飢饉の一七八三年から一七八四年の二年間の方がはるかに多い。また、宝暦の飢饉と比較しても、飢饉の状況は極端に大きなものでもない。これは気候の悪化がそれまでの飢饉時と比べると厳しくなかったことに加え、過去の飢饉の教訓から食糧備蓄や御用金の利用といった救済策が講じられたためと考えられている[68]。

天明と天保の飢饉では、西日本よりも東日本で、また日本海側よりも太平洋側で被害が大きかった。長期間続いた飢饉といっても、四国や九州では人口が増加している。このことは東日本に位置する徳川幕府を弱体化させ、一方で長州、薩摩、土佐といった西日本の雄藩の経済力が増したことを示している。東西日本での気候変動をめぐる被害の有無が、明治維新を起こす陰の要因になったといえるのではないか。

アイルランドのジャガイモ飢饉

一八四五年に入って、ジャガイモ疫病菌（*Phytophthora infestans*）がヨーロッパ全土で大流行を始めた。この疫病菌に感染すると、ジャガイモの茎、葉そしてイモに小さな斑点ができ胴枯れの症状となり、イモは腐り、やがて枯死してしまう。疫病菌による被害は、一八四二年から一八四三年にかけてマサチューセッツ州、ニューヨーク州、ペンシルバニア州といった米国東海岸で始まり、一八四四年にはカナダまで北米全域に広がった。そして、一八四五年六月下旬に疫病菌をもったジャガイモがベルギーに向けて船積みされ、大西洋を渡ったのだ。

一八四五年七月、アイルランドは上旬こそ常ならぬ高い気温であったものの下旬になると低温へと代わり、八月に入っても同様で日照時間も少なく、低温で湿度が高い日が続いた。この湿潤な天候が疫病菌の広がる素地となった。八月中旬にイングランド南西部、九月中旬にはブリテン島全域とアイルランド東部、一〇月にはアイルランド全域に蔓延していった。疫病菌は、アイルランドの地で一八四九年まで五年間猛威を奮い続けた[69]。

一八四五年の飢饉発生時に約八五〇〇万人を超えていた人口は一八五一年に六五〇〇万人へと減少しており、そのうち八〇〇万人から一〇〇〇万人が死亡したと推定されている。残りの一〇〇〇万人以上はイングランド、米国、カナダへの移民であった。一八四六年から毎年一〇万人以上が移住し、この傾向は一八六〇年代まで続いた。ケネディ家も一八四八年一〇月、アイルランド南東沿岸部のニューロスからボストンに向かう船に乗っている。移民の動きはジャガイモ飢饉以降も止まらず、一八六〇年代まで人口減少が続いた[70]。

小氷期の終わりはいつか

天保の飢饉とアイルランドのジャガイモ飢饉は、小氷期の最後に起きた大飢饉とされる。ただし、黒点数からみた太陽活動の低下は一八三〇年代には回復しはじめており、暖かい気候に転換する過程での自然の「ゆらぎ」であった可能性が高い。一八五〇年代になると、一〇年単位の寒暖はあるものの、気温上昇の兆候が現れるようになった。

アルプスのシャモニー周辺で氷河の後退が確認されるのは一八五五年からであり、一八六一年以降に顕著となった。フランスやスイスの山岳地帯での氷河の後退は一八五七年からはっきりする。ヨーロッパ大陸では氷河の後退とともにブドウの収穫日も早くなっていった[71]。

イングランドをみると、一八六八年夏に気温が三〇度を超える日が何日も続き、その年の冬は記録的な暖冬となった。米国西海岸の平均気温は、一八五〇年代から一八六〇年代にかけて、一九三〇年から一九六〇年の平均値よりも一度から一・五度高く、降水量は二〇％増加した[72]。

地球全体の平均気温をみると、一八七九年からの一〇年間に寒さの揺り戻しがあったものの、十九世紀末に向けて再び気候の上昇が顕著になる。ヨーロッパの平均気温の上昇傾向でみても、夏は一八八九年以降、秋は一八九〇年以降、そして冬も一八九七年から、それぞれ明瞭になっていった[73]。

小氷期の終わった時期に関して、研究者によって意見が分かれている。この違いは時間軸や気候変動の要因を何にみるかによる。多くの研究者は、黒点数が長期平均に戻り、大規模火山噴火の多発が収まった一八五〇年頃としている。一方で、太陽活動が底打ちしたという面を強調し、小氷期の終わりを一七〇〇年とする考え方もある。あるいは、一〇年単位での気候変動を細かく考慮した上で、はっきりした分岐点を一九〇〇年に置く見方もある。いずれにせよ小氷期は過ぎ去り、現暖期ともよばれる、現在に至る暖かい時代が到来することになる。

エピローグ

気候変動との闘いは続く

1　二十世紀の気候

ＩＰＣＣ第四次評価報告書によれば、地球全体の平均気温は二十世紀の一〇〇年間で〇・七四度上昇した。とはいえ、気温の上昇といっても一直線に上がっていったのではなく、一〇年から三〇年という時間軸でみれば、温暖化が進んだ時代と寒冷な気候への揺り戻しがあった時代とに分けることができる（図４－１）。

二十世紀初めから一九四〇年代までの前半期は気温が上昇し、とりわけ一九二〇年代と一九三〇年代はその傾向が顕著であった。この時代の温暖化は、世界各地の観測結果や、グリーンランドの氷床コアや年輪などの代替資料による気候分析だけでなく、当時の一般人の記録からも確認できる。

ノルウェー北部海域にある北緯七八度のスピッツベルゲンでは、石炭が産出され港から船で運び出されていた。二十世紀前半には流氷が到来するため渡航可能な期間は限られており、一九二〇年までは一年のうち夏季の三カ月間しかなかった。しかし、一九三〇年代後半に入ると石炭の積み出しができる期間は七カ月間に延びている。[1]

一九三〇年代には、米国南西部で「ダストボウル」とよばれる厳しい干ばつが発生した。一九三九年の雑誌《タイム》の記事に、「子供の頃は冬がもっと厳しかったといい張る年寄りのいい分はまったく正しい……気象予報官は、少なくとも今のところ世界が暖かくな

図4-1　20世紀の気温推移

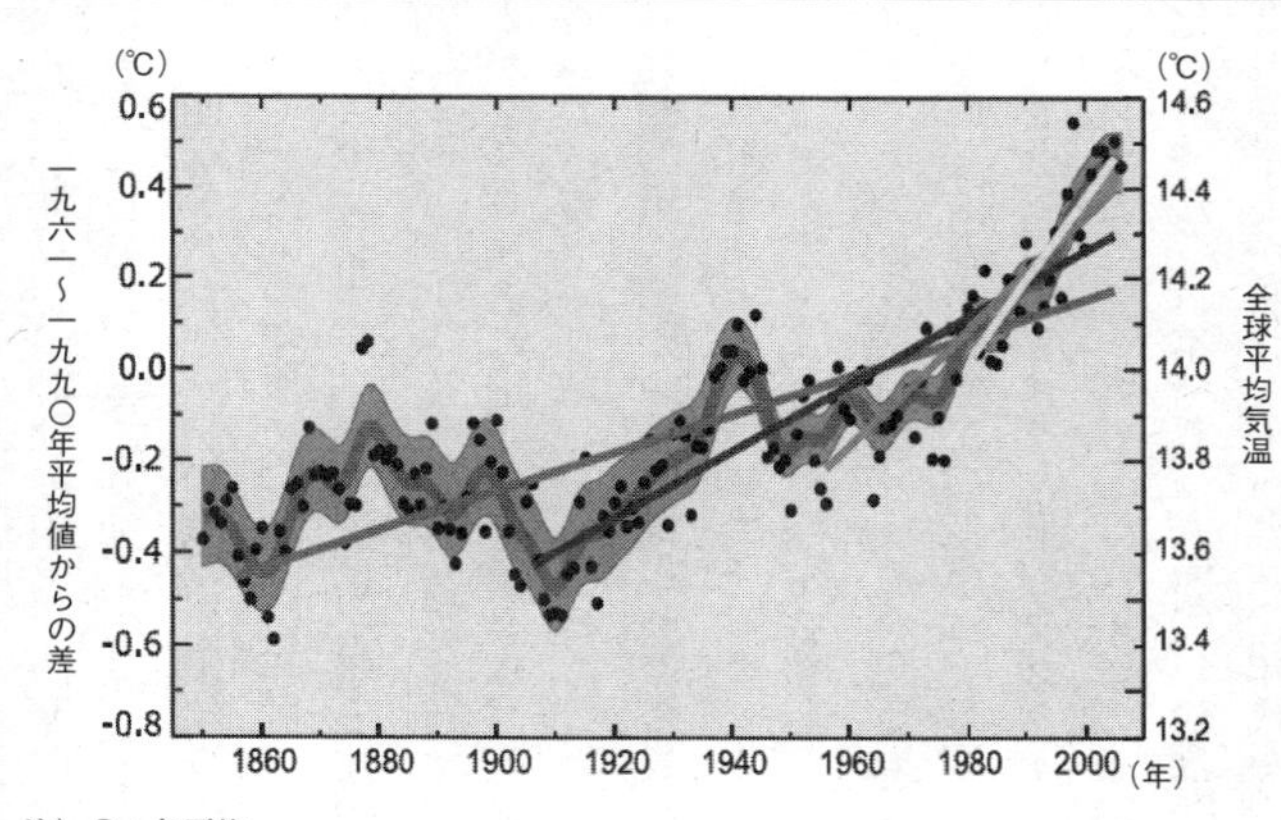

注）●：年平均
帯：5～95％の系統誤差
線：25～150年の傾向
出典：IPCC　第4次評価報告書　TS.6.

りつつあることを確信している」とある。[2]

ところが、一九四〇年代初めに気温の上昇は頭打ちになる。一九四一年のナチス・ドイツによるモスクワやレニングラードの攻略が失敗した原因の一つに大寒波が挙げられる。その年の東欧の夏は乾燥して暑かった。日中は四〇度を超えることもある猛暑で、兵士は防寒装備の携行を嫌がった。当時、ドイツにおける気象予報の第一人者であった気象学者のフランツ・バウアーは、過去二年間厳冬であることから三年連続は統計的にありえないとして、暖冬になるだろうと予報している。これが戦争司令部の基本的な認識で、三五〇万人一二〇個以上の師団の中で、防寒服を支給したのは占領地の駐留軍用の六〇個師団だけだった。しかし、実際の気象状況はまったく異なり、エルニーニョ現象の発生により、ロシア西部を含む独ソ戦の戦場に平年以上の寒波が襲来したのだ。統計をみると、一八八〇年から一九九〇年までの一一〇年間で、二六回のエルニーニョ現象が発生しており、この時のスカンジナビア半島では平年と比較して七〇%の確率で低温傾向となっている。戦車のエンジンのピストンは凍り、オイルは氷の柱となり、機甲師団は立ち往生した。ヒトラーがクリスマスに送ったワインは、戦地に送り届けられるまでに凍結していたとの逸話も残っている。[3][4][5]

一九四〇年代初頭の厳冬はいわゆる異常気象であり、数十年単位で起きる長期的に変化する際に起きる「ゆらぎ」であったのかもしれない。この後、一九四〇年代後半から一九七〇年にかけて、二十世紀の間で寒冷な時期となった。

IPCC第四次評価報告書に掲載された観測結果をみると、一九五〇年代から一九六〇年代を底とする平均気温の低下は、程度に差こそあれ、世界各地でみることができる。グリーンランド、アイスランド、ウクライナでの降水量の毎年の増減をみると、二十世紀前半に増大した後、一九五〇年代以降の二〇年間は減少傾向となっており、気候の長期的な変化があった。日本でも一九六〇年代は寒冷化が顕著であり、一九六三年には三八豪雪といわれる厳冬が訪れた。一九六〇年代を中心とする寒冷傾向について、工場の煙突から出る硫黄酸化物や自動車が排出する窒素酸化物が大気上層でイオン化し、エアロゾルとなって「火山の冬」と同様に日射を遮る日傘になったことが主因と考えられている[6][7]。

一九七〇年代後半に再び地球の平均気温は上昇を開始し、一九八〇年代半ば以降に温暖化が顕著になった。地球全体という意味で二十世紀の一〇〇年間の気候変化を概観すれば、一九〇〇年から一九四〇年代までは温暖化が進み、続く一九七〇年代までの三〇年間に寒冷傾向を示し、一九〇〇年の水準近くまで気温は低下し、その後の一九八〇年前後から再び昇温に転じたとみることができる。

一九八〇年代以降の平均気温の上昇の特徴として、二十世紀前半を含めた過去の気温上昇の時代と比較して、そのスピードがかつてなく急激なことが挙げられる。IPCCが集めた世界各国のスーパーコンピュータでのシミュレーション結果によれば、急速な気温上昇の主因は人為的に排出された温室効果ガスが大気中に増加しているためだと特定している。気候の変化の原因は自然要因と人為的要因の二つに分けられるが、現在わかっている限りの自然要因だけでは、二十世紀後半の温暖化は説明できないと主張するのだ。先進諸国で工業化が始まった十九世紀半ばから人為的地球温暖化は始まっているとの意見もみられるが、IPCC第四次評価報告書では人為的な地球温暖化が顕著に現れるのはここ三〇年という見解だ[7]。

一九八〇年代以前の気候変動では、自然要因が相対的に大きかった。一八八三年のクラカタウ火山以降、二十世紀前半にかけては大規模火山の噴火がほとんど発生せず、このことが小氷期からの気温の上昇に大きく寄与していたのかもしれない。火山活動が復活するのは二十世紀半ば以降であり、一九六三年のバリ島のアグン火山、一九八〇年の米国ワシントン州のセント・ヘレンズ火山、一九八二年のメキシコのエルチチョン火山、そして一九九一年のフィリピンのピナツボ火山が代表的なものだ。大規模火山の噴火は、ピナツボ火山を最後に観測されていない。

気候変動を考える上で、太陽活動の強弱も無視できない。太陽黒点数の増減は一九四〇年代までの気候変化に対して良好な説明力を持っており、さらに一九六〇年代からの一〇年間の黒点数の減少期は寒冷な時期と重なり合う。二十一世紀に入ってから、再び太陽黒点数は減少期に入って太陽活動の低下を示唆しているが、人為的に排出された温室効果ガスが相殺していると考えられている[8]。

2 次の氷期はいつ来るか?

一九七〇年代、二十世紀半ば以降の気温の低下傾向と異常気象の多発から、近い将来に「氷河期が来る」といった論調が目立った。長い間、気候に関心を持っていた人の中には、近年の地球温暖化論について「三〇年前は寒冷化するといっていたのではなかったか」との素朴な疑問が浮かぶことも少なくない。

当時、異常気象といえば低温少雨の問題であり、寒冷な時代の到来を意味していた。気象庁の予報官であった根本順吉氏の『冷えていく地球』(一九八一年)には、一八九〇年から一九四〇年代までが太陽放射が活発化する時期であるのに対して、一九六四年以降は次第に太陽活動が弱まったとある。そして二十世紀末までの三〇年間は寒冷化していくと予想し、とりわけ一九八〇年代後半に寒さが厳しくなるものの、そこを生き延びれば二十一世紀に再び温暖な時代に入るとの長期展望が示された[9]。

一九七四年三月に気象庁が発表した気候変動調査研究会の報告書でも、今後は寒冷化と予測している。報告書の中で、異常気象は数十年から百数十年の時間軸で起きる気候変動にともなうものが多く、北半球高緯度では寒冷化傾向が顕著になっており、十九世紀以前の低温期に似た気候に近づくことも考えられるとしている。気象庁の報告書以外でも、寒冷化の動向についての研究がさかんになされ、次の小氷期は二〇五〇年から二一〇〇年頃に始まるとの予想もあった。

当時、研究者の間で語られていた寒冷化するとの発想は、過去の氷期と間氷期の一〇万年周期を念頭に置いたものであった。現在の間氷期は、第1部で扱ったとおり一万一七〇〇年前頃から始まっているが、過去の間氷期の期間をみると一二万年前、二四万年前、三二万年前のケースでは一万年程度で終わっている。このことから、長い年月でみれば、現代はすでに氷期の入り口ではないかと考えたのだ。

一九七三年に米国海洋気象庁（NOAA）は、気象庁からのアンケートに対して、「現在の間氷期はすでに一万年くらい経過しており、あまり長くは続かないかもしれない。今後一〇〇〇年から数千年のうちに、さらに氷期の気候状態に急速に移行する時期があると想像できる」と答えている[10]。

今日でも、ヴァージニア大学の古気候学者ウィリアム・F・ラディマンは、八〇〇〇年前頃の完新世の温暖期をピークとして氷期に向かう傾向が始まったとみる。そして、人類が農耕を開始し森林伐採を始めたことで大気中の二酸化炭素やメタンの濃度が上昇し、長く続く人為的な温室効果ガスの排出により、温暖な気候が維持されているだけだとの見解を述べている。今後、化石燃料が枯渇すると地球はゆっくり寒冷化していき、一〇〇〇年後には次の氷期の入り口に入るのではないかと予想している[11]。

次の氷期はいつ来るのだろうか。氷期と間氷期の周期はおよそ一〇万年であり、これは地球軌道の変化のうちの離心率と一致している（第1部第3章（2））。しかし、離心率の周期変化は一〇万年だけでなく四〇万年程度に一度というものもあり、この周期に当たると地球軌道が長期間真円に近くなる。この時、北半球の日射量の変動が小さくなると、間氷期は一万年をはるかに超えて長期化する。

二〇〇四年に発表されたヨーロッパの南極観測チームEPICA（European Project

図4-2　EPICAによる過去80万年の気候分析

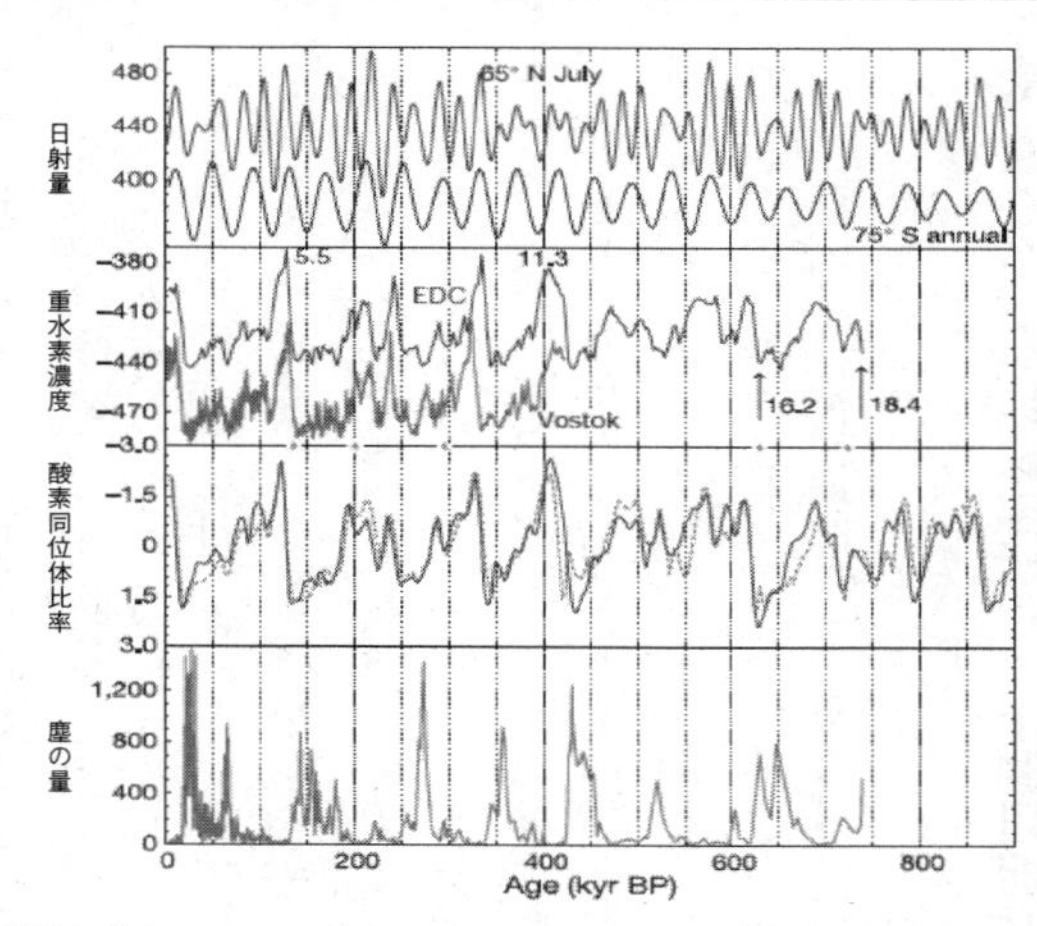

出典：EPICA「Eight glacial cycles from an Antarctic ice core」(2004)
注：日射量（W/㎡、北緯65度の7月および南緯75度の1月)、重水素濃度（‰)、海洋酸素同位体（‰)、塵の量（μ g/kg)

for Ice Coring in Antarctica）による研究成果がある。この研究グループは、南極大陸から採取された氷床コアにより七八万年前までの気候を分析し、四一万年前の間氷期が最大・最長の温暖期であり、二万八〇〇〇年間続いたことをつきとめた。そして、現在の地球軌道は当時と似ており、地球表面に届く日射量の変化も当面は変わらないと結論づけた。すなわち、今後も一万年は氷期に入らないという見解である[12]（図4－2）。

ＩＰＣＣ第四次評価報告書では、「いつ、現在の間氷期は終わるのか」との一節で、ＥＰＩ

CAの主張を採用している。またこの中で、ラディマンの仮説について、自然要因での寒冷化傾向を近年の人為的な地球温暖化が緩和しているとの証拠はないと否定した。北半球高緯度の日射量が激減する状況になれば、現在の間氷期は終わるかもしれない。しかし、地球の公転軌道が低い離心率（真円に近い）のまま、今後も少なくとも一万年は続くであろうことから、前回の間氷期が終わる一一万六〇〇〇年前に起きたような急激な北半球の夏の寒冷化は、当面考えにくいと結んでいる。[13]

一方で、ユニバーシティ・カレッジ・ロンドン自然地理学部教授のクローニン・ツェダキスは別の見解を示している。二〇一二年に科学雑誌《ネイチャー・ジオサイエンス》に発表した論文では、地球軌道の三つの要素を細かく検証したところ、現在は四一万年前の間氷期よりも七六万年前に始まる間氷期に酷似しているという。その場合、一五〇〇年後には新たな氷期に入るかもしれないと結論づけた。とはいえ、彼は「大気中の二酸化炭素濃度が二四〇ppmを下回るなら」と但し書きもつけている。二酸化炭素の温室効果は強力で、自然要因による周期的な氷期すら打ち消してしまうのかもしれない。[14]

3　IPCCの示す地球温暖化：予測可能なリスク

図4－3のグラフと表は、IPCC第五次評価報告書の示す二一〇〇年までの気温上昇

予測である。ＲＣＰという四つのシナリオがあり、それぞれ温室効果ガス排出量や社会の対策が異なっている。２・６が産業革命前対比で気温上昇を二・〇度未満に抑えるための厳しい対策を行うとしたケースで、反対に８・５とはまったく対策を行わず経済活動を自由に任せたものだ。二つの４・５と６・０は中間的なシナリオだ。毎年開催されている気候変動枠組条約締結国会議（ＣＯＰ）の議論をみると、温室効果ガス排出量の厳しい削減が実施される見込みは必ずしも高くなく、一方で世界経済が削減対策を行わないというのも考えにくい。おそらくシナリオの４・５なり６・０の間あたりが現実的なものとなろう。

それぞれのシナリオごとの一九八六年から二〇〇五年の平均値に対する今世紀末の気温上昇予測の中心値は、それぞれ一・〇度、一・八度、二・二度、三・七度となっている。産業革命前との対比で考える場合、基準となる気温を１８５０年から１９００年の平均値とするのが一般的であり、このもとでの21世紀末の気温上昇となると、それぞれ一・六度、二・四度、二・八度、四・三度となる。このようなＩＰＣＣの予想シナリオをもとに温暖化の弊害を憂慮し、対策の具体策がＣＯＰのみならず各国で論じられている[15]。

図４－３での二十一世紀末に向けての気温上昇の予想は、温室効果ガス排出への対策の程度により勾配に違いがあるものの、ほぼ単調に増加している。これは、大気・海洋を結合した気候モデルをベースに、温室効果ガス排出の入力値をシナリオごとに変えて計算し

図4-3 IPCC第5次評価報告書の示す気温上昇予測

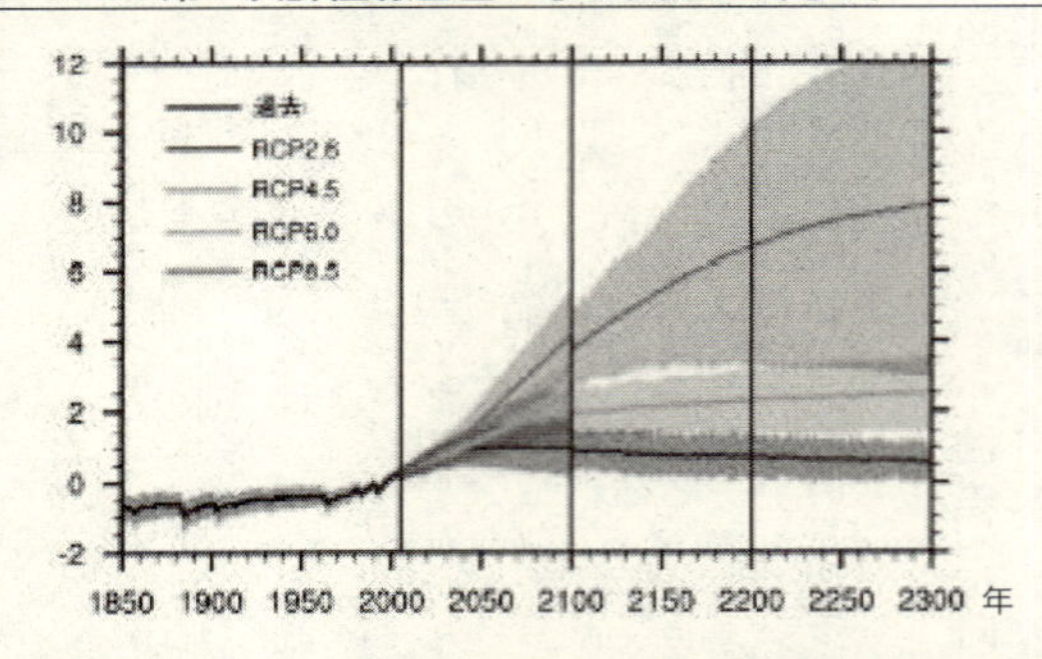

		2046～2065年		2081～2100年	
	シナリオ	平均	可能性が高い予測幅[c]	平均	可能性が高い予測幅[c]
世界平均地上気温の変化(℃)[a]	RCP2.6	1.0	0.4～1.6	1.0	0.3～1.7
	RCP4.5	1.4	0.9～2.0	1.8	1.1～2.6
	RCP6.0	1.3	0.8～1.8	2.2	1.4～3.1
	RCP8.5	2.0	1.4～2.6	3.7	2.6～4.8

注）1986～2005年平均を基準とした、21世紀中頃と21世紀末における、世界平均地上気温の変化予測。
出典：IPCC・AR5, 技術要約, 図TS15, 表TS1

ているからだ。「初期値問題」あるいは「境界値問題」という考え方で解を求めたものだ。温室効果ガスによる温暖化の程度を示す意味では有意義だが、この図が将来の気温を示すとみなすと誤解が生じる。IPCCの原文では、Prediction（予測）とProjection（予想）を明確に区別している。図4－3は日本語訳で「予測」としているが、英語の原文からすれば「予想」と訳すべきかもしれない。将来の気候変動ははるかに複雑だ。

気候内部の課題としては、温室効果ガス濃度の上昇によって雲の生成がどう変わるかが大きなものとして残っている。単なる雲量の増減だけでなく、上層雲は温室効果ガスの温暖化効果が強く、下層雲は日射を反射して寒冷化に寄与するといった相反する効果を持つ。気候内部の課題だけでなく、太陽活動の変化やそれにともなう銀河宇宙線の影響、そして火山活動などの外部強制の視点も残っている。さらに、大気中の二酸化炭素が海洋や植物の光合成などによって、将来どのように吸収されていくかという炭素循環の問題も精緻化していく必要があろう。炭素循環は人間活動による二酸化炭素の排出がゼロになった際に、大気中に残っている二酸化炭素濃度が将来どのような時間軸で減少していくかという観点でも重要である。

4　気候は激変してきた：予測できない不確実性

果たして、実際の気温はこれから数十年間急上昇し、その後上昇スピードが鈍化するというカーブを描くものだろうか？

古気候学の第一人者であるウォーレス・ブロッカーは、一九八七年に英国の科学雑誌《ネイチャー》での解説記事で、自分自身が多くの人に緩やかな温暖化というイメージを植えつけてしまったことを後悔している。ゆっくりと気候変動は起きるかもしれない。しかし、突然、劇的に気候が変動する可能性も同じくらいあるというのだ。「われわれは気候でロシアン・ルーレットを行っているのだ。将来に不愉快な驚きが起きないよう希望している。けれどもわたしは多くの人よりも楽観的ではいられない」と、その心境を語っている。[16]

ブロッカーは、その後も警告を発し続けている。一九九七年には米国地質学会機関誌《GSAトゥデイ》に寄稿し、「過去において気候は緩やかに変化したことなどない。地球の気候は、つねにある状態から別のところに一気に変わってきた」と変わらぬ意見を述べている。気候の暴走が起きる確率は、今後一〇〇年間で一％程度かもしれない。しかし毎年人口は一・七五％上昇し、二一〇〇年には一四〇億人にもなる予想の中で、仮に起きれば大破局を迎えるであろうと警告する。

大気中の温室効果ガスが増加し、地球全体の平均気温が四度から五度上昇した際に、グリーンランド氷床が融け北大西洋海流の流れが止まる可能性はないか。もし止まったとしたらヤンガードリアス期の寒冷化が再び起きはしないか。ブロッカーの危惧は、IPCCのシミュレーションが予想するリスクとは別の次元の話だ。[17][18]

予測することができるリスクは、事前に対処方針を立てることで発生を回避することも可能だ。IPCCの報告書は、二十一世紀の気候変動予測とともに、環境アセスメントから温暖化抑止策まで盛りこまれ、リスクへの対応策が示されている。しかし、いつ起きるか、そして発生した場合、その規模がどの程度か、全く予測できない事象がある。気候変動の議論ではティッピング・ポイントというが、リスク認識の分野では不確実性という。ブロッカーの警告は突然起きる不確実性に関心をあてたものだ[19]。

近年の古気候学研究の知見として、二つの明白な事実がある。一つは、グリーンランドや南極の氷床コアの分析から、大気中の二酸化炭素、メタン、亜酸化窒素といった温室効果ガスの濃度が、過去六〇万年のサイクルをはるかに超えていることだ。二酸化炭素の場合、前回のエーミアン間氷期ではピークが二八〇ppmであったように、過去の間氷期をみても三〇〇ppmが上限であり、現在の四〇〇ppmを超える濃度はすでに六〇万年間の変動幅をはるかに突き抜けている。海水に溶ける二酸化炭素の量は水温が上昇すると減少するため、温暖期では自然要因で大気中の二酸化炭素は増加する。しかし、自然要因による上限値は三〇〇ppm程度であり、突き抜けた一〇〇ppmの増加は化石燃料の使用によるものであろう。過去の上限を大幅に上回る二酸化炭素の高濃度は、気候をはじめとして、どのように地球環境に影響を与えるものであろうか[20]。

古気候学によるもう一つの大きな発見は、過去において、気候は急激に変化したことである。グリーンランド中央部の氷床コアに含まれた酸素同位体分析により、最終氷期とは単に寒いだけではなく、気候が激変する時代でもあったことが明らかになった。一万一七〇〇年前頃に間氷期に入って温暖化していく過程においても、ヤンガードリアス期には一三〇〇年に及ぶ急激な厳寒の揺り戻しがあった。完新世の気候最適期は五五〇〇年前頃に終わったが、これは北半球の日射量が低下する中で、気候が非線形的の振舞いとして突然変化したためと推測されている。

その後、寒冷な時代が訪れるたびに、強靭であったかにみえた多くの文明があっけなく滅んでいる。中世以降をみても、小氷期とは単に寒いだけではなく気温の変化幅が現在よりも大きく、異常低温による大凶作の翌年に二十世紀並みの酷暑による干ばつが到来するといった気候の激変期であったことがわかる。そして、気候の激しい変化が農業生産を不安定にし、人々の生活を苦しめた。ブロッカーはこうした気候のふるまいを、「猛獣」と例えている。

5 気候の激変への適応力はあるだろうか

現在の間氷期は、最終氷期の時代と比べて気候の変動幅が極端に小さくなっており、その中でも十九世紀半ば以降の現代は、かつてないほどに気候が安定した時代である。今日、異常気象という言葉が頻繁に使われているが、異常気象の定義とは三〇年に一回の頻度で起きる程度の通常の気象現象であり、気象の異常を意味するものではない。実際、一九七〇年代には、低温少雨という異常気象が声高に語られていた。いつの時代も自然災害が起きると、人は気象の異常と思ってしまう[21]。

しかし、古気候の示す気温グラフからは、われわれが気候の安定した歴史上極めてまれな住みやすい時代にいることがわかる。この気候の安定があるからこそ、現在の世界人口が維持できていることを忘れてはならないだろう。そして、この安定した気候がいつまで続くのかは誰にもわからない。現在の気候モデルでのシミュレーションでは、非線形的な動きを持つ気候の急激な変化について、信頼度を持って予測することは不可能だ。

はっきりしているのは、安定した気候が永久に続くことはないということだ。現在よりも気候が大きく変動する時代は必ずやってくる。大気中の二酸化炭素濃度が急上昇し、過去六〇万年のサイクルの上限をはるかに突き抜けていることが、その引き金にはならないと果たしていいきれるだろうか。

人類にとって危機とは、緩やかな気温の上昇ではない。突然訪れる気候の激変こそが、文明を滅ぼす大きな要素であったのである。今後、仮に気温の上昇が頭打ちになったとしても、あるいはIPCCによるシミュレーション予測通りではなかったとしても、大気中の高い二酸化炭素濃度は、気候の激変という不確実性の要因としてあり続ける。

予想不可能な不確実性に対しては、発生したあとで適応していくしかない。八万年前を過ぎた頃にアフリカ大陸から紅海を渡って全世界に移住した人類は、激しい気候変動の中で「氷河時代の子供たち」として知能を発達させた。人類は気候変動への適応力あるいは順応力に優れていたことで、地球上を席巻してきたのである。最終氷期が終わった後も、何度もあった寒冷化のインパクトにより文明が崩壊したかにみえたが、そのつど危機を克服し、強固な社会経済組織を打ち立ててきた[22]。

しかし、現在は今までとは全く異なるステージにあるように思える。まず、六〇万年の変動サイクルを突き抜けてしまった大気中の温室効果ガス濃度の上昇がある。ブロッカーがいうように、間氷期以降で気候変動の不確実性は最も高まっているとみていいだろう。今まで人類が経験してきた寒冷化のインパクトではなく、地球規模での急激な温暖化という、文明が初めて経験するような環境変化が起きる可能性があるのだ。

次に、六七億人を超える世界人口の急激な増加がある。最終氷期の時代から、人類は気候変動に対して生活圏を移動することで対処してきた。けれども、地球上で人類が満杯になり、さらに毎年およそ八〇〇〇万人ずつ増加している中では、気候変動に伴う移住は紛争を引き起こすことになる。現実に一九六〇年代以降でみても、アフリカ大陸、南アジア、中米でこうした事象が起きている。あるいは科学技術の進歩が、地球規模での人口過密という現在の脆弱性を補うだけの切り札になるかもしれないが、楽観視することはできない[23]。

不確実性は新たなステージに入っている。近い将来か遠い未来かはわからないが、必ず気候の激変はやって来る。そのとき、人類は今まで歩んできたように適応力を駆使して気候変動の危機を克服し、より強固な文明社会を築くことができるであろうか。

[19] Knight, Frank (1921)：Risk, Uncertainty and Profit. https://mises.org/sites/default/files/Risk,%20Uncertainty,%20and%20Profit_4.pdf

[20] 二酸化炭素，メタン，一酸化二窒素の大気中濃度のサイクルは，IPCC (2007)：4th Assessment Report. Box Figure 6.3

(5)

[21] 「異常気象」という言葉の独り歩きについて，東京大学サステイナビリティ学連携研究機構の住明正教授は雑誌『選択』2006年2月号の巻頭インタビュー「気象変化の真相はナゾ」の中で，「30年に一度くらいしかない常ならぬ天候という定義」であり，「それも自然界がつくり出す気象のゆらぎの範囲に入るという意味では正常気象」と語っている．

[22] アレグレ，クロード (2008)：環境問題の本質．(林昌宏訳) NTT出版，p.143 (原著は，Allgre, Claude (2007)：Ma Veritte Sur La Planete. PLON)

[23] Reuveny, Rafael(2007)：Climate change-induced migration and violent conflict. *Political Geography* 26 pp.656-673

Meteorological Society 68 (6) pp.620-630
[4] Allan et al (1999)：'Persistent' ENSO sequence: how unusual was the 1990-1995 El Niño? *The Holocene* 9 pp.101-118
[5] ドゥルシュミート (2002)：ウェザー・ファクター. 10章
[6] Lamb (1995)：Climate, History and the Modern World. p.261
[7] IPCC (2007)：4th Assessment Report. 6.4.1.8
[8] 三上岳彦 (2006)：文書記録と観測データから読みとる気候変動. (野上道男編「環境理学」所収) 古今書院, pp.129-131
(2)
[9] 根本順吉 (1981)：冷えていく地球. 角川文庫, 角川書店, pp.72, 123
[10] 大後美保 (1976)：気候と文明. pp.199-204大後 (1976)：気候と文明. p.202
[11] Ruddiman (2006)：Plow Plague and Petroleum. pp.169-174, なお, 本書の終章でラディマン自身は人為的地球温暖化説をめぐる意見を述べたことも, 温暖化説に政治的に反対する企業や政治団体からの寄付金を受けたことは一切ないと表明している.
[12] EPICACommunity Group (2004)：Eight glacial cycles from an Antarctic ice core. *Nature* 429 pp.623-626
[13] IPCC (2007)：4th Assessment Report. 6.4.1.8
[14] Tzedakis et al(2012)：Determining the natural length of the current interglacial. *Nature Geoscience* 5 pp.138-142
(3)
[15] Collins et al(2013)：Long-term Climate Change: Projections, Commitments and Irreversibility. In: Climate Change 2013: The Physical Science Basis. Contribution of Working Group I to the Fifth Assessment Report of the Intergovernmental Panel on Climate Change [Stocker, T.F., D. Qin, G.-K. Plattner, M. Tignor, S.K. Allen, J. Boschung, A. Nauels, Y. Xia, V. Bex and P.M. Midgley (eds.)]. Cambridge University Press, Cambridge, United Kingdom and New York, NY, USA
(4)
[16] Cox (2005)：Climate Crash. pp.110-111
[17] Broecker, W.S. (1997)：Will Our Ride into the Greenhouse Future be Smooth One? *GSA Today* May pp.1-7
[18] Broecker, W.S. (1999)：What If the Conveyor Were to Shut Down? Reflection on a Possible Outcome of the Great Experiment. *GSA Today* January pp.1-7

[59] 松村（2006）：ナポレオン戦争全史. p.170
[60] ドゥルシュミート（2002）：ウェザー・ファクター.（高橋則明訳）東京書籍, pp.140,144（原著は, Durshmied, Erick (2000)： The Weather Factor. Hodder & Stoughton）
[61] 桜井邦朋（2003）：夏が来なかった時代. 吉川弘文館, pp.36-37
[62] Oppenheimer, Clive(2003)：Climatic, environmental and human consequence of the largest known historic eruption: Tambora volcano(Indonesia) 1815. *Physical Geography* 27(2) pp.230-259
[63] Briffa et al(1998)：Influence of volcanic eruptions on Northern Hemisphere summer temperature over the past 600 years. *Nature* 393 pp.450-455
[64] 1816年の天気について, ポンティング（1994）：緑の世界史（上）. p.175
[65] 鈴木（2000）：気候変化と人間. pp.387-388
[66] ラデュリ（2000）：気候の歴史. p.91
[67] 天保の飢饉については, 以下に詳述した。拙著（2019）：気候で読む日本史. 第5章 日経ビジネス人文庫, 日本経済新聞出版社
[68] 菊池（1997）：近世の飢饉. pp.196-200
[69] Scholthof, Karen-Beth G., (2007): The disease triangle: pathogens, the environment and society. *Nature Reviews Microbiology* 5 pp.152-156
[70] キレーン, リチャード(2000)：図説・アイルランドの歴史.（鈴木良平訳）彩流社, pp. 142-147
[71] ラデュリ（2000）：気候の歴史. p.286
[72] Lamb (1995)：Climate, History and the Modern World. pp.253-254
[73] ヨーロッパの気温の上昇について, ラデュリ（2000）：気候の歴史. p.131

エピローグ

(1)

[1] Lamb (1995)：Climate, History and the Modern World. p.260
[2] ワート（2005）：温暖化の<発見>とは何か. pp7-8
[3] Neumann, J., H. Flohn (1987)：Great Historical Events That Were Significantly Affected by the Weather: Germany's War on the Soviet Union, 1941-45 I. Long-range Weather Forecasts for 1941-42 and Climatological Studies. *Bulletin of the American*

pp.61-64,89
[37] オランダでのソバの栽培について，ポンティング (1994)：緑の世界史(上)．p.168
[38] 伊藤章治 (2008)：ジャガイモの世界史．中公文庫，中央公論新社，pp.40,95-96
[39] Fagan (1999)：Floods, Famines and Emperors. p.199
[40] Lamb (1995)：Climate, History and the Modern World. p.24
[41] Fagan (1999)：Floods, Famines and Emperors. p.200
[42] ポンティング (1994)：緑の世界史 (上)．pp.186-187
(4)
[43] Lamb (1995)：Climate, History and the Modern World. pp.243-244
[44] Fagan (2000)：The Little Ice Age. p.157
[45] ラデュリ (2000)：気候の歴史．p.68
[46] 北半球の気温の低下について，前書．p.424
[47] 火山灰について，Lamb (1995)：Climate, History and the Modern World. pp.246-247
[48] 北米大陸での寒冷化について，鈴木 (2000)：気候変化と人間．p.363
[49] 菊池 (1997)：近世の飢饉．p.153
[50] 餓死万霊等供養塔に刻まれた記録の現代語訳は，八戸市博物館のHPによる．http://www.hachinohe.ed.jp/haku/rekisi_kegaji.html
[51] 菊池 (1997)：近世の飢饉．pp.161-162
[52] 大後美保 (1976)：気候と文明．日本放送出版協会，pp.87-88
[53] Neumann J.(1977): Great Historical Events That Were Significantly Affected by the Weather part 2: The Year Leading to the Revolution of 1789 in France. *Bulletin of American Meteorological Society* 58 (2) pp.163-168
[54] Neumann and Dettwiller (1990):Great Historical Events That Were Significantly Affected by the Weather part 9: The Year Leading to the Revolution of 1789 in France (II). *Bulletin of American Meteorological Society* 71 (1) pp.33-41
[55] ラデュリ (2000)：気候の歴史．p.86
[56] Neumann, J. (1990)：The 1810s in the Baltic Region, 1816 in Particular: Air Temperatures, Grain Supply and Mortality. *Climate Change* 17 pp.97-120
[57] 松村劭 (2006)：ナポレオン戦争全史．原書房，p.169
[58] トルストイ，レフ (1865-1869)：戦争と平和．Ⅲ-1-12

Geophysics 28(5-6) pp 333-375
[15] 永岡慶二 (1965)：下克上の時代. 中央公論社, pp.105,210-215
[16] 鈴木 (2000)：気候変化と人間. p.321
[17] 前書, p.329
(2)
[18] 欧米から中国まで, Lamb (1995)：Climate, History and the Modern World. pp.217, 237
[19] ラデュリ (2000)：気候の歴史. pp.403-407
[20] Fagan (2000)：The Little Ice Age. pp.103-104
[21] 山岡孝治 (2004)：北極振動の概要.「気象研究ノート 第206号」, 日本気象学会, pp.3-4
[22] 本田明治 他 (2004)：アリューシャン・アイスランド両低気圧間のシーソー現象.「気象研究ノート 第206号」, 日本気象学会, pp.133-144
(3)
[23] Verosub, Kenneth L., Jake Lippman(2008)：Global Impacts of the 1600 Eruption of Peru's Huaynaputina Volcano. *Eos*, 89(15) pp.141-148
[24] Burroughs (2007)：Climate Change Second Edition. pp.166-167
[25] イングランドの気温からここまで, Lamb (1995)：Climate, History and the Modern World. pp.211, 217, 232
[26] ウンターグリンデルワルト氷河について, 鈴木 (2000)：気候変化と人間. p.324
[27] 世界規模での氷河前進の一致について, Fagan (2000)：The Little Ice Age. pp.117-118
[28] チューリッヒの積雪日数からここまで, Lamb (1995)：Climate, History and the Modern World. pp.211,216-217,232
[29] ポンティング (1994)：緑の世界史 (上). p.175
[30] イングランドについて, Lamb (1995)：Climate, History and the Modern World. pp.228-229
[31] フィンランドについて, Burroughs (2005)：Climate Change in Prehistory. p.16
[32] ポーランドについて, 鈴木 (2000)：気候変化と人間. p.329
[33] Lamb (1995)：Climate, History and the Modern World. pp.236-237
[34] 鈴木 (2000)：気候変化と人間. p.337
[35] 鬼塚 (1995)：日本文明史における環境と人口.
[36] 寛永の飢饉からここまで, 菊池勇夫 (1997)：近世の飢饉. 吉川弘文館,

29
[29] ウェッデル海域での沈降速度について, Gordon, Arnold L. et al (1993) : Deep and Bottom Water of the Weddell Sea's Western Rim. *Science* 262 pp.95-97
[30] IPCC (2001) : Climate Change 2001. The Scientific Basis 2.3.3
[31] IPCC (2007) : 4thAssessment Report. 6.6
[32] Khim et al (2002) : Unstable Climate Oscillations during the Holocene in the Eastern Bransfield Basin, Antarctic Peninsula. *Quaternary Research* 58(3) pp.234-235
[33] Tyson, P.D., W. Karlen, K. Holmgern and G.A. Heiss (2000) : The Little Ice Age and Medieval Warming in South Africa. *South African Journal of Science* .96 pp.121-126

第3部　第3章

(1)
[1] ポンティング (1994) : 緑の世界史 (上). pp.166-167
[2] Fagan, Brain (1999) : Floods, Famine and Emperors. p.194
[3] Lamb (1995) : Climate, History and the Modern World. p.206
[4] 鈴木 (2000) : 気候変化と人間. pp.289-291,305-306
[5] Fagan (2000) : The Little Ice Age ; How Climate Made history 1300-1850. paper backs, Basic Books, pp.52-53 邦訳は, フェイガン, ブライアン (2001) : 歴史を変えた気候大変動. (東郷えりか訳) 河出書房新社)
[6] 年間を通して耕作可能期間の短縮と農耕可能地の標高の低下について, ポンティング (1994) : 緑の世界史 (上). p.167
[7] ノルウェー高地について, Fagan, Brain (1999) : Floods, Famines and Emperors. p.195
[8] 山上善夫 (1995) : 小氷期のワインづくり.
[9] ラデュリ (2000) : 気候の歴史. p.318
[10] Neuberger, Hans(1970):Climate in art. Weather 25 pp.46-56
[11] 井上正美 (2004) : 気候・気象と魔女裁判. (安田喜憲編『魔女の文明史』所収) 八坂書房, pp.111-130 (特にpp.124-126)
[12] イングランドでの処刑者数からここまで, 安田 (2004a) : 文明の環境史観. pp.295-296
[13] カナディアン・ロッキーからここまで, 鈴木 (2000) : 気候変化と人間. pp.317-319
[14] Kirkby, Jasper (2007) : Cosmic Rays and Climate. *Surveys in*

Settlements in the North Atlantic Islands. *Arctic Anthropology* 44(1) pp.12–36

[14] ダイアモンド (2005)：文明崩壊 (上). pp. 421, 425-426

[15] Arneborg, Jette, Niels Lynnerup, Jan Heinemeier(2012)：Human Diet and Subsistence Patterns in Norse Greenland AD c.980–AD c.1450: Archaeological Interpretations *Journal of the North Atlantic* 3 pp.119-133

[16] Barlow et al(1997)：Interdisciplinary investigations of the end of the Norse Western Settlements in Greenland. *The Holocene* 7(4) pp.489-499

[17] Lamb (1995)：Climate, History and the Modern World. p.188

[18] 荒正人 (1968)：ヴァイキング p.27.

[19] 前書, pp.424-425

[20] マッギー, ロバート (1982)：ツンドラの考古学. (スチュアート・ヘンリ訳) 雄山閣版, pp.74-76, 100, 108,121.

[21] 鈴木 (1990)：気候の変化が言葉を変えた. p.179

(3)

[22] ラデュリ (2000)：気候の歴史. (稲垣文雄訳) 藤原書店, pp.67-69 (原著 は, Ladurie, Emmanuel Le Roy (1993)：Histoire du climat depuis l'An Mil. Flammarion)

[23] ワート (2005)：温暖化の<発見>とは何か. pp.158-160

[24] エディの研究については, エディ (1984)：地球が寒かった日々. (桜井邦朋訳) 日経サイエンス, pp.45-5

(4)

[25] Mann, Michael E.(2002)：Little Ice Age. In "Encyclopedia of Global Environmental Change" (ISBN 0-471-97796-9) John Wiley & Sons, Ltd, Chichester

[26] フロリダ沖の塩分濃度について, Lund D.C., Curry W. (2006)：Florida Current surface temperature and salinity variability during the last millennium. *Paleoceanography* 21 doi:10.1029/2005PA001218

[27] ウォルフ極小期とシュペーラー極小期の期間について,以下によった. Stuiver, Minze, Paul D. Quay(1980)：Changes in Atmospheric Carbon-14 Attributed to a Variable Sun. *Science* 207 pp.11-19

[28] 北大西洋海流について, Cronin, T.M. et al (2003)：Medieval Warm Period. Little Ice Age and 20thCentury Temperature from the Chesapeake Bay. *Global and Planetary Change* 36(1–2) pp.17-

[40] Kintisch, Eli(2016) : Why did Greenland's Vikings disappear? *Science News* Nov.10

第3部　第2章

(1)

[1] Lamb (1995) : Climate, History and the Modern World. pp.189,191

[2] Fordham Universityのアーカイブスより. https://sourcebooks.fordham.edu/source/famin1315a.asp

[3] ケリー, ジョン (2008) : 黒死病 : ペストの中世史. (野中邦子訳) 中央公論新社, pp. 89-91 (原著は, Kelly John(2005) : The Great Mortality:An Intimate History of the Black Death, the Most Devastating Plague of All Time. Harper Collins Publishers)

[4] シレジアのケースについて, ポンティング (1994) : 緑の世界史 (上). p.173

[5] 穀物生産量の減少と家畜の死亡および死者数150万人について, Fagan (2008) : Great Warming. p.43, p.236

[6] カンター, ノーマン・F.(2002) : 黒死病;疾病の社会史. (久保義明・楢崎靖人訳) 青土社 p. 13 (原著は, Cantor Norman F.(2001) : In the Wake of the Plague : The Black Death and the World It Made. Simon & Schuster)

[7] ラデュリ (1994) : ラングドックの歴史. p.59

[8] ヨーロッパ宗教美術の変容については, マール, エミール (1995) : ヨーロッパのキリスト教美術 (上). (柳宗玄, 荒木成子訳) 岩波文庫, 岩波書店, pp.23-24, および同書 (下) pp.47-48 (原著は, Emile Male "L'Art Religiex du XIIe au XVIIIe siecle, 1945)

[9] Lamb (1995) : Climate, History and the Modern World. pp.209-210

[10] 鈴木 (2000) : 気候変化と人間. pp.291-292

[11] 永岡慶二 (1965) : 下克上の時代. 中央公論社, p.67

(2)

[12] McGovern, Thomas H.(1980) : Cows, Harp, Seals, and Churchbells: Adaptation and Extinction in Norse Greenland. *Human Ecology* 8(3) pp.245-275

[13] Dugmore, Andrew J., Christian Keller, Thomas H. McGovern (2007) : Norse Greenland Settlement: Reflections on Climate Change, Trade, and The Contrasting Fates of Human

(3)

[21] 平安から室町時代の観桜日は，山本（1993）：気候が文明を変える．pp.12-15

[22] Aono, Yasuyuki, Shizuka Saito (2010)：Clarifying springtime temperature reconstructions of the medieval period by gap-filling the cherry blossom phonological date series at Kyoto, Japan. *International Journal of Biometeorology* 54 (2) pp. 211-219

[23] 吉野正敏（2006）：歴史に気候を読む．学生社，pp.41-44

[24] 安田（2004b）：気候変動の文明史．p.89

[25] 鈴木（2000）：気候変化と人間．p.257

[26] 鬼塚（1995）：日本文明史における環境と人口．

[27] 野村崇・宇田川洋編（2003）：続縄文・オホーツク文化．（北海道の古代2）北海道新聞社，p.128

[28] 斎藤忠編（1987）：北方文化と南島文化．（日本考古学論集9）吉川弘文館，pp.79.143,235-236

[29] 石井和子（2002）：平安の気象予報士紫式部．講談社＋α新書，講談社，pp.112-113

[30] 平一弘（1998）：1,000年頃の北太平洋の気候変動の意味．北海道教育大学自然教育研究会施設報告32 pp. 67-69

[31] 吉野（2006）：歴史に気候を読む．p.47

[32] 山本（1976）：気候の語る日本の歴史．pp.123-125

[33] 鈴木（1990）：気候の変化が言葉を変えた．p.163

(4)

[34] エイリークの伝記およびヴィンランドについての逸話は主に"The Saga of Eirik the Red"（英訳）J. Sephton, from the original 'Eiríks saga rauða'. 1880 http://sagadb.org/eiriks_saga_rauda.en

[35] ダイアモンド，ジャレド（2006）：文明崩壊（上）．（楡井浩一訳）草思社，pp.286-287（原著は，Diamond, Jared (2005)：Collapse: How Societies Choose to Fail or Succeed. New York Viking Books）

[36] アルグムレン・B.編（1990）：図説；ヴァイキングの歴史．（蔵持不三也訳）原書房，p.132（原著はAlmgren, B. (1975)：The Viking）

[37] レヴェンソン（1995）：新しい気候の科学．（原田朗訳）晶文社，pp.75-77（原著は，Levenson, Thomas (1989)：ICE TIME: Climate, Science and Life on Earth. Harper and Row）

[38] 鈴木（1990）：気候の変化が言葉を変えた．p.157

[39] 荒正人（1968）：ヴァキング．中公新書150，中央公論社，p.25

[7] Khim, B-K et al (2002) : Unstable Climate Oscillations during the Holocene in the Eastern Bransfield Basin, Antarctic Peninsula. *Quaternary Research* 58(3) pp.234-245

[8] IPCC (2007) : 4th Assessment Report Figure 6.13

[9] Bradley, Raymond S., Malcolm Q. Hughes, Henry F. Diaz (2003) : Climate in Medieval Time. *Science* 302 pp.404-405

[10] IPCC (2007) : 4th Assessment Report. Box 6.4.

[11] 地球温暖化の議論の進展と全球平均気温の動向については以下に詳述した. 拙著 (2016) : 異常気象で読み解く現代史. 第5章 日本経済新聞社

(2)

[12] Lamb (1995) : Climate, History and the Modern World. pp.177-179

[13] ノーザンブリア地方について, ポンティング (1994) : 緑の世界史 (上). p.165

[14] Kaplan, Jed O., Kristen M. Krumhardt, Niklaus Zimmermann(2009) : The prehistoric and preindustrial deforestation of Europe. *Quaternary Science Reviews* 28 pp.3016–3034

[15] Kwiatkowka, Teresa(2007) : The Sadness of the wood is bright: Deforestation and conservation in the middle age. *Medievalia* 39 pp.40-47

[16] ラデュリ, エマニュエル・ル=ロワ (1994) : ラングドックの歴史. (和田愛子訳) クセジュ文庫, 白水社, p.29 (原著は, Ladurie, Emmanuel Le Roy(1967) : Histoire du Languedoc. Collection QUE SAIS-JE? N° 958. Presses Universitaires de France)

[17] ゲルマン人の東方殖民の経緯は, ポンティング (1994) : 緑の世界史 (上). pp.199-200

[18] Russell, Josiah C. (1972) : Population in Europe., in Carlo M. Cipolla, ed., The Fontana Economic History of Europe, Vol. I : The Middle Ages.Glasgow Collins/Fontana, pp.25-71 http://www.fordham.edu/halsall/source/pop-in-eur.html

[19] D'Arrigo et al(2001) : 1738 Years of Mongolian Temperature Variability Inferred from a Tree-Ring Width Chronology of Siberian Pine. *Geophysical Research Letters* 28(3) pp.543-546

[20] Fagan (2008) : The Great Warming. Bloomsburry Press, pp. xiii-xvii, 56,61-65 (邦訳は, フェイガン, ブライアン (2008) : 千年前の人類を襲った大温暖化. (東郷えりか訳) 河出書房新社)

[20] 前書, pp.284-285
[21] Stothers, R.B. (1984) : Mystery cloud of AD 536. *Nature 307* pp.344-345
[22] Keys (1999) : Catastrophe. pp.246-247
[23] Stothers, R.B., and M.R. Rampino (1983) : Historic volcanism, European dry fogs, and Greenland acid precipitation, 1500 B.C. to A.D. 1500. *Science 222* pp.411-433
[24] Dull et al (2010) : Did the TBJ Ilopango eruption cause the AD 536 event? American Geophysical Union, Fall Meeting
[25] Oppenheimer, Clive (2011) : Eruptions that Shook the World. pp. 248-251
[26] ここまで, Sarris, Peter (2007):Bubonic Plague in Byzantium : The Evidence of Non-Literary Sources. (in "Plague and the end of Antiquity") Cambridge University Press, pp. 119-132
[27] ペストの感染メカニズムについて, Keys (1999) : Catastrophe. pp.21-24
[28] ヨーロッパでのペスト流行から第2部最後まで, Keys (1999) : Catastrophe, Part Six, 特に pp.112,121,131-132

第3部 第1章

(1)

[1] 山上善夫 (1996) : 小氷期のワインづくり. (吉野正敏, 安田喜憲編「歴史と気候 : 講座文明と環境 第六巻」所収) 朝倉書店, pp.200-213
[2] ヨーロッパ中部の森林限界について, ポンティング (1994) : 緑の世界史 (上). p.165
[3] Lamb (1995) : Climate, History and the Modern World. pp.179-182
[4] NASA News Archiveより, "Marshes Tell Story of Medieval Drought, Little Ice Age, and European Settlers near New York City" May 19, 2005
[5] Lamont-Doherty Eath Observation HPより, "Drought in West Linked to Warmer Temperature" October 7,2004 https://www.ldeo.columbia.edu/news-events/drought-west-linked-warmer-temperatures
[6] Cronin, T.M. et al (2003) : Medieval Warm Period. Little Ice Age and 20thCentury Temperature from the Chesapeake Bay. *Globaland Planetary Change, 36* pp.17-29

Geomorphological Indicator of the Hannibal Invasion Route. *Archaeometry* 52(1) pp.156–172

[3] McCormick et al(2012) : Climate Change during and after the Roman Empire: Reconstructing the Past from Scientific and Historical Evidence. *Journal of Interdisciplinary History* XLIII(2) pp.169-220

[4] Lamb (1995) : Climate, History and the Modern World. pp.157, 159

[5] ハンチントン・エルズワース (1959) : 文明の原動力. (西岡秀雄訳) 実業之日本社, pp.538-539 (原著は, Huntington, Ellsworth (1945) : Mainsprings of Civilization)

[6] 鈴木 (2000) : 気候変化と人間. p.133

[7] McNaslly, Michael(2011) : Teutoburg Forest AD9; The destruction of Varus and his region. Osprey Publishing

[8] Lamb (1995) : Climate, History and the Modern World. pp.159-160

[9] 前書, p.166

(2)

[10] 鈴木 (2000) : 気候変化と人間. p.159

[11] ここまで, 置田雅昭 (1996) : 後漢帝国の崩壊と倭国大乱. (吉野正敏, 安田喜憲編「講座『文明と環境』第六巻 歴史と気候」所収) 朝倉書店, pp.93-102 (特に, pp.93-94)

[12] 大塚初重, 小田富士雄, 他 (1990) : 倭国大乱と吉野ヶ里. 山川出版社, p.208

[13] 寺本克之 (1983) : 倭国大乱. 新人物往来社, pp.146-148,158

[14] 安田 (1990) : 気候と文明の盛衰. pp.260-265

[15] 阪口 (1989) : 尾瀬ヶ原. p.187

[16] 鈴木 (1990) : 気候の変化が言葉を変えた. p.144

[17] 鬼塚 (1995) : 日本文明史における環境と人口.

(3)

[18] Procopius : History of the War, Books Ⅲ and Ⅳ, The Vandalic War (英語訳Translator; H.B. Dewing) http://www.gutenberg.org/files/16765/16765-h/16765-h.htm

[19] Keys, David (1999) : Catastrophe; An Investigation into the Origins of the Modern World. Ballantine Books, New York, pp.149-150 (邦訳は, キース, デヴィッド (2000) : 西暦535年の大噴火. (畦上司訳) 文藝春秋)

http://lasp.colorado.edu/sorce/news/2005ScienceMeeting/presentations/fri_am/vanGeel.pd
[34] 樋口隆康(1975)：古代中国を発掘する—馬王堆，満城 他—．新潮新書，新潮社，pp.51-52
[35] 菅谷文則(1996)：中国前20世紀から紀元前後までの気候．(「講座『文明と環境』第六巻 歴史と気候」所収) 朝倉書店
[36] 鈴木(1990)：気候の変化が言葉を変えた．日本放送出版協会，pp.121-122
[37] フィッシャー・ファビアン，S. (1998)：ゲルマン民族・二つの魂．(片岡哲史訳) アリアドネ企画，pp.14,15,123,117-120 (原著は，Fisher-Fabian, S. (1975)：Die ernsten Deutschen. Droemer Kaumer Verlang Schoeller & Co. Locarno)
[38] ウシの禁忌について，ハリス(1994)：食と文化の謎，pp.56-57
(4)
[39] 工藤雄一郎，国立歴史民族博物館編(2013)：　ここまでわかった！縄文人の植物利用．新泉社，pp. 42, 43, 54-58, 66-71, 82-87
[40] 吉川昌伸(2011)：クリ花粉の散布と三内丸山遺跡周辺における縄文時代のクリ林の分布状況．植生史研究 18 (2) pp.65-76
[41] 樋泉岳二(2007)：三内丸山遺跡における自然環境と食生活．(『食べ物の考古学』所収) 学生社 pp.5-35
[42] 阪口(1989)：尾瀬ヶ原．p.178
[43] 鬼塚宏(1995)：日本文明史における環境と人口．(速水融，町田洋編「講座『文明と環境』第七巻 人口・疫病・災害」所収) 朝倉書店，pp.266-279 (特に，pp.267-268)
[44] 梅原・安田(2004)：長江文明の探求．pp.150-151
[45] 阪口(1989)：尾瀬ヶ原．pp.183-184
[46] 中国の寒冷化について，鈴木(2000)：気候変化と人間．p.120
[47] 長江文明の崩壊から朝鮮半島や日本への移民について，崎谷満(2008)：DNAでたどる日本人10万年の旅．昭和堂，pp.71-73
[48] アイソタシーについて，日本第四紀学会編(2007)：地球史が語る近未来の環境．pp.43-48

第2部　第3章

(1)
[1] Crumley, Carole L. (1993)：Historical Ecology. School of American Research Press, pp.193,199-201
[2] Mahaney et al (2010)：The Traversette (Italia) Rockfall:

Antiquites de L'Egypte pp.357-377
[18] Bell, Barbara(1971) : The Dark Ages in Ancient History. *AJA* 75, pp.1-26
(2)
[19] Oppenheimer, Clive(2011) : Eruptions that Shook the World. pp.226-239
[20] Kaniewski et al(2013) : Environmental Roots of the Late Bronze Age Crisis. *PLoS ONE* 8(8)
[21] Langgut, Dafna, Israel Finkelsten, Thomas Litt(2013) : Climate and the Late Bronze Collapse: New Evidence from the Southern Levant. *Tel Aviv* 40 pp.149-175
[22] Drake, Brandon L.(2012) : The influence of climatic change on the Late Bronze Age Collapse and the Greek Dark Ages. Journal of Archaeological *Science* 39(6) pp.1862-1870
[23] Carpenter (1966) : Discontinuity in Greek Civilization. Cambridge University Press pp.24-26
[24] 中井義明（1996）：ギリシャ文明と画期.（伊藤俊太郎, 安田喜憲編「講座『文明と環境』第二巻　地球と文明の画期」所収）朝倉書店, pp.104-121（特に, pp.109-114）
[25] 安田喜憲（1993）：気候が文明を変える. 岩波書店, pp.45,48
[26] Huang, Chun Chang et al(2002) : 　Abruptly increased climatic aridiy and its social impact on the Loess Plateau of China at 3100a B.P. *Journal of Arid Environment* 52 pp.87-99
[27] 東地中海の政治危機に関して多くの要因が重なった複雑性の現象とした見方について, クライン, H. エリック（2018）：B.C.1177.（安原和見訳）
(3)
[28] Neumann, J., R. M. Sigrist(1978) : Harvest dates in ancient Mesopotamia as possible indicators of climatic variations. *Climatic Change* 1(3) pp.239-256
[29] Lamb (1995) : Climate, History and the Modern World. pp. 146, 147, 152
[30] Bergeron, Torr(1956) : Finblevinter. *Fornvännen* 51 1-18
[31] Lamb (1995) : Climate, History and the Modern World. p.156
[32] 鈴木秀夫（2000）：気候変化と人間. 大明堂, pp.106-107
[33] van Geel, Bas (2005) : The sun, climate change and the expansion of the Scythians after 850BC. 　Research Group of Paleoecology and Landscape ecology University of Amsterdam.

west Asia. *PAGES* 4(2) pp.62-63

[3] Krom et al(2002) : Nile River sediment fluctuations over the past 7000 yr and their key role in sapropel development. *Geology* 30(1) pp.71-74

[4] Stanley et al(2003):Nile Flow Failure at the End of the Old Kingdom, Egypt: Strontium Isotopic and Petrologic Evidence. *Geoarcheology* 18 pp.395-402

[5] Staubwasser, Michael, Harvey Weiss(2006) : Holocene climate and cultural evolution in late prehistoric–early historic West Asia. *Quaternary Research* 66 pp.372–387

[6] An, Cheng-Bang et al(2005) : Ana,T, Lingyu Tangb, Loukas Bartonc, Fa-Hu Chena. Climate change and cultural response around 4000 cal yr B.P. in the western part of Chinese Loess Plateau. *Quaternary Research* 63 pp.347–352

[7] Booth et al(2005) : A severe centennial-scale drought in midcontinental North America 4200 years ago and apparent global linkages. *The Holocene* 15(3) pp.321-328

[8] Lamy et al (2000) : Reconstructing Latitudinal Shifts of the Southern Westerlies from Marine Sediment Studies along the Chilean Continental Margin. *PAGES* 8(2) pp.8-9

[9] Davis, Mary E., Lonnie G. Thompson (2006) : An Andean ice-core record of a Middle Holocene mega-drought in North Africa and Asia, *Annals of Glaciology 43* pp.34-41

[10] Staubwasser, Michael, Harvey Weiss(2006) : Holocene climate and cultural evolution in late prehistoric–early historic West Asia.

[11] 小林登志子 (2005) : シュメル. pp.266-267,274

[12] Burroughs (2005) : Climate Change in Prehistory. pp.225-226

[13] ハリス, マーヴィン (1994) : 食と文化の謎. (板橋作美訳) 岩波同時代ライブラリー, 岩波書店, p.102

[14] 前書, pp.56-60

[15] ナイル川の水量について, Issar (2006) : Climate Changes during the Holocene. p.81

[16] Fagan (1999) : Floods, Famines and Emperors. pp.105,110-113

[17] Hassan, A. Fekri(2007) : Droughts, Famine and the Collapse of the Old Kingdom; Re-Reading Ipuwer. (eds.) Essay in Honor of David O'Connor. Publications du conseil supreme des

(3)
[19] deMenocal et al(2000) : Coherent High- and Low-Latitude Climate Variability During the Holocene Warm Period. *Science* 288 pp.2198-2202
[20] Glantz, Michael(1994) : Drought Follows the Plow: Cultivating Marginal Areas. Cambridge University Press
[21] Lamb (1995) : Climate, History and the Modern World. p.124
[22] Burroughs (2005) : Climate Change in Prehistory. pp.232-235
[23] Kuper, Rudolph, Stefan Kropelin(2006) : Climate-Controlled Holocene Occupation in the Sahara: Motor of Africa's Evolution. *Science* 313 pp.803-807
(4)
[24] Fagan (1999) : Food, Famines and Emperors. Basic Books, p.244
[24] Diamond, Jared(1987) : The Worst Mistake in the History of the Human Race. *Discover Magazine* May pp.64-66
[26] Boix Carles, Frances Rosenbluth(2014) : Bones of Contention: The Political Economy of Height Inequality. *American Political Science Review* 108(1) pp.1-22
[27] 石弘之, 安田喜憲, 湯浅赳男 (2001) : 環境と文明の世界史. 洋泉社, p.173
[28] マン, チャールズ・C. (2007) : 1491. (布施由紀子訳) 筑摩書房, p.235 (原著は, Mann, Charles C.(2005) : 1491; New Revelations of the Americas Before Columbus. Knopf)
[29] Mirazón Lahr et al(2016) : Inter-group violence among early Holocene hunter-gatherers of West Turkana, Kenya. *Nature* 529 pp.394–398
[30] Mithen, Steven(2004) : After the Ice: A Global History 20,000-5000BC. Harvard University Press p. 175
[31] 小林登志子 (2005) : シュメル. pp.112,141-142, 266-269

第2部　第2章

(1)
[1] Hassan, A. Fekri(1986) : Holocene lakes and prehistoric settlements of the Western Faiyum, Egypt. *Journal of Archaeological Science* 13(5) pp.483-501
[2] Weiss, Harvey(2016) : Global megadrought, societal collapse and resilience at 4.2-3.9 ka BP across the Mediterranean and

[6] Outram et al(2009) : The Earliest Horse Harnessing and Milking. *Science* 323 pp.1332-1335
[7] Steinhilber, F., J. Beer, C. Fröhlich(2009) : Total solar irradiance during the Holocene.
[8] Ruddiman (2008) : Earth's Climate. pp.240-243
[9] Wanner, H., et al(2008) : Mid- to Late Holocene climate change: an overview. *Quaternary Science Reviews* 27(19–20) pp.1791-1828
[10] パルカコチャ湖について, Moy, Christopher M. et al (2002) : Variability of El Nino/Southern Oscillation activity at millennial timescales during the Holocene epoch. *nature vol.420,* pp.162-165
[11] ペルー沖について, Andrus, C. Fred T., et al (2002) : Otolith d^{18}O Record of Mid-Holocene Sea Surface Temperatures in Peru. *Science 295*, pp.1508-1511
[12] Imperial Gazetteer of India vol. III (1907) : The Indian Empire, Economic (Chapter X: Famine. Published under the authority of His Majesty's Secretary of State for India in Council, Oxford at the Clarendon Press. p.492 http://www.burmalibrary.org/docs20/Imperial_Gazetteer_of_India-Vol.03-to-red-s.pdf
[13] Bjerknes, Jacob(1969) : Atmospheric Teleconnections from the Equatorial Pacific. Monthly Weather Review 97(3) pp.163-172
[14] Caviedes, César N. (2001) : History in El Niño. University Press of Florida, pp. 57,58
[15] Quinn, William H. (1992) : A study of Southern Oscillation-related climatic activity for A.D. 622-1900 incorporating Nile River flood data. El Niño historical and paleoclimatic aspects of the Southern Oscillation. H. F. Diaz and V. Markgraf, Eds., Cambridge University Press, pp.119-149
(2)
[16] 松本健 (1996) : メソポタミア文明の興亡と画期. (伊藤俊太郎, 安田喜憲編「講座『文明と環境』第二巻 地球と文明の画期」所収) 朝倉書店, pp.91-103 (特に, pp.96-98)
[17] Burroughs (2005) : Climate Change in Prehistory. p.100
[18] ここまで, メソポタミアの初期農業については, 小林登志子 (2005) : シュメル ; 人類最古の文明. 中公新書, 中央公論新社, pp.59-60, 265

[26] 阪口 (1989)：尾瀬ヶ原. p.196
[27] 安田喜憲 (1990)：気候と文明の盛衰. 朝倉書店, pp.139.157-159
[28] 安田喜憲 (1987)：世界史のなかの縄文文化. 雄山閣出版, pp.135-136
[29] 安田喜憲 (2002)：大河文明の誕生. 角川書店, pp.296
[30] 日本第四紀学会編 (2007)：地球史が語る近未来の環境. pp.23-24

(4)
[31] Ryan et al(1997)：An abrupt drowning of the Black Sea shelf. *Marine Geology* 138 pp.119-126
[32] Krijgsman et al1999)：Chronology, causes and progression of the Messinian salinity crisis. *Nature* 400 pp.652-655
[33] 旧ソ連での研究以降, ライアン・W., W.・ピットマン (2003)：ノアの洪水. (川上紳一監修, 戸田裕之訳) 集英社, pp.105-108,141 (原著は, William B.F. Ryan and Walter C. Pitman (1999)：Noah's Flood. Simon & Schuster)
[34] Froede Jr., Carl R. (2013)：New Geochemical Analysis Debunks Ryan/Pitman Black Sea Flood. *Creation Matters* 18(5) pp.1,4-5
[35] Yanko-Hombach et al(2014)：Holocene marine transgression in the Black Sea: New evidence from the northwestern Black Sea shelf. *Quaternary International* 345 pp.100-118
[36] Turney, Chris S.M., Heidi Brown(2007)：Catastrophic early Holocene sea level rise, human migration and the Neolithic transition in Europe. *Quaternary Science Reviews* 26 pp.2036-2041

第2部　第1章

(1)
[1] Lamb (1995)：Climate, History and the Modern World. pp.128-129
[2] シュピンドラー, コンラート (1993)：5000年前の男. (畔上司訳) 文藝春秋, 第1章, 第3章 (原著は, Spindler, Konrad (1995)：Das Mann im Eis. University of Innsburk, Austria)
[3] 前書, pp.91-92
[4] Magny, Michel, Jean Nicolas Haas(2004)：A major widespread climatic change around 5300 cal. yr BP at the time of the Alpine Iceman. *Journal of Quaternary Science* 19(5) pp.423-430
[5] ケルッカヤ氷河について, Broecker, Wallace S. et al (2008)：Fixing Climate. p.141

Second Half of the Nineteenth Century. *History of Meteorology* 3 pp.43-54

[10] Broecker, Kunig (2008) : Fixing Climate. p.45

[11] ワート (2005) : 温暖化の<発見>とは何か. (増田耕一, 熊井ひろ美訳) みすず書房, pp.63-67 (原著は, Wart, Spencer R. (2003) : The Discovery of Global Warming. Harvard University Press)

[12] Broecker et al (1968) : Milankovitch Hypothesis Supported by Precise Dating of Coral Reefs and Deep-Sea Sediments. *Science* 159 pp.297-300

[13] Abe et al(2013) : Insolation-driven 100,000-year glacial cycles and hysteresis of ice-sheet volume. *Nature* 500 pp.190–193

[14] 増田富士雄 (2006) : 長い時間からみた現在の気象環境の成立. p.78

(3)

[15] Marcott et al (2013) : A Reconstruction of Regional and Global Temperature for the Past 11,300 Years. *Science* 339 pp.1198-1201

[16] Steinhilber,F.,J. Beer,C. Fröhlich(2009) : Total solar irradiance during the Holocene. *Geophysical Research Letters* 36 L19704, doi:10.1029/2009GL040142

[17] Burroughs (2005) : Climate Change in Prehistory. pp.202-203

[18] Lamb (1995) : Climate, History and the Modern World. p.129

[19] Armitagea, Simon J., Charlie S. Bristowb, Nick A. Drakec(2015) : West African monsoon dynamics inferred from abrupt fluctuations of Lake Mega-Chad. *PNAS* 112(28) pp.8543-8548

[20] Persson, Anders O. (2006) : Hadley's Principle: Understanding and Misunderstanding the Trade *History of Meteorology* 3 pp.17-42.

[21] Burroughs (2005) : Climate Change in Prehistory. p.266

[22] ギョベクリ・テリ遺跡からここまで,レンフルー, コリン (2008) : 先史時代の心の変化. (小林朋則訳・溝口孝司監訳) 講談社, pp.206,233 (原著は, Renfrew, Colin (2007) : Prehistory. Weidenfeld & Nicolson)

[23] Wilson et al(2001) : Genetic evidence for different male and female roles during cultural transitions in the British Isles. *PNAS* 98(9) pp.5078–5083

[24] Burroughs (2005) : Climate Change in Prehistory. pp.283-284

[25] Park et al(2000) : Last glacial sea level and paleogeography of the Korea(Tsushima) strait. *Geo Marine Letters* 20 pp.64-71

[40] Legge and Rowley-Conwy (1987): Gazelle Killing in Stone Age Syria. *Scientific American* 255 (8) pp.88-95
[41] ダイアモンド (2000)：銃・病原菌・鉄 (上). pp.174,195
[42] Burroughs (2005)：Climate Change in Prehistory. p.278
[43] 山本紀夫 (2004)：ジャガイモとインカ帝国. 東京大学出版会, p.274
[44] Burroughs (2005)：Climate Change in Prehistory. p.130
[45] Lu et al2002)：Rice domestication and climatic change: phytolith evidence from East China. Boreas 31 pp.378-385.
[46] イネの年代測定について：佐々木高明 (2007), 照葉樹林文化とは何か. p.232

第1部　第3章

(1)
[1] Teller et al(2002)：Freshwater outbursts to the oceans from glacial Lake Agassiz and their role in climate change during the last deglaciation.
[2] Rohling, Eelco J., Heiko Paika(2005)：Centennial-scale climate cooling with a sudden cold event around 8,200 years ago. *Nature* 434 pp.975-979
[3] Berglund et al (2009)：Early Holocene history of the Baltic Sea, as reflectedin coastal sediments in Blekinge, southeastern Sweden. *Quaternary International* 130 pp.111-139
[4] Weninger et al(2008)：The catastrophic final flooding of Doggerland by the Storegga Slide tsunami. *Documenta Praehistorica* 35 pp.1-24
[5] Burroughs (2007)：Climate Change Second Edition. pp.245-246
[6] Li et al(2016)：Vegetation successions in response to Holocene climate changes in the central Tibetan Plateau. *Journal of Arid Environments* 125 pp.136-144
[7] Gagan et al (1998)：Temperature and Surface-Ocean Water Balance of the Mid-Holocene Tropical Western Pacific. *Science* 279 pp.1014-1018
(2)
[8] International Panel for Climate Change (2007)：4th Assessment Report Group Ⅰ.chapter 6 Paleoclimate
[9] Fleming, James Rodger (2006)：James Croll in Contest: The Encounter between Climate Dynamics and Geology in the

[24] Broecker, Wallace S. (2006) : Was the Younger Dryas Triggered by a Flood? *Science* 312 pp.1146-1148

[25] Condron, Alan, Peter Winsor(2012) : Meltwater routing and the Younger Dryas. *PNAS* 109(49) pp.19928-19933

[26] Firestone et al (2007) : Evidence for an extraterrestrial impact 12,900 years ago that contributed to the megafaunal extinctions and the Younger Dryas cooling. *PNAS* 104(41) pp.16016-16021

(3)

[27] Hilman et al(2001) : New evidence of Lateglacial cereal cultivation at Abu Hureyra on the Euphrates. *The Holocene* 11(4) pp.383-393

[28] ポンティング (1994) : 緑の世界史 (上) . pp.39-41

[29] ローガン, ウィリアム・ブライアント (2008) : ドングリと文明. (山下篤子訳) 日経BP社, pp.56-57 (原著は, Logan, William Bryant (2005) : Oak, the Frame of Civilization. W.W. Norton & Co.)

[30] Tallavaara et al (2015) : Human population dynamics in Europe over the Last Glacial Maximum. *PNAS* 122(27) pp.8232-8237

[31] Munro, Natalie D. (2003) : Small game, the Younger Dryas, and the transition to agriculture in the southern Levant. *Mitteilungen der Gesellschaft für Urgeschichte* 12 pp.47-71

[32] Balter, Michael(2010) : The Tangled Roots of Agriculture. *Science* 327 pp.404-406

[33] Hartman et al (2016) : Hunted gazelles evidence cooling, but not drying during the Younger Dryas in the southern Levant. *PNAS* 113(15) pp.3997-4002

[34] ダイアモンド, ジャレド (2000) : 銃・病原菌・鉄 (上). (倉骨彰訳) 草思社, pp.170-171 (原著は, Diamond, Jared (1997) : Guns, Germs, and Steel. W.W. Norton & Co.)

[35] Burroughs (2005) : Climate Change in Prehistory. p.278

[36] Piperno et al(2009) : Starch grain and phytolith evidence for early ninth millennium B.P. maize from the Central Balsas River Valley, Mexico. *PNAS* 106(11) pp.5019-5024

[37] 梅原猛, 安田喜憲 (2004) : 長江文明の探求. 新思索社, pp.16, 41

[38] 佐々木高明 (2007) : 照葉樹林文化とは何か. 中公文庫, 中央公論新社, pp.222-235

[39] ダイアモンド (2000) : 銃・病原菌・鉄 (上). p.203

二訳）早川書房, p.247（原著は, Shubin, Neil (2008)：Your Inner Fish: A Journey into the 3.5-Billion-Year History of Human Body)

(2)

[10] Cox, John D. (2005)：Climate Clash. pp.19-20

[11] グリーンランド中央部の気温の推移について, Alley, R.B.(2004)：GISP2 Ice Core Temperature and Accumulation Data. NOAAホームページ ftp://ftp.ncdc.noaa.gov/pub/data/paleo/icecore/greenland/summit/gisp2/isotopes/gisp2_temp_accum_alley2000.txt

[12] Atkinson, T. C., K. R. Briffa, G. R. Coope (1987)：Seasonal temperature in Britain during the past 22,000 years-reconstruction using beetle remains. *Nature* 325 pp.587–592

[13] Kasse, C. (1995)： Younger Dryas cooling and fluvial response (Maas river, the Netherlands) Netherlands Journal of Geosciences - *Geologie en Mijnbouw* 74 pp.251-256

[14] Burroughs (2007)：Climate Change Second Edition. p.231

[15] Broecker, Wallace S., Robert Kunzig (2008)：Fixing Climate; What Past Climate Changes Reveal About the Current Threat-and How to Counter. Hill and Wang, p.32 (邦訳は, ブロッカー, ウォレス他 (2009)：CO^2と温暖化の正体. (内田昌男監訳) 河出書房新社)

[16] ボウルズ, エドマンド・ブレア (2005)：氷河期の「発見」. (中村正明訳) 扶桑社, pp.93-98 (原著は, Bolles, Edmund Blair (1999)：The Ice Finders. Counter Point)

[17] Fisher, Timothy G., Derald G. Smithb, John T. Andrews(2002)：Preboreal oscillation caused by a glacial Lake Agassiz flood. *Quaternary Science Reviews* 21 pp.873–878

[18] Teller, James T., David W. Leverington, Jason D. Mann(2002)：Freshwater outbursts to the oceans from glacial Lake Agassiz and their role in climate change during the last deglaciation. *Quaternary Science Reviews* 21 879–887

[19] Broecker et al (1989)：Routing of meltwater from the Laurentide Ice Sheet during the Younger Dryas cold episode. *Nature* 341 pp.318–321

[20] Burroughs (2007)：Climate Change Second Edition. p.28

[21] 前書, pp.30,77

[22] 前書, pp.75-76

[23] Ruddiman (2008)：Earth's Climate. p.237

[27] 石弘之（1995）：大型動物の絶滅と人類．（梅原猛，安田喜憲編「講座『文明と環境』第三巻 農耕と文明」所収）朝倉書店，pp.77-90（特に，pp.79-81

[28] Ruddiman, William F. (2005)：Plow, Plagues & Petroleum. Princeton University Press, p.59

[29] Vartanyan, S. L., V. E. Garutt, A. V. Sher(1993): Holocene dwarf mammoths from Wrangel Island in the Siberian Arctic. *Nature* 362 pp.337–340

[30] 日本第四紀学会編（2007）：地球史が語る近未来の環境．p.134

[31] Ruddiman (2005)：Plow, Plagues & Petroleum. p.60

第1部　第2章

(1)

[1] Kurt Lambecka, Kurt, Yusuke Yokoyama,, Tony Purcella(2002)：Into and out of the Last Glacial Maximum: sea-level change during Oxygen Isotope Stages 3 and 2. *Quaternary Science Reviews* 21 pp.343–360

[2] Kolfschoten, T. van (2000):The Eemian mammal fauna of central Europe. Netherlands *Journal of Geosciences* 79 (2/3) pp.269-28

[3] Koppa et al(2016)：Probabilistic assessment of sea level during the last interglacial. *Nature* 462 pp.863-867

[4] Burroughs (2007)：Climate Change Second Edition. p.237

[5] Ruddiman, William F. (2008)：Earth's Climate Past and Future Second Edition. W.H. Freeman and Co., pp.234-235

[6] Millet et al (2012)：Chironomid-based reconstruction of Lateglacial summer temperatures from the Ech palaeolake record (French western Pyrenees). *Palaeogeography, Palaeoclimatology, Palaeoecology* 315–316 pp.86–99

[7] Costamagno et al(2016)：Reexamining the timing of reindeer disappearance in southwestern France in the larger context of late glacial faunal turnover. *Quaternary International* 414 pp.34-61

[8] Fagan, Brian (2004)：The Long Summer; How Climate Changed Civilization. Basic Books, pp.71-72（邦訳は，フェイガン，ブライアン（2005）：古代文明と気候大変動．（東郷えりか訳）河出書房新社）

[9] シュービン，ニール（2008）：ヒトのなかの魚，魚のなかのヒト．（垂水雄

[12] Richards et al(2001) : Stable isotope evidence for increasing dietary breadth in the European mid-Upper Paleolithic. *PNAS* 98(11) pp.6528–6532
[13] Weiss et al (2004) : The broad spectrum revisited: Evidence from plant remains. *PNAS* 101(26) pp.9551–9555
[14] Burroughs (2005) : Climate Change in Prehistory. pp.153-154
(2)
[15] Dansgaard et al (1993) : Evidence for general instability of past climate from a 250-kyr ice-core record. *Nature* 364 pp.218-220
[16] Brun et al (2005) : Possible solar origin of the 1,470-year glacial climate cycle demonstrated in a coupled model. *Nature* 438 doi:10.1038/nature04121
[17] Heinrich, Hermut(1988) : Origin and Consequences of Cyclic Ice Rafting in the Northeast Atlantic Ocean during the Past 130,000. *Quaternary Research 29* pp.142-152
[18] Maslin, M., D. Seidov, J. Lowe (2001) : Synthesis of the nature and causes of rapid climate transitions during the Quaternary. *Geophysical Monograph Series* 126 pp.9-52
[19] グリビン, ジョン (1993) : 地球生命35億年物語. (木原悦子訳) 徳間書店, pp.68-69 (原著は, Gribbin, John & Mary (1990) : Children of the Ice. Basil Blackwell Ltd. Oxford)
[20] Burroughs (2007) : Climate Change Second Edition. pp.162-163
(3)
[21] 阪口豊 (1989) : 尾瀬ヶ原の自然史. 中公新書, 中央公論社, p.194
[22] 埴原和郎(1994) : 二重構造モデル : 日本人集団の形成にかかる一仮説. 人類誌 102(5) pp.455-477
[23] Japanese Archipelago Human Population Genetics Consortium(2012) : The history of human populations in the Japanese Archipelago inferred from genome-wide SNP data with a special reference to the Ainu and the Ryukyuan populations. *Journal of Human Genetics* 57 pp.787–795
[24] 安田喜憲 (2002) : 大河文明の誕生. 角川書店, p.296
[25] 安田喜憲 (2004b) : 気候変動の文明史. 日本放送出版協会, p.63
(4)
[26] Grayson, Donald K.(2001) : The Archaeological Record of Human Impacts on Animal Populations. *Journal of World Prehistory* March

and the Origin of Clothing. *Current Biology* 13 pp.1414–1417
[21] Swisher III. C.C. et al(2003)：Latest Homo erectus in Java: Potential Contemporaneity with Homo sapiens in Southeast Asia. *Science* 274 pp.1870-1874
[22] 人類の移住経路について，オッペンハイマー，スティーブン (2007)：人類の歴史10万年全史.（仲村明子訳）草思社，第1，3-5章（原著は，Oppenheimer, Stephan (2004)：Out of Eden. Robinson Publishing)

第1部　第1章

(1)

[1] 遠藤秀紀 (2001)：ウシの動物学. 東京大学出版会, pp.5,17-18
[2] Gautney, Joanna R. (2018)：New world paleoenvironments during the Last Glacial Maximum: Implications for habitable land area and human dispersal. *Journal of Archaeological Science* 19 pp.166-176
[3] Rother et al (2014)：The early rise and late demise of New Zealand's last glacial maximum. *PNAS* 111(32) pp.11630–11635
[4] オッペンハイマー (2007)：人類の歴史10万年全史. pp.334-335,365-369
[5] Burroughs, William J.(2005)：Climate Change in Prehistory. Cambridge University Press, pp.41, 94-95
[6] 安田喜憲 (2004a)：文明の環境史観. 中公叢書, 中央公論新社, p.173 (原典は孫建中・趙景波ら (1991)：黄土高原第四紀. 科学出版社)
[7] Burroughs (2007)：Burroughs, William J. (2007)：Climate Change A Multidisciplinary Approach Second Edition. Cambridge University Press, p.238
[8] 長坂宏 (2003)：フランスの洞窟壁画を訪ねて. 新風舎, pp.87-89
[9] Soffer, O., J. M. Adovasio, D. C. Hyland (2000)：The "Venus" Figurines: Textiles, Basketry, Gender, and Status in the Upper Paleolithic. *Current Anthropology* 41(4) pp.511-537
[10] Burroughs (2007)：Climate Change in Prehistory. p.156
[11] トナカイの捕獲数について，ポンティング，クライヴ (1994)：緑の世界史 (上).（石弘之，他訳）朝日選書，朝日新聞社，p.50 (原著は，Ponting, Clive (1993)：A Green History of the World: The Environment and the Collapse of Great Civilizations.)

[8] Callaway, Ewen (2017) : Oldest Homo sapiens fossil claim rewrites our species' history. *Nature* 07 June
[9] Behar et al(2008) : The Dawn of Human Matrilineal Diversity. The American *Journal of Human Genetics* 82 pp.1130-1140
[10] Blome et al (2012) : The environmental context for the origins of modern human diversity : A synthesis of regional variability in African climate 150,000-30,000 years ago. *Journal of Human Evolution* 62 pp.563-592
[11] Liu, Xiaoming, Yun-Xin Fu(2015) : Exploring Population Size Changes Using SNP Frequency Spectra. *Nature Genetics* 47(9) pp.555–559.
(2)
[12] Bar-Yosef, Ofer, A.Belfer-Cohen(2001) : From Africa to Eurasia-early dispersals. *Quaternary International* 75 pp.19-28
[13] Siddall et al (2003) : Sea-level fluctuations during the last glacial cycle. *Nature* 423 pp.853-858
[14] Zhivotovsky et al(2003) : Features of Evolution and Expansion of Modern Humans, Inferred from Genomewide Microsatellite Markers. *Am J Hum Genet.* 72(5) pp.1171–1186.
[15] Karafet et al (2008) : New binary polymorphisms reshape and increase resolution of the human Y chromosomal haplogroup tree. *Genome Research* doi:10.1101/gr.7172008 PMID 18385274
(3)
[16] Ambrose, Stanley H. (1998) : Late Pleistocene human population bottlenecks, Volcanic winter, and differentiation of modern humans.
[17] Oppenheimer, Clive (2011) : Eruptions that Shook the World. Cambridge University Press, pp. 181, 188-196, 205-207
[18] Kivisild et al (2003) : The Genetic Heritage of the Earliest Settlers Persists Both in Indian Tribal and Caste Populations. *Am. J. Hum. Genet.* 72 pp.313–332
[19] Timmreck et al (2010): Aerosol size confines climate response to volcanic super - eruptions. *Geophysical Research Letters* 37 L24705 doi:10.1029/2010GL045464, 2010L247051of5
(4)
[20] Kittle et al (2003):Molecular Evolution of Pediculus humanus

<参考文献>

はじめに

[1] ハンチントン, エルズワース(1915):気候と文明. 岩波文庫, 岩波書店, pp.23-24(原著は, Huntington, Ellsworth (1915):Civilization and Climate. Yale University Press)

[2] Cox, John D. (2005):Climate Clash; Abrupt Climate Change and What It Means for Our Future. paper backs, Joseph Henry Press, p.20(邦訳は, コックス, ジョン・D(2006):異常気象の正体. (東郷えりか訳)河出書房新社)

[3] バローズ, ウィリアム.ジェームズ(2003):気候変動—多角的視点から(初版). (松野太郎, 谷本陽一訳)シュプリンガーフェラーク東京(vi)(原著は2007年に第二版として全面改訂された)

プロローグ

(1)

[1] Tipple, Brett J., Mark Pagani(2007):The Early Origins of Terrestrial C4 Photosynthesis. *Annual Review of Earth and Planetary Sciences* 35 pp.435-461

[2] Haug, Gerald H., Ralf Tiedemann(1998):Effect of the formation of the Isthmus of Panama on Atlantic Ocean thermohaline circulation. *Nature* 393 pp.673-676

[3] Cane, Mark A., Peter Molnar(2001):Closing of the Indonesian seaway as a precursor to east African aridification around 3-4million years ago. *Nature* 411 pp.157-162

[4] Maslin et al(2017):East African climate pulses and early human evolution. *Quaternary Science Reviews* 101 pp.1-17

[5] 諏訪元(2017):アシュール石器文化の草創. 東京大学総合研究博物館 pp. 7-8

[6] Basell, Lura S. (2008):Middle stone age (MSA) site distribution in eastern Africa and their relationship to Quaternary environmental change, refugia and the evolution of Homo Sapience. *Quaternary Science Review* 27 pp.2484-2498

[7] Schlebusch et al (2017):Southern African ancient genomes estimate modern human divergence to 350,000 to 260,000 years ago. *Science* 358 pp.652-655 28

本書は、二〇一〇年三月に日本経済新聞出版社から発行した『気候文明史』を文庫化にあたって大幅に改訂したものです。

日経ビジネス人文庫

気候文明史（きこうぶんめいし）
世界（せかい）を変（か）えた8万年（まんねん）の攻防（こうぼう）

2019年3月1日 第1刷発行

著者
田家 康
たんげ・やすし

発行者
金子 豊

発行所
日本経済新聞出版社
東京都千代田区大手町1-3-7 〒100-8066
電話(03)3270-0251(代) https://www.nikkeibook.com/

ブックデザイン
鈴木成一デザイン室

本文DTP
マーリンクレイン

印刷・製本
凸版印刷

Printed in Japan ISBN978-4-532-19891-6